随机仿真原理与方法

Foundations and Methods of Stochastic Simulation

[美] 巴里·L·尼尔森　著

曹军海　杜海东　申　莹　译

国防工业出版社

·北京·

著作权合同登记 图字：军-2018-025 号

图书在版编目（**CIP**）数据

随机仿真原理与方法/（美）巴里·L·尼尔森（Barry L. Nelson）
著；曹军海，杜海东，申莹译. —北京：国防工业出版社，2019.6
书名原文：Foundations and Methods of Stochastic Simulation
ISBN 978-7-118-11700-4

Ⅰ. ①随… Ⅱ. ①巴… ②曹… ③杜… ④申… Ⅲ. ①系统
仿真 Ⅳ. ①TP391.9

中国版本图书馆 CIP 数据核字（2019）第 056022 号

Translation from the English language edition:

Foundations and Methods of Stochastic Simulation: A First Course

by Barry Nelson

Copyright©Springer Science+Business Media New York 2013

This Springer imprint is published by Springer Nature

The registered company is Springer Science+Business Media, LLC

All Rights Reserved

※

国防工业出版社 出版发行

（北京市海淀区紫竹院南路 23 号 邮政编码 100048）

三河市腾飞印务有限公司印刷

新华书店经售

*

开本 710×1000 1/16 印张 16¼ 字数 303 千字

2019 年 6 月第 1 版第 1 次印刷 印数 1—1500 册 定价 109.00 元

（本书如有印装错误，我社负责调换）

国防书店：(010) 88540777 发行邮购：(010) 88540776

发行传真：(010) 88540755 发行业务：(010) 88540717

译者序

随着现代工业的进步，科学研究的深入，以及信息技术、计算机技术的蓬勃发展，计算机仿真技术已经成为分析、研究和设计各类系统，特别是复杂大系统的一种有效而灵活的方法论工具。作为仿真技术原理与方法的入门级教程，本书是计算机仿真领域的国际顶尖专家——美国西北大学工业工程与管理科学系巴里·L·尼尔森教授的一部经典著作，它凝聚了尼尔森教授多年从事计算机仿真技术及其应用领域教学和研究工作的成果，在计算机仿真领域具有非常重要的影响，非常适合计算机仿真技术的入门者学习。

本书的主要特点在于其思想性、基础性和实践性。本书首先从"为什么要进行仿真"这个基本问题出发，通过一个简单的示例，为读者揭示系统仿真的本质、应用的需求和基本思想，并解答了仿真技术应用的根本性问题；其次分别从仿真的观点、仿真输入、仿真输出、实验的设计等多个方面为读者进一步揭示了仿真技术实现的关键性问题，具有很好的理论基础性。尼尔森教授这部著作的另一大闪光点就是其实践性。全书从第 2 章开始就引入了一个具体的示例，之后又通过一个附有全部源代码的、基于 VBA 的仿真程序的详细设计，为读者从根本上解释了仿真开发的基本原理，直接缩小了读者与仿真应用开发的距离，使学习者大大克服了对仿真技术开发的畏惧心理。

应该说，得益于长年在仿真技术领域的研究与教学经验，尼尔森教授在这部著作中充分考虑了每一个仿真技术初学者所面临的种种困惑，力求以通俗易懂且不失理论性和学术性的方式，为读者揭示了仿真技术的本源，这对于学习仿真基础知识的初学者来说是非常合适的。

本书在版权引进和出版过程中，得到了"十二五"国防预先研究项目（项目号：51319050302）的资助。全书共分为 9 章，其中第 1 ~ 4 章由曹军海翻译，第 5 ~ 7 章由杜海东翻译，第 8、9 章及附录由申莹翻译，全书由李羚玮、郑竣兮、梁精睿审校。曹军海负责全书的翻译策划、统稿等工作。

计算机仿真技术日新月异，书中涉及大量数学、建模与仿真、计算机软件领域的专有概念和术语，且有一些概念和术语目前尚无公认的中文译法。若有不符合学习者习惯或者不准确的术语出现，敬请批评和指正！

译　者

2019 年 1 月于北京

前　言

　　像经常出现的情况那样，本书是从一门课程逐渐发展而来的。有意思的是，这门课程的发展出自这样一个故事：当时我正在指导我们的一位研究生 Viji Krish – namurthy，她的研究涉及为在一个修理和维护环境下使用灵活工人设计规则（Iravani 和 Krishnamurthy，2007），采用马尔科夫链分析已经得到了一些用于简单系统的优化的策略，现在她想测试这些策略的鲁棒性以便用于更现实的问题，这就是仿真的由来。Viji 已经学习了具有代表性的初级仿真建模课程，该课程使用了一个商业仿真软件产品，以及一门只关注于设计和分析但不包括模型构建的高级课程。她（包括我）花费了大量的时间尝试用一个商业软件产品来仿真她想测试的复杂的工人分配规则。商业仿真软件环境通过引入那种用户期望的系统特性，使得建模工作非常容易。不幸的是建模的典型特性容易表达，但都很难代表不同的事物，而科学研究总是针对不同的事物的。

　　最后，在沮丧中，我手写了 3 页伪代码来模拟 Viji 想要的东西，并将笔记交给了她，然后告诉她用 C 语言（很幸运她会）完成代码。第二天她回来时激动地对我说：“现在我可以测试任何我想要的东西了，而且运行只需要几秒钟！”自从这次经历之后，IEMS 435 “随机仿真引论”这门课程诞生了，它是博士研究生的必修课。然而，IEMS 435 不仅仅是关于建模和编程的课程，Viji 还需要在她的模型上运行精心设计的实验，这些实验可以提供令人信服的证据支持或反对她通过分析得出的规则。所以，实验设计和分析也是 IEMS 435 课程的一部分，写作本书也正是想对此有所帮助。

　　本书的目标如下：

　　（1）为那些从未学习过离散事件、随机仿真课程的学生奠定基础，使他们可以用一种低级编程语言建立仿真。我确信，如果他们能够做到这一点，就可以在需要的时候很容易地掌握高级仿真建模环境（也可能为教职人员讲授一门课程）提供支撑。

　　（2）为学生打好基础，使他们能够将仿真应用到非仿真研究项目中。这是为什么强调实实在在地编写仿真程序（这可以提供最大的灵活性、控制和理解），开展实验设计和分析。

　　（3）为学生学习仿真技术的高级课程奠定基础，包括在他们的导师指导下的自学。一般仿真方面的初级课程强调建模和商业软件，打破了建模与分析之间的重要联系，对面向研究的高级课程来说不能起到很好的基础作用，因为高级课程可能将仿真几乎整个作为一个数学对象来对待。

（4）提供一个牢固的仿真方面的数学/统计学基本知识基础以及一些（不是全部）解决实际问题的工具。

本书的观念非常类似于 Law（2007）的著作，同时包含了仿真的建模和分析两个方面，但不同之处在于，本书试图不达到全面或者纵览这一领域。它的目标是简明、准确以及完整，为教师留下大量空间，以便扩充他们感兴趣或者对他们非常重要的领域。我希望教师能要求学生在开始阅读其他参考文献或期刊论文之前，阅读全书得到一个完整的、条理清楚的图像。最后，我提供了相关文献的线索。总之，尽管不够综合性，但本书是完整的。所以，它对不能上课需要靠自己学习仿真基础知识的学生或者研究人员来说是非常合适的。Asmussen 和 Glynn（2007）的著作与本书的一些目标是一致的，它是一本非常优秀的介绍先进仿真分析的著作，涵盖了比我更多的论题，但它在解决建模或者编程问题上没有达到与本书相同的程度。

对应于本书中的两章，有关仿真建模与编程的材料使用了 Excel 中的 VBA（Visual Basic for Applications）编程技术。这一选择来自于这样的动机，那就是越来越少的到我这里学习的研究生具备编程经验。VBA/Excel 非常容易获取，也很易于快速掌握，对学生日后学习 Java、C 语言或者其他编程语言是一个很好的准备。书中的这部分内容对于已经掌握如何仿真编程的学生来说，可以直接跳过而不必在意这些提示。本书第 4 章的 Java 和 Matlab 版本代码、书中描述的所有软件，以及练习所需的所有数据集，都可以从本书的网站下载：users. iems. northwestern. edu/nelsonb/IEMS435/。

本书适用于高年级本科生和研究生。在概率论与统计方面的一门必修课是很有必要的，仅仅学习了统计学是不够的。虽然本书使用了 Tractable 随机过程模型（如马尔科夫队列）作为示例，但并不要求读者在这些专题方面具备任何背景（实际上，学习完本书后学生们可能会发现，"随机过程"这门课更有指导性和实际意义）。如果学生们没有编写计算机算法程序的经验，例如，用 Matlab 或者某些其他编程语言，那么教师将不得不在本书的教学中补充更多的编程实践。但是对于一个过来人甚至优秀的程序员来说，就不必如此了。

第 1 章通过一个简单的可靠性问题对本书进行了精要的总结（除了编程）。第 2 章使用 VBA，通过一个快速的仿真编程起步指导来弥补编程经验方面的不足。第 3 章引入了大量的 Tractable 例子，说明在通过仿真方法分析随机系统时会遇到的关键问题，这些例子贯穿全书，所以这一章是必读的。VBASim 是开发出来用于支撑本书的一个 VBA 子程序和类模块的集合，在第 4 章中对它进行了说明，如果使用其他编程语言或者程序包，可以跳过该章。第 5 章强化了对随机过程进行仿真和数学性/数值型分析之间的联系，该章还具有双重任务，就是为后续有关设计和分析的章节做准备，以及对学生学习更高级的仿真方法课程做好准备。第 6~8 章分别介绍输入建模、输出分析和实验设计，都极大地独立于具体用于构建仿真的编程方法。本书以第 9 章作为结尾，针对使用仿真方法来解决系统分析问题，对在研究中使用仿真方法给出了指南。

缺少什么吗？本书没有触及计算环境问题，如果有计算环境，你可能想做一些完全不同的事，如你具有一个含 500 个可利用的 CPU 的云计算集群，我预测到本书写第 2 版的时候，将更容易促成这样一个离散事件随机仿真的环境，到时会加入一些一般性的指导和建议。虽然本书中有大量关于仿真优化的材料，但缺少具体算法，这反映了一个事实，即：针对所有类型问题的基本方法，当前还没有一致的观点，这也终将改变。最后，除了讨论其含义，没有对等地讨论仿真模型的校验问题。

很多学生和我的同事对本书中使用的编程方法的设计做出了贡献。IEMS 435 这门课最初使用 Law 和 Kelton（2000）的著作作为教材，Dingxi Qiu 花费了一个暑假将该书中的 C 代码转换为 VBA 代码。Christine Nguyen 帮助开发了 VBASim——本书中描述的仿真支撑库。Feng Yang 与我一起开展了一个研究项目，我们使用 VBA 进行仿真分析。Lu Yu 帮助编写了解题手册。Luis de la Torre 和 Weitao Duan 分别完成了 Java 和 Matlab 版本的 VBASim。

我已经得到了大量的反馈。IEMS 435 课程的学生们带着欢乐接受了本书的未完成版本，以及印刷错误和错别字问题。Larry Leemis 提供了一个全标注的早期草稿，Jason Merrick 用它来教学。我的很多朋友阅读并标注了接近完成的书稿中的章节，包括 Christos Alexopoulos、Bahar Biller、John Carson、Xi Chen、Ira Gerhardt、Jeff Hong、Sheldon Jacobson、Seong – Hee Kim、Jack Kleijnen、Jeremy Staum、Laurel Travis、Feng Yang、Wei Xie、Jie Xu 和 Enlu Zhou。Michael Fu 在如何编写梯度估计方面给我提供了思路，同样，Bruce Schmeiser 在误差估计方面也做了贡献。Seyed Iravani、Chuck Reilly 和 Ward Whitt 确保我在第 9 章中无误地使用他们论文中的信息。除上述人员之外，还有一些人员为本书创作提供了思路，包括 Sigriin Andradottir、Russell Cheng、Dave Goldsman、Shane Henderson、David Kelton、Pierre L' Ecuyer、Lee Schruben 和 Jim Wilson。感谢你们。

最后很重要的一点，本书的编写工作部分地得到了国家自然科学基金（授予号：CMMI - 1068473）的支持。据我所知，NSF 比所有联邦政府机构以更少的投入完成更多的事情。

美国伊利诺伊州埃文斯顿

巴里·L·尼尔森

目　录

第1章 为什么要仿真

随机仿真是一种分析系统性能的方法，这些系统的行为取决于随机过程和那些可以完全用概率模型表征的过程之间的交互。随机仿真是一种与随机模型的数学性和数值性分析相并列的方法（如 Nelson 1995），它常用于期望的性能度量难以用数学方法解决或者没有误差有界的数值估计的情况。计算机使得随机仿真切实可行，但不使用任何计算机就可以对该方法进行描述，这正是在这里我们要做的事情。

1.1 示 例

下面以一个简单、传统的但能够说明本书中要解决的关键问题的例子开始。我们将使用这样的例子贯穿本书，它们是经过精心选择来说明现实问题复杂性的例子，没有为了分析或者仿真而复杂化。在教学和研究活动中，能够说明复杂行为，但没有为了解释或分析而复杂化的示例，这是非常重要的：它们建立人们的直觉认识，并提供了一个全面考虑各种新观点而不被大量细节所迷惑的途径。实际的模型可能确实被复杂化了，具有大量的输入和输出，以及需要成千上万行的计算机代码实现，所以在第 2～4 章中也要解决建模与仿真编程的问题。

例 1.1 （系统故障前时间 TTF）。在这里考虑的 TTF 系统由两个部件组成：一个作为工作部件；另一个作为冷储备部件。当（当前）工作部件发生故障的时候，储备部件就变为工作部件，而故障的部件立即开始修理。故障的部件在修理完成后，会变为储备部件。在同一时间只有一个部件可以被修理，所以如果两个部件都发生故障则系统就会故障，直到至少一个部件开始工作为止。每个部件的工作时间（故障前时间）等概率地可能为 1～6 天，而修理工作确切地要花费 2.5 天。另外，一个修好的部件等同于一个新的部件。

如果我们对这样一个系统感兴趣，那么可能想知道该系统的故障特征。例如系统首次故障前的平均时间，或者系统长期运行的系统可用度。请注意，虽然各部件的故障特征是完全指定的（它们的工作时间等概率地取 1～6 天），但系统整体的故障特征——那取决于故障与修理活动之间的相互转换——不是

1

立即就能清楚的。实际上，像这样简单的系统，从数学上获取这些性能特征是非常困难的，而进行仿真却是很容易的（正如在下面所介绍的那样），这就是为什么要仿真。

如果一个系统的行为可以完全通过一个概率模型描述，则将它的那些特性称为输入，如部件的故障前时间等。而那些由此引申出的定量特性，如系统首次故障前时间或者一定时间范围内的系统可用度等，称为输出。

随机仿真方法由生成实现输入、执行系统逻辑产生输出和根据输出评估系统性能特征三部分工作组成。

第6章解决表达和生成输入的问题；第7章说明输出分析的问题；第8章是关于实验设计的内容。

将 TTF 系统在任何时间点的状态用可工作部件的数量表达，其值可以是2、1或者0。导致系统状态发生变化的事件包括部件故障和修理完成。假设有一个随机性发生源用于生成输入（在本例中是部件的故障前时间），当前状态、一个未来事件列表（称为事件日历），以及一个时钟就足够用来模拟出系统行为的抽样路径。这里将运用一个物理机制，一个合理的六面体骰子作为随机性发生源。

表 1.1 显示了如果第一组 4 次掷骰子得到的数是 5、3、6、1，在首次系统故障时停止（当状态变为 0 时，意味着没有可工作的部件）的情况下的抽样路径；每次掷骰子的结果放在一个盒子里，这样来代表六面体骰子的一次滚动。该路径是通过执行图 1.1 中所示的通用仿真算法生成的，需要注意的是，当一个故障发生时，状态值减 1，而一个修复完成时状态值加 1。

表 1.1　TTF 系统仿真直至首次系统故障

时钟/天	系统状态	时间日历		备　　注
		下次故障	下次维修	
0	2	0 + $\boxed{5}$ = 5	∞	初始化为完全可工作
5	1	5 + $\boxed{3}$ = 8	5 + 2.5 = 7.5	一个工作，另一个维修中
7.5	2	8	∞	下次故障停留在日历中
8	1	8 + $\boxed{6}$ = 14	8 + 2.5 = 10.5	一个工作，另一个维修中
10.5	2	14	∞	再次完全可工作
14	1	14 + $\boxed{1}$ = 15	14 + 2.5 = 16.5	马上将激活故障
15	0	∞	16.5	系统故障

表 1.1 中说明的方法一开始时经常让人觉得不自然。例如，在很容易计算出每个部件将在何时发生故障的情况下，为什么只跟踪记录下一次故障？以及为什么不在时间为 0：00 时将下一次修理也放入日历中？因为可以很容易地看

到它会在 7.5 天时发生。原因如下：

初始化：设置时钟和系统状态的初始值，将至少一个故障事件写入事件日历。

时间推进：更新时钟至下一个待发生事件的时间点（并且将该事件从日历中移除）。

更新：将状态更新到与当前事件相适应的值，并安排任何新的未来事件在当前事件时钟加一个时间增量后发生。

结束：如果一个终止条件已经满足，则停止仿真；否则转至时间推进。

图 1.1　通用仿真算法

缓慢的仿真器规则：只有当不这样做会导致事件不按照时间顺序发生时，才对未来事件进行预先计划。

例如，虽然可以计算出何时（两个部件同时故障，但不强行将备用部件的故障计划到工作部件）发生故障时。同样，没必要将一次维修安排到正好某个部件发生故障时，即使可以那样做。另外，在时钟为 8 天时，必须同时安排好下次故障和下次维修这两个事件，因为从该时刻起的系统演化取决于它们中哪一个首先发生。这一规则被证明在编写复杂的仿真程序时是非常重要的，复杂的仿真程序中可以包含很多种在日历上同步发生的事件。特别是，这一规则可以避免不得不取消那些因为另一个事件首先发生而变得无关紧要的事件。

这里有一些 TTF 系统示例的特性，它们对本书中的随机仿真程序（几乎所有）都是普遍适用的：

（1）仿真时间（仿真时钟）是从一个事件时间跳到另一个事件时间的，而不是连续更新。因为这个原因，称这种仿真为离散事件仿真。

（2）时钟、系统的当前状态、未来事件列表以及事件逻辑就是我们将仿真推进到下一次状态变化所需的全部条件。

（3）当达到特定的系统状态，或者在一个固定的仿真时间点，或者当一个特定事件发生时，仿真结束。

1.2　形式化分析

表 1.1 显示了 TTF 系统的抽样路径。用 Y 表示首次系统故障时间，用 $S(t)$ 表示到时刻 t 时系统可以工作的部件的数量。一个抽样路径提供了对 Y 的一次观测数据，但是 $S(t)$ 是一个函数，它的值在整个仿真过程中是不断演化的。如果对可工作部件数量在某个仿真时间范围 T 上的平均值感兴趣，把它表示为 $\bar{S}(T)$，那么它是一个时间平均值，因为 $S(t)$ 在所有时间点上都有一个值。因此，有

$$\bar{S}(T) = \frac{1}{T}\int_0^T S(t)\,\mathrm{d}t = \frac{1}{e_N - e_0}\sum_{i=1}^N S(e_{i-1}) \times (e_i - e_{i-1})$$

式中：$0 = e_0 \leqslant e_1 \leqslant \cdots \leqslant e_N = T$ 是抽样路径上的事件时间。

像 $S(t)$ 这样的连续时间输出，它们的一个特征就是在离散事件仿真系统中它们是分段连续的，因为它们只能在事件时间点改变值。

对于表 1.1 中的仿真程序，Y 的观测值是 15，而 $\bar{S}(T)$ 在 $T = 15$ 天时的观测值为

$$\frac{1}{15 - 0}[2 \times (5 - 0) + 1 \times (7.5 - 5) + 2 \times (8 - 7.5) + 1 \times (10.5 - 8) +$$

$$2 \times (14 - 10.5) + 1 \times (15 - 14)] = \frac{24}{15}$$

当然，这只是一种可能的输出组合 $(Y, S(Y))$。仿真重复是同一个模型在统计学上相互独立的多次仿真重复。我们会经常生成多个仿真重复改进对系统性能的估计。一个重要的区别就在于输出数据是重复内还是重复间。Y 和 $S(t)$ 是重复内的输出。系统故障次数 Y_1，Y_2，$\cdots$，Y_n 和平均可工作部件数量 $\bar{S}_1(T), \bar{S}_2(T), \cdots, \bar{S}_n(T)$ 来自于 n 个不同的重复，它们是重复间输出。来自不同重复的结果本质上是独立同分布的。它们是相互独立的，因为在每次重复时重新掷骰子，它们也是同分布的，因为每次掷骰子时都使用了相同的初始条件和模型逻辑。

运行仿真程序估计系统性能，通常以此来对比各种备选的系统设计方案。当仿真满足某些版本的强大数据定理（SLLN）时，我们可以证明使用基于仿真的评估器的有效性，这一论题将在第 5 章进行更正式地论述。两个版本的 SLLN 是与随机仿真相关的：

（1）当仿真重复的数量 n 增加时，有：

$$\lim_{n\to\infty}\frac{1}{n}\sum_{i=1}^n Y_i = \mu$$

式中：μ 可以理解为 TTF 系统示例的首次系统故障平均时间。

（2）当一次仿真重复的 $T \to \infty$ 时（如果在首次系统故障时不停止仿真，这是有道理的），则：

$$\lim_{T\to\infty}\frac{1}{T}\int_0^T S(t)\,\mathrm{d}t = \theta$$

（以概率 1），式中：θ 可以理解为 TTF 系统示例中平均可工作部件数的长运行均值。

给我们的信息是这样的，当仿真的投入增加时（仿真重复的数量、一次重复的长度或者两者都有），仿真评估器会非常明确地收敛于某些有用的系统性能度量。这是令人安慰的，但在现实中，在远短于无限的时间停止，这不能带来完全的收敛。因此，一个重要的论题就是测量停止仿真时的残留误差，随

机仿真的一个优势就是可以用统计推断来做到这一点。

1.3　问题与扩展

TTF 系统的例子说明了随机仿真的基本问题，但不是所有的问题都能发生。考虑如下因素：

（1）假设修理时间不是固定的 2.5 天，而是 1/2 的可能性为 1 天和 1/2 的可能性为 3 天。我们生成修理时间所要做的就是投硬币，但如果一个故障和一个修理事件被计划在同一时间点发生时会怎样（这种情况现在可以明确是会发生的）？这算一次系统故障吗？这与我们执行事件逻辑顺序有关吗？可否定义一个合理的关系解除规则？

（2）假设有三个部件而不是两个。我们对系统状态的定义仍然适用吗？如果可以同时修理的部件超过一个会怎样？需要增加额外的事件吗？

（3）平均可工作部件数的长运行均值不是真正的"系统可用度"。相反，我们想得到至少一个部件可工作的长运行时间比例。那么如何从表 1.1 中提取这一性能度量值呢？T 要多长就可以得到一个长运行可用性的良好估计值？

练　习

（1）独立运行 TTF 系统仿真示例，直到首次系统故障时间。估计首次系统故障时间的期望值 $E(Y)$ 以及该估计的标准差和置信区间。

（2）用三个（一个工作，两个储备）部件而不是两个运行 TTF 系统仿真示例，直至首次系统故障时间。

（3）运行 TTF 系统示例仿真直至 $T = 30$ 天时并计算可工作部件平均值和系统可用度平均值。除非你很幸运，否则在时间为 30 天时没有相应的故障或修理事件发生，那么如何能在正好 $T = 30$ 时停止仿真呢？提示：如果 $S(t) > 0$，则系统可用。平均可用度是系统在时间 $t = 0$ 到 $t = T$ 的时间段内可用时间的百分比。

（4）针对 TTF 系统的示例，假设修理时间不是确定的 2.5 天，而是 1/2 概率为 1 天、1/2 概率为 3 天。用投硬币的方法生成修理时间。确定一个合理的关系解除规则，并运行仿真到首次系统故障时间。

（5）如果在 TTF 系统的示例中，部件故障的时间和部件修理时间服从指数分布，那么 TTF 系统是一个时间连续的马尔科夫链，它的平均首次故障时间和长运行系统可用度可以从数学上推导出来。如果知道如何做，则可以照做。

（6）用文字描述 TTF 系统示例中的两个系统事件的工作逻辑。要确保包含对状态值的更新和对所有未来事件的计划。

（7）在表 1.1 中增加一列，列中更新当第 j 个事件执行时面积 $\sum_{i=1}^{j} S(e_{i-1}) \cdot (e_i - e_{i-1})$ 的值，需要说明的是，通过记录这一运行中的汇总数据，可以在任何事件时间 e_j 立即计算出 $\bar{S}(e_j)$。

（8）在表 1.1 中增加一列，列中更新当第 j 个事件执行时面积 $\sum_{i=1}^{j} I\{S(e_{i-1}) = 2\} \cdot (e_i - e_{i-1})$ 的值。这里 I 是标志函数。用它计算系统处于全功能状态（没有部件处于故障状态）的时间比例。

（9）考虑一个改进的 TTF 系统，它按下列方式工作。手动（使用骰子）仿真这一系统直到发生首次系统故障的时间。

- 系统有 3 个部件（一个工作，两个备用，但仍然是一次只能修一个部件）；修理时间是 3.5 天。
- 此外，每个部件是由两个子部件组成，每个子部件的故障前时间等概率地取 1~6 天。
- 当第一个子部件故障时部件会故障。换句话说，要仿真一个部件的故障前时间，可以掷两次骰子，然后取较小的那个数。

针对练习（9）中的仿真，增加一列更新当第 j 个事件执行时面积 $\sum_{i=1}^{j} S(e_{i-1}) \times (e_i - e_{i-1})$ 的值，这里 $S(t)$ 是在时间 t 时可工作部件的数量。用它计算可工作部件的平均数。

第 2 章　仿真编程：快速入门

作为向更熟练的仿真编程过渡的第一步，本章介绍第 1 章中 TTF 系统的一个 VBA 仿真程序。本章还提供对一些重要的仿真概念以及 VBA 概况的简要介绍。

所有读者都应该通读 2.1 节和 2.2 节，即使将来最终不会用 VBA 编写仿真程序。这里的关注点在于基本的离散事件仿真编程原理，不使用任何特殊的仿真支撑函数或对象。这些原理形成了实现更熟练和可伸缩性强的编程的核心思想。

2.1　一个 TTF 仿真程序

像所有编程语言一样，VBA 有变量。TTF 仿真程序的关键变量包括：S 代表工作部件数量；NextFailure 代表用于存放下一个待发生的部件故障的时间；NextRepair 代表对应的下一次部件修理的时间；Clock 代表当前仿真时钟的时间。

对每种事件类型，该仿真程序都有如下一个处理规程，在 VBA 中被称为子程序（Sub）：

（1）更新系统状态。

（2）安排未来事件的时间。

（3）计算和累积统计结果。

图 2.1 显示了 TTF 仿真程序的事件处理规程。本节较详细地描述子程序 Failure；读者应自己完成子程序 Repair 的工作逻辑。

```
Private Sub Failure()
' Failure event
' Update state and schedule future events
    S = S - 1
    If S = 1 Then
        NextFailure = Clock + _
                    WorksheetFunction.Ceiling(6 * Rnd(), 1)
        NextRepair = Clock + 2.5
    End If

' Update area under the S(t) curve
    Area = Area + Slast * (Clock - Tlast)
```

```
        Tlast = Clock
        Slast = S
End Sub

Private Sub Repair()
' Repair event
' Update state and schedule future events
    S = S + 1
    If S = 1 Then
        NextRepair = Clock + 2.5
        NextFailure = Clock + _
                    WorksheetFunction.Ceiling(6 * Rnd(), 1)
    End If

' Update area under the S(t) curve
    Area = Area + Slast * (Clock - Tlast)
    Tlast = Clock
    Slast = S
End Sub
```

图 2.1　TTF 问题 VBA 仿真程序的事件处理规程

当一个故障发生时，可工作部件的数量总是减 1。如果这样使得系统只有一个可工作部件（$S=1$），则在此事件之前的瞬间，既没有故障的部件也没有任何部件在修理。因此，需要安排刚变为工作状态的备用部件的故障时间，还要安排刚变为故障状态的工作部件的修理完成时间。事件总是发生在当前时钟加时间增量达到某个未来时间点上。修理总是要花 2.5 天，所以 NextRepair = Clock + 2.5。但是一个部件的故障前时间是随机的。

在 VBA 中，Rnd（）函数可以生成一个 0 ~ 1 之间且服从均匀分布的随机数。将该数乘以 6 可以生成一个 0 ~ 6 之间的数；Ceiling 函数将该数规整为一个整数 $\{1, 2, 3, 4, 5, 6\}$。这是本书后续章节的一个论题。

每个事件处理规程的最后一部分是统计结果更新。回顾第 1 章中介绍的，可工作部件数的时间平均值可以表达为

$$\bar{S}(T) = \frac{1}{T} \int_0^T S(t) \, \mathrm{d}t = \frac{1}{e_N - e_0} \sum_{i=1}^{N} S(e_{i-1}) \cdot (e_i - e_{i-1})$$

式中：e_i 为事件时间。

为了避免必须保存所有事件时间和状态变量的取值，一个标准的技巧就是保持曲线下面积的运行时合计值，并在每次执行一个事件时进行更新，即

$$S(e_{i-1}) \times (e_i - e_{i-1}) = \text{Slast} \times (\text{Clock} - \text{Tlast})$$

所以，Clock 是当前事件 e_i 的时间，Tlast 是最近的上一个事件 e_{i-1} 的时间，Slast 是 $S(t)$ 在更新前瞬间的值。

图 2.2 介绍了用于事件—事件推动仿真运行的 VBA 函数。VBA 中的每个函数都返回一个唯一的值，在本例中就是下一个要发生事件的名称，或是 Failure，或是 Repair。此外，Timer（）函数将仿真时钟推进到下一个事件时间，然后通过将该事件的下一次发生时间设置为无穷大来将这个正在触发的事

件从事件日历中移除。对于一个最多只有两个待发生事件的简单仿真程序，这种方法完全可以满足要求；然而，终究会需要一种方法，能够扩大事件的规模，以适应更复杂的仿真。

```
        Private Function Timer() As String
            Const Infinity = 1000000

    ' Determine the next event and advance time
        If NextFailure < NextRepair Then
            Timer = "Failure"
            Clock = NextFailure
            NextFailure = Infinity
        Else
            Timer = "Repair"
            Clock = NextRepair
            NextRepair = Infinity
        End If
    End Function
```

图 2.2   TTF 问题 VBA 仿真程序的计时器规程

图 2.3 介绍了全局变量的声明、仿真运行启动和开始时部分的程序。Dim 语句用于声明变量的名称和它们的类型；在任何 Sub 或者 Function 外声明的变量都是全局变量，它们的值对程序中的任何子程序都是可见的，并且也是可以被它们修改的。很显然，像 Clock、NextFailure 和 S 这些变量必须是全局变量，因为它们在程序中的很多部分都会用到。

子程序 TTF 是主程序，它初始化并控制仿真的运行，并报告仿真的运行结果（图 2.4）。典型的初始化活动包括设置随机数发生器，并为关键变量设置初始值。关键的初始化步骤是安排至少一个未来事件，因为离散事件仿真是从一个事件时间跳跃到下一个事件时间的，若无一个待发生事件启动仿真，它将不知所从。至少一个待发生事件来启动仿真，它将不知所从。

```
    Dim Clock As Double           ' simulation clock
    Dim NextFailure As Double     ' time of next failure event
    Dim NextRepair As Double      ' time of next repair event
    Dim S As Double               ' system state
    Dim Slast As Double           ' previous value of the system state
    Dim Tlast As Double           ' time of previous state change
    Dim Area As Double            ' area under S(t) curve

    Private Sub TTF()
    ' Program to generate a sample path for the TTF example
        Dim NextEvent As String
        Const Infinity = 1000000
        Rnd (-1)
        Randomize (1234)

    ' Initialize the state and statistical variables
```

```
        S = 2
        Slast = 2
        Clock = 0
        Tlast = 0
        Area = 0

   ' Schedule the initial failure event
        NextFailure = WorksheetFunction.Ceiling(6 * Rnd(), 1)
        NextRepair = Infinity

   ' Advance time and execute events until the system fails
        Do Until S = 0
            NextEvent = Timer
            Select Case NextEvent
            Case "Failure"
                Call Failure
            Case "Repair"
                Call Repair
            End Select
        Loop

   ' Display output
        MsgBox ("System failure at time " _
                & Clock & " with average # functional components " _
                & Area / Clock)
        End
End Sub
```

图 2.3   TTF 问题 VBA 仿真程序的声明和主程序

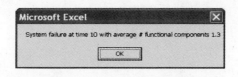

图 2.4   来自 TTF 仿真的输出

主程序中还包含了一个循环，该循环反复地将时间推进到下一个待发生的事件时间并执行该事件，直到某些终止的条件满足为止。该 TTF 仿真持续运行直至 $S=0$，意味着系统首次发生故障（没有可工作的部件）。仿真也可以当一个特定的事件发生时结束，就像我们将在后续的例子中看到的那样。

主程序的最后部分报告两个输出结果：系统发生故障的时间和从时间 0 到系统首次故障时可工作部件数的平均值。注意，因为当 $S=0$ 时仿真结束，所以此时的仿真时钟也就是系统故障的时间。又因为以变量 Area 累加 $S(t)$ 曲线下的面积，所以 Area/Clock 就是到该时刻 $S(t)$ 的平均值。

2.2   一些重要的仿真概念

本章是一个仿真编程的"快速入门"，为了使它完整，3 个附加的论题需要给予更多说明：随机变量生成、随机数生成和仿真重复。

2.2.1 随机变量生成

随机仿真是由一个或者多个完全特征化的概率模型驱动的，通过这些模型可以生成"实现"。我们用"实现"这个词来表达具体的、通常是数值的结果，生成这些实现的过程称为随机变量生成。在仿真中，不操纵符号，就像在一个数学分析中那样，生成实现，即具体的数字值，它们符合（以一种在下面精确定义的方法）一个概率模型。这使得最终的分析是统计性的，而非数学性的，因为是从仿真数据来估计感兴趣的性能指标的。

我们需要的最基本的驱动概率模型是具有已知分布 F_X 的独立同分布（i. i. d），随机变量 X_1, X_2, $\cdots$。在 TTF 仿真中，要求故障次数是独立同分布，且服从在 $\{1, 2, \cdots, 6\}$ 上的离散均匀分布；在第 3 章中，引入了一个要求其他概率模型的例子，包括指数分布。

假设有一个算法为 algorithm，具有一个数值输入 u，并产生一个数值输出 x，即

$$x = \text{algorithm}(u)$$

式中：algorithm 一般是一些计算机代码，但重要的是，它是一种确定性的输入-输出转换。例如，可以有 algorithm (0. 3) 返回值 $x = 2$。

现在假设输入 u 不是确定的，而是一个随机变量（称为 U）它具有一个已知的概率分布 F_U。那么 algorithm 就定义了一个随机变量：

$$X = \text{algorithm}(U)$$

它对讨论 $\Pr\{X \leq 20\}$ 或者 $E\{X\}$，又或者它的分布 F_X 都是非常合理的，这里的重要概念就是 algorithm，我们将它考虑为一种用一个数值输入生成一个数值输出的方法，也可以将它考虑为将具有某种分布的随机变量 U 转换为另一个具有不同分布的随机变量 X 的方法。一个随机变量就是一个数学对象，关于它可以做概率上的声明。就真正意义上来说，所有的随机仿真都是构建在这种认识之上的。

一个非常重要的特殊例子，就是当 F_U 是 $[0, 1]$ 之间的均匀分布时：

$$F_U(u) = \Pr\{U \leq u\} = \begin{cases} 0, & u < 0 \\ u, & 0 \leq u < 1 \\ 1, & 1 \leq u \end{cases} \tag{2.1}$$

这一分布通常表示为 $U(0, 1)$。

作为一个 algorithm 的具体的例子，假设 algorithm$(u) = -\text{VBA. Log}(1 - u)$，这里 VBA. Log 是 VBA 函数，它返回其参数的自然对数。假设 VBA. Log 函数工作良好，那么当 U 服从 $U(0, 1)$ 分布时，它的返回值服从何种分布呢？

$$\begin{aligned} \Pr\{\text{algorithm}(U) \leq x\} &= \Pr\{-\text{VBA. Log}(1 - U) \leq x\} \\ &= \Pr\{1 - U \geq e^{-x}\} \\ &= \Pr\{U \leq 1 - e^{-x}\} \end{aligned}$$

11

$$= 1 - e^{-x}, \quad x \geqslant 0 \tag{2.2}$$

得出最后一步是因为当 $0 \leqslant u \leqslant 1$ 时 $\Pr\{U \leqslant u\} = u$。

式（2.2）是均值为 1 的指数分布的累计分布函数（cdf），它表明已经建立一个对该随机变量的算法描述。因此，如果有一种实现 U 的方法，则可以产生均值为 1 的指数分布，这就是随机变量生成。

现在，不是想知道当对 U 使用某些类似 algorithm 的算法的时候得到的 F_X 是什么，而是想构造 algorithm 算法使得 X 具有指定的 F_X。能够做到这一点对于随机仿真来说是绝对必要的。

首先考虑这样一个例子，这里 cdf F_X 是一个对所有 x 都连续增长的函数，且 $0 \leqslant F_X(x) \leqslant 1$；这对指数分布、正态分布、对数正态分布、威布尔分布、均匀分布和其他很多广为人知的分布来说都是正确的。在这些条件下，等式 $u = F_X(x)$ 有一个唯一解，表示为 $x = F_X^{-1}(u)$，即 cdf 的逆函数。那么对于 $U \sim U(0,1)$，定义随机变量 X，$X = F_X^{-1}(U)$。可以马上得出：

$$\Pr\{X \leqslant x\} = \Pr\{F_X^{-1}(U) \leqslant x\}$$
$$= \Pr\{U \leqslant F_X(x)\}$$
$$> F_X(x).$$

这表明，我们得到了均值为 1 的指数分布的 algorithm 算法，它的 $F_X^{-1}(u) = -\ln(1-u)$。即使 F_X^{-1} 的解析形式不可用，但因为它是针对指数分布的，所以 cdf 可以用一个求根算法来从数值上求逆。因此，逆 cdf 方法是针对具有连续增长 cdf 的分布的通用方法。

如果对求逆算法定义得更仔细一点，则逆 cdf 方法对所有随机变量都适用：

$$X = F_X^{-1}(U) = \min\{x : F_X(x) \geqslant u\} \tag{2.3}$$

当 F_X 是连续且增长时，这两个概念发生冲突了。但是式（2.3）对包含跳跃点的 cdf 也是适用的。

特别是，假设 X 可以以对应的概率 $p_1, p_2, p_3, \cdots$，取值 $x_1 < x_2 < x_3 < \cdots$，这里 $\Sigma_i p_i = 1$。TTF 系统中的部件故障前时间就属于这种类型，此时 $x_i = i$，$p_i = 1/6 \ (i = 1, 2, \cdots, 6)$。则如所期望的那样，应用式（2.3），有：

$$\Pr\{X = x_j\} = \Pr\{F_X^{-1}(U) = x_j\}$$
$$= \Pr\{F_X(x_j) \geqslant U > F_X(x_{j-1})\}$$
$$= \Pr\{F_X(x_{j-1}) < U \leqslant F_X(x_j)\} \tag{2.4}$$
$$= \Pr\{U \leqslant F_X(x_j)\} - \Pr\{U \leqslant F_X(x_{j-1})\}$$
$$= F_X(x_j) - F_X(x_{j-1})$$
$$= \sum_{i=1}^{j} p_i - \sum_{i=1}^{j-1} p_i$$
$$= p_j \tag{2.5}$$

12

式 (2.4) 提供了离散分布的基本算法：给定 U，找到最小的 j 使得 $\sum_{i=1}^{j} p_i \geq U$ 并返回 x_j。

对于一个实例来说，考虑 $\{1,2,\cdots,k\}$ 上的离散均匀分布，TTF 系统示例中的部件故障前时间就是 $k=6$ 的一个特殊例子。于是 $x_i = i, p_i = 1/k$，$i = 1, 2,\cdots,k$。式 (2.4) 暗示我们需要找到一个 j，使得：

$$\frac{j-1}{k} < U \leq \frac{j}{k} \tag{2.6}$$

在练习中，被要求去演示，这样会导出方程 $X = \lceil Uk \rceil$，此处符号 $\lceil \cdot \rceil$ 是上限函数，它返回大于或等于其参数的最小整数。

假设以 $U\,[0,1)$ 变量为输入并且构成算法的数值变量和函数具有无限精度，使用如式 (2.2) 中的参数，可以证明它包含了我们期望的分布，则说明一个随机变量生成的算法是严谨的。

因此，针对指数分布和离散均匀分布的算法是严谨的。

在实践中是有折中的。首先如 VBA. Log 的函数不能很好地工作，如果没有其他原因，那么计算机针对数的表达也是有限的，这在所有数值型的编程中都是一个问题；其次，折中对仿真来说更核心，即不得不解决 U 的生成问题。

2.2.2　随机数生成

生成 U 的实现被称为随机数生成。严谨的随机变量生成的定义对于 X 要求 $U \sim U(0,1)$，因此，一个严谨的生成具有独立同分布 F_X 的 X_1，X_2，$\cdots$的方法要求 U_1，U_2，$\cdots$是独立同分布的 $U(0,1)$。因为计算机中对数的有限表达，我们可知这不是完全可能的。另外，即使它是可能的，它也是一个坏主意，因为仿真程序会在每次运行时生成不同的输出，即便不改变任何东西。

反之，随机仿真使用伪随机数。想象这一情况的最简单方法就是考虑一个很大的、顺序排列的、0~1 之间的数的序列：

$$U_1, U_2, U_3, \cdots, U_i, U_{i+1} \cdots U_{P-1}, U_P, U_1, U_2, \cdots$$

这个序列需要很长（在较老的仿真程序中约 20 亿，在较新的程序中则更长）。在这一序列中可能会有重复，但当到达该序列的结尾时，它又从起点开始。因为这个原因，P 称为伪随机数的周期。一个良好的伪随机数序列从统计学上来说应该与真正的随机数无法区分，它为仿真提供了数量远小于 P 的随机数序列比例。

显然，伪随机数从任何意义上来说都不是随机数：它们是预先确定的、有限的序列，终究会有重复。VBA 代码：

```
Rnd (-1)
Randomize (1234)
```

设置该序列的起点，VBA 函数 Rnd（）从该起点按顺序抽取伪随机数。这就是为什么每次 TTF 仿真程序运行会输出相同结果。如果 1 2 3 4 被替换为另一个不同的整数，那么伪随机数将会被从序列中的一个不同的位置开始抽取，因此结果会有所不同（可以尝试这么做）。

实际上保存一个伪随机数的序列充其量只能算作麻烦，在 P 足够大的时候甚至是不可能的。因此，仿真软件中的伪随机数实际上是用一个递归算法生成的。我们将在第 6 章中说明如何构造这样的伪随机数发生器，但对该序列的表达在概念上是正确的。使用一个伪随机数发生器而不是随机数，是一个重要而现实的折中，其全部内涵在本书中都给予了介绍。

2.2.3　仿真重复

如第 1 章所讨论的，使用基于仿真的评估器的一个正当理由就是，仿真重复的次数增加了重复间样本均值向长运行均值的收敛（以概率 1）。在本节中，我们介绍重复编程背后的关键思想。

为了具体些，同时考虑 TTF 例子中的随机变量 Y（系统故障前时间）和 $\bar{S}(Y)$（到时间 Y 时的可工作部件数的平均值）。假设想模拟 100 个独立同分布的仿真重复，并报告其总体平均值。具体来说，有

$$\bar{Y} = \frac{1}{100}\sum_{i=1}^{100} Y_i$$

$$\bar{S} = \frac{1}{100}\sum_{i=1}^{100} \bar{S}_i(Y_i)$$

式中：下标 i 代表来自第 i 个仿真重复的结果。

为了构造这些"重复"，$Y_1, Y_2, \cdots, Y_{100}$ 应当是独立同分布的，$\bar{S}_1(Y_1)$，$\bar{S}_2(Y_2), \cdots, \bar{S}_{100}(Y_{100})$ 也应如此。相同的分布意味着每个重复的仿真逻辑包括初始条件都是相同的。独立意味着每个重复的部件故障次数在统计学上独立于任何其他重复的部件故障次数。故障的次数取决于随机数，正如上面所讨论的，如果让发生器持续运行而不重复开始，通过伪随机数发生器生成的随机数序列大致表现为独立同分布。因此，如果不在重复之间重置伪随机数发生器，这些重复将是（大致上）独立同分布的，但也不重置其他任何东西。

图 2.5 介绍了一个 TTF 仿真主程序的修改版本，来完成仿真重复。伪随机数发生器以及那些跨重复统计变量在重复循环 For Rep = 1　To 100 之外被初始化一次。重复内统计变量状态变量 S 以及初始故障和修理事件在重复循环内部被初始化。通过这种方法，实现了（大致上）独立同分布的结果。仿真实验设计的一个关键问题是选择足够大的重复次数，使得在启动伪随机数发生器的时候没有问题。

```
Private Sub TTFRep()
' Program to generate a sample path for the TTF example
    Dim NextEvent As String
    Const Infinity = 1000000
    Rnd (-1)
    Randomize (1234)

' Define and initialize replication variables
    Dim Rep As Integer
    Dim SumS As Double, SumY As Double
    SumS = 0
    SumY = 0

    For Rep = 1 To 100

' Initialize the state and statistical variables
        S = 2
        Slast = 2
        Clock = 0
        Tlast = 0
        Area = 0

' Schedule the initial failure event
        NextFailure = WorksheetFunction.Ceiling(6 * Rnd(), 1)
        NextRepair = Infinity

' Advance time and execute events until the system fails
        Do Until S = 0
            NextEvent = Timer
            Select Case NextEvent
                Case "Failure"
                    Call Failure
                Case "Repair"
                    Call Repair
            End Select
        Loop

' Accumulate replication statistics
        SumS = SumS + Area / Clock
        SumY = SumY + Clock
    Next Rep

' Display output
    MsgBox ("Average failure at time " _
            & SumY / 100 & " with average # functional components " _
            & SumS / 100)
    End
End Sub
```

图 2.5　有多个重复的 TTF 问题 VBA 仿真系统的主程序

　　请注意如何在每个重复的结尾更新可工作部件平均数和系统故障前时间，这么做是为了在所有重复完成时，可以很容易地计算出跨重复的平均值。这是一个保存每个重复的结果，并计算总体平均值的可选方法。每一种方法都有其优点和不足。运行该仿真的结果如图 2.6 所示。

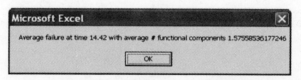

图 2.6　来自 TTF 仿真程序 100 次重复的输出结果

2.3　VBA 入门知识

本书中，演示了如何在 Excel 中用 Visual Basic for Application（VBA）语言进行仿真编程，还有一些定制的支撑程序，称为 VBASim。VBASim 和大量仿真编程的例子在第 4 章中会有介绍。之所以选择 VBA for Excel 是因为它具有广泛的可用性（如果有 Excel，就有了 VBA），而且相当容易学习，并且 Excel 本身提供了大量的可用函数，以及可用于输出数据的工作表。如果你已经掌握了 Java 或者 Matlab，本书的前言部分说明了如何获取 Java 或者 Matlab 版本的 TTF 示例，以及所有第 4 章中的仿真程序。

本节对 VBA 做简要介绍。在本节和第 4 章中，都避免依赖或者描述任何可能会变化的 Excel 特性，如特定接口、菜单或者格式化选项等。如果你正在从起点、完全靠自己学习 VBA 和 Excel，那么在本章内容之外，可能还需要一本综合性参考书，如 Walkenbach（2010）的著作。

2.3.1　VBA：基础

VBA 代码是按照模块和类模块来组织的。可以将他们想象为文件夹。在最简单的情况下，如 TTF 示例，用于仿真的所有 VBA 代码都包含在一个模块中。目前我们要进行假定。

模块以变量的声明开始，后面是一个或者多个子程序（Sub）和函数（Function）。这些子程序和函数包含了描述仿真程序的可执行 VBA 代码。

VBA 有很多变量类型，我们需要用的变量类型如下。

Double：双精度实数值。

Integer：范围为 -32768 ~ 32768 的整数值。

Long：范围大概为 ±20 亿的整数值。

String：字符变量。

Boolean：只有 True 和 False 两个值的变量。

变量类型的定义使用关键词 Dim、Private 或者 Public。我们将把 Public 的描述放在后面；Dim 和 Private 含义相同，我们在本书中一般使用 Dim。在 TTF

16

模块的开始部分有以下声明。

```
Dim Clock As Double            '仿真时钟。
Dim NextFailure As Double      '下次故障事件时间。
Dim NextRepair As Double       '下次修理事件时间。
Dim S As Double                '系统状态。
Dim Slast As Double            '系统状态的前一值。
Dim Tlast As Double            '前一次状态变化的时间。
Dim Area As Double             ' S(t)曲线下的面积。
```

变量名可以很长，可以包含字母和数字，但不能有空格。VBA可以识别任何在声明中使用的大写字母，并强制在整个程序中进行使用。例如：如果试着在TTF程序中使用变量area，那么VBA将自动地将它转换为Area。可以在一条声明中声明多个变量，

```
Dim Code As Integer, Product As String, InStock as Boolean
```

这里需要注意的是，当VBA遇到一个单引号" ' "时，会将该引号之后直至本行末尾的所有文本内容当作不可执行的注释。

在模块的开始用Dim或者Private声明的变量对该模块的所有子程序或函数都是可见的。在一个子程序或函数中用Dim或Private定义的变量只在该子程序或函数中可见，并且只在该子程序或函数执行过程中保持其取值。考虑TTF程序的重复版本的下述部分：

```
Private Sub TTFRep ()
'Program to generate a sample path for the TTF example
  Dim NextEvent As String
  Const Infinity = 1000000
  Rnd (-1)
  Randomize (1234)
'Define and initialize replication variables
  Dim Rep As Integer
  Dim SumS As Double, SumY As Double
```

变量NextEvent、Rep、SumS和SumY是在子程序TTFRep中声明的，所以他们的值对本模块中的其他子程序或函数是不可见的。实际上，这些变量的名字可以在其他子程序或函数中使用而不会发生冲突。

VBA还允许定义多维数组，声明方法如下：

```
Dim X (1 to 10) as Double, Y (0 to 5, 0 to 20) as Integer
```

注意：数组的索引不必从1开始。

我们将频繁地使用3种控制结构：If-Then-Else-EndIf、Select Case 和各种循环。If-Then-Else-EndIf结构的一般形式如下：

```
If Index = 0 Then
    X = X + 1
    Y = VBA. Sqr (X)
Else If Index = 1 Then
    Y = VBA. Sqr (X)
Else If Index = 2 Then
    Y = X
Else
    X = 0
End If
```

VBA 中的控制结构都有一个明确的结束语句（这里 If 要以 End If 结束）。

当基于一个变量的值存在大量可能的结果时，Select Case 结构是 If 结构的一个替代方案。在下面的例子中，变量 Index 与一个值（0）、一个范围（1~10）、一个条件（小于0）、另一个变量（MyIndex）以及上述之外的所有情况（Else）相比较。将要执行第一个匹配项之后的代码。

```
Select Case Index
    Case 0
        [VBA statements...]
    Case 1 to 10
        [VBA statements...]
    Case Is < 0
        [VBA statements...]
    Case MyIndex
        [VBA statements...]
    Case Else
        [VBA statements...]
End Select
```

在 TTF 仿真程序中，Select Case 结构被用于根据变量 NextEvent 的值执行适当的子程序。

Loop 结构被用于执行一组重复运行的代码。三种通用形式如下：

```
For counter = start To end [Step increment]
    [VBA statements...]
Next counter

Do
    [VBA statements...]
Loop [While | Until] condition
```

18

```
Do [While | Until] condition
    [VBA statements...]
Loop
```

For-Next 循环以步长 increment 的大小（默认为 1）累加 counter 变量，直到满足或者超过 end 值。两种形式的 Do_Loop 结构的不同之处只是体现在终止条件在首次循环之前还是之后进行测试。以下的子程序 TTFRep（）代码段演示了两种类型的循环语句。请注意执行下一事件的 Select Case 结构的使用，例如：

```
For Rep = 1 To 100
' Initialize the state and statistical variables
        S    = 2
        Slast   = 2
        Clock   = 0
        Tlast   = 0
        Area   = 0
' Schedule the initial failure event
        NextFailure = WorksheetFunction. Ceiling (6* Rnd (), l)
        NextRepair = Infinity
' Advance time and execute events until the system fails
        Do Until S   = 0
            NextEvent = Timer
            Select Case NextEvent
                Case" Failure"
                    Call Failure
                Case " Repair"
                    Call Repair
            End Select
        Loop
' Accumulate replication statistics
        SumS = SumS +Area / Clock
        SumY = SumY +Clock
Next Rep
```

VBA 通过 Exit 语句提供了一种得体的方式在任何控制结构完成前退出它。例如，如果在一个 For 或者 Do 循环中分别遇到一个 Exit For 或者 Exit Do 语句，那么它会导致该循环在不检查终止条件的情况下立即终止。

2.3.2　函数、子程序和范围

VBA 程序的执行发生在函数和子程序中。函数允许有作为输入传递的参数，并通过函数名返回一个单一的值作为输出。Timer 函数如下：

19

```
Private Function Timer () As String
    Const Infinity = 1000000
'   Determine the next event and advance time
    If NextFailure < NextRepair Then
        Timer = " Failure "
        Clock = NextFailure
        NextFailure = Infinity
    Else
      Timer = " Repair"
      Clock = NextRepair
      NextRepair = Infinity
    End If
End Function
```

Timer 没有参数，因为变量 Clock、NextFailure 和 NextRepair 对整个模块都是可见的，它返回一个类型为 String 的唯一值。返回值的类型必须在函数的定义中进行声明。语句：

```
NextEvent = Timer
```

调用该函数，返回下一个要被执行的事件。Timer 还演示了另一种称为常量（Const）的数据类型，声明对一个变量名赋予一个固定的、不可更改的值。

另外，子程序不直接返回一个值，因此它没有一个声明的类型，相反，它是处理一些计算的计算机子程序。例如，语句 Call Failure 会导致以下子程序被执行，然后将控制返回给 Call 语句之后的下一个语句：

```
Private Sub Failure ()
' Failure event
' Update state and schedule future events
    S = S - 1
    If S = 1 Then
        NextFailure = Clock + WorksheetFunction. Ceiling (6 *
        Rnd (), 1)
        NextRepair = Clock + 2.5
    End If
' Update area under the S (t) curve
    Area = Area + Slast * (Clock - Tlast)
    Tlast = Clock
    Slast = S
End Sub
```

在到达 End Sub 或 End Function 语句之前离开子程序或者函数的一种方式

是分别使用 Exit Sub 或者 Exit Function 语句。

在很多情况下，能够传递参数（输入）给函数和子程序是非常重要的，这种方式会使得函数和子程序更加灵活。例如在第 4 章中我们会介绍子程序 Report，它对将仿真结果写入一个 Excel 工作表非常有用，例如：

```
Public Sub Report (Output As Variant, WhichSheet As String, _
    Row As Integer, Column As Integer)
        Worksheets (WhichSheet). Cells (Row, Column) = Output
    End Sub
```

该子程序有 4 个参数：要写入的输出值，要写入的 Excel 工作表，以及要写入的格的行号和列号。注意，每个参数的类型在该子程序的定义中给予了声明。Variant 类型用于未来类型不可知的变量，它在此处是有意义的，因为 Output 可以是一个整数、实数甚至字符串。还应注意，下划线"_"用于让 VBA 明确下一行是一个语句的继续。子程序 Report 可以如下调用：

```
Call Report (Clock," Sheet1", 2, 1)
```

该语句将 Clock 变量的当前值写入 Excel 工作表 Sheet1 的第 2 行第 1 列（格 A2）中。

关于函数和子程序的参数的一个重要的事实是，如果在函数或子程序中改变了任何参数的值，那么变化后的值也会在调用的子程序或函数中发生变化。基于 VBA 观点，参数是"按引用"传递的。用这种方式，子程序可以直接返回一个值。为了避免这种情况，参数可以"按值"传递。例如：可以重写子程序 Report 的第一行，例如：

```
Public Sub Report (ByVal Output As Variant, _ ByVal WhichSheet As String, _
    ByVal Row As Integer, ByVal Column As Integer)
```

你可能已经注意到子程序和函数定义中的声明语句 Public 和 Private。被声明为 Private 的子程序或函数只能在包含它的模块之内调用。TTF 仿真程序的所有代码都在同一个模块中，所以这样很好。被声明为 Public 的子程序或函数可以从同一个 Excel 工作簿的任何模块中调用。所有 VBASim 的子程序和函数都定义为 Public 的，以便不需要在包含仿真代码的模块中包含它们；相反，它们可以在驻留在同一个工作簿的 VBASim 模块中。

子程序或函数的可见性称为它的"范围"。正如我们所见，变量也有范围。为了让一个变量对同一个工作簿中的其他模块可见，它必须在其所在模块的顶部被声明为 Public。很多 VBASim 变量都是 Public。

2.3.3　与 Excel 交互

我们将以两种方式与 Excel 交互：向 Excel 工作表读和写值；使用 VBA 程

序中的 Excel 函数。

有很多方法读和写 Excel 工作表，但最基本的方法是 . Cells 方法，它被用于 2. 3. 2 节中的子程序 Report。为了使用该方法，需要知道工作表的名称以及要读或写的格的行号和列号。例如，要将 Clock 的值写入 Sheet1 的第 2 行第 20 列的格中，使用语句为

```
Worksheets ("Sheet1"). Cells (2, 20) = Clock
```

类似地，为了从工作表 Fax 的第 I 行第 J 列中读呼叫中心接线员的数量，使用语句：

```
NumAgents = Worksheets ("Fax"). Cells (I, J)
```

VBA 有少量的内置固有函数；它们包括平方根（VBA. Sqr）、自然对数（VBA. Log）和绝对值（VBA. Abs）函数等。另外，Excel 拥有大量的内置函数。为了在 VBA 中使用它们，前缀 WorksheetFunction. 被加到 Excel 函数的名字前面。例如，要使用返回一个参数列表 W, X, Y, Z 中最大值的 Excel 函数 Max，语句应为

```
M = WorksheetFunction.Max (W, X, Y, Z)
```

2. 3. 4　类模块

VBA 支持基本水平的面向对象编程；如果已经熟悉了用 Java 和 C++ 之类的语言进行面向对象编程，那么你将会觉得对 VBA 中的方法也仿佛熟悉。本部分快速介绍了这一非常重要的问题。

离散事件仿真程序通常包含相同对象的多个实例：

（1）实体：各种到来和离去的事物，如顾客、消息、工作、事件等。

（2）队列：实体的有序列表。

（3）资源：实体需要的数量，包括服务器、计算机或者机器等。

（4）统计量：对上述事物记录的信息。

VBA 中用户定义的对象称为类模块，类模块是对象的模板。类模块如下：

（1）特性：可以保存值的变量（在仿真术语中通常称为"属性"）。

（2）方法：有关如何做事的指令（子程序和函数）。

对象的关键好处是可以从同一个模板建立多个实例，每个实例都是可独立识别的，拥有自己的特性和方法。

为了说明这一点，回顾我们在 TTF 仿真中维护的可工作部件的连续时间统计平均数。要这样做需要定义和更新 3 个变量：系统状态的前一个值 Slast、前一次状态变化的时间 Tlast，以及 $S(t)$ 曲线下的面积 Area。如果有额外的连续时间统计量（如平均系统可用度），那么就需要一组对应的变量和更新程序。在一个实际的仿真中，可以有很多这样的统计量。

图 2.7 显示了用于记录和计算连续时间统计量的 VBASim 类模块 CTStat。在 VBA 程序中，在使用该类模块的地方，利用以下两个语句：

```
Dim Functional As New CTStat
Dim Available As New CTStat
```

```
' Generic continuous-time statistics object
' Note that CTStat should be called AFTER the value
' of the variable changes

Private Area As Double
Private Tlast As Double
Private Xlast As Double
Private TClear As Double


Private Sub Class_Initialize()
' Executes when CTStat object is created to initialize variables

    Area = 0
    Tlast = 0
    TClear = 0
    Xlast = 0
End Sub


Public Sub Record(X As Double)
' Update the CTStat from last time change and keep track
' of previous value

    Area = Area + Xlast * (Clock - Tlast)
    Tlast = Clock
    Xlast = X
End Sub


Function Mean() As Double
' Return the sample mean up through current time
' but do not update

    Mean = 0
    If (Clock - TClear) > 0 Then
        Mean = (Area + Xlast * (Clock - Tlast)) / (Clock -
        TClear)
    End If
End Function


Public Sub Clear()
' Clear statistics

    Area = 0
    Tlast = Clock
    TClear = Clock
End Sub
```

图 2.7　VBASim 中的 CTStat 类模块

将导致以该模板为基础建立两个独立的 CTStat 对象。例如，方法 Function-

23

al. Record（S）可以用于在 S 值变化的时候更新 $S(t)$ 曲线下的面积，而方法 Abar ＝ Available. Mean 可以计算到当前时间为止的平均可用度。每个对象可以无冲突地维护自身独立的 Tlast、XLast 和 Area 属性。现在稍微详细地说明 CTStat 类模块本身。

在开始处的声明定义对象拥有的属性。如果它们只在对象内部使用，并且我们希望对象的每个实例拥有其独立的拷贝，这些属性应当被定义为 Private。方法（子程序和函数）可以通过在子程序或函数的名称前添加独有的对象名来的访问，如语句 Functional. Record（S）或 Available. Mean 中那样。类模块可以选择性地拥有一个特殊的称为 Private Sub Class_ Initialize（）的子程序，每当建立一个对象的新实例时就会被执行。

VBA 提供了一种特殊类型的数据结构，称为集合（collection），它能以数组存放数值或字符型数据非常相似的方式存放对象。为了演示，假设有大量的 CTStat 对象，那么我们可以如下定义一个集合：

```
Dim TheCTStats As New Collection
```

所有的集合都有一个 Add 方法来插入一个对象，例如：

```
TheCTStats.Add Available, Before:=2
```

语句将 CTStat 类对象 Available 插入到当前位置为 2 的对象之前；此外还有一个 After 选项。类似地，TheCTStats. Remove（j）方法移除当前位置 j 处的对象；TheCTStats. Item（i）方法指向当前在位置 i 处的对象；TheCTStats. Count 方法返回当前在集合中的对象的数量。

练　　习

（1）修改 TTF 仿真程序，使它能够包含任意数量的部件而不只是两个。假设部件仍然一次只能修理一个。

（2）运行 TTF 示例仿真直至时间 $T = 1000$ 并报告平均可工作部件数。为了使仿真在时间为 1000 时停止，建立一个新名为 EndSimulation 的新事件，并用一个变量 NextEndSimulation 作为时间日历的一部分。现在 Timer（）函数将从 NextFailure、NextRepair 和 NextEndSimulation 三者中选择下一个事件。为什么这是比将循环条件改为 Do Until Clock ＞ ＝1000 更为有效的方法？

（3）针对 TTF 仿真，假设修理时间不是精确的 2.5 天，而是 1/2 的概率为 1 天、1/2 的概率为 3 天。确定一个合理的关系解除规则，修改仿真程序并运行仿真直到首次系统故障时间。

（4）假设有且仅有一个可工作部件的 TTF 系统，定义一个变量 $A(t)$，当系统可工作时它的值为 1，反之为 0，则：

24

$$\overline{A}(T) = \frac{1}{T}\int_0^T A(t)\,dt$$

是从时间 $0 \sim T$ 系统可用度的平均值。修改练习（2）的仿真程序，同时报告系统可用度的平均值。

（5）对上面的每个练习，增加执行重复并将每个重复的输出写入一个 Excel 工作表的功能，每行一个重复。使用 100 次重复，估计每个输出的期望值以及它的 95% 置信区间。

（6）说明图 2.6 表明 $X = \lceil Uk \rceil$ 是在 $\{1, 2, \cdots, k\}$ 上的离散均匀分布的累计分布函数的反函数。

（7）使用 $X = \lceil Uk \rceil$ 从一个 $\{1, 2, \cdots, k\}$ 上的离散均匀分布生成随机变量的另一种方法是 $X = \lfloor Uk + 1 \rfloor$。如果 $U = 0$ 或者 $U = 1$ 是可能的，那么两种方法都有一个缺陷。缺陷是什么？因为这个原因（以及其他原因），伪随机数发生器被设计为不正好生成 0 或 1。

（8）获取一个方法，生成一个 $\{a, a + 1, a + 2, \cdots, b\}$ 上的离散均匀分布，这里 a 和 b 是整数且 $a < b$。

（9）修改有多个重复的 TTF 仿真程序的 VBA 代码，以满足第 1 章练习（9）的描述。将每次重复的结果（可工作部件数的平均值和故障前时间）写入一个 Excel 工作表的一行中。使用 100 次仿真重复，估计性能指标的期望值及其 95% 置信区间。

（10）一个非常简单的库存系统工作如下。在时间 0 时库存中有 50 件货物。每天有一个货物请求，它等概率地为 1，2，…，9 件。系统尽最大可能地满足请求，但当库存中没有足够的货物时，超出的请求就会失败。当库存达到或低于 ReorderPoint 时，就会发出一个增加 50 件货物的订单；订单的到达等概率地要花费 1～3 天。在一个时间只能有一个待处理的订单，这意味着如果一个订单已经被发出并且还没有到达，那么另一个订单就不能发出。订单在每天的请求之前到达，规划的时间范围是 365 天。建立一个该系统的仿真模型，并用它来求出 ReorderPoint 的最小值，保证库存中没有货物的时间不超过 5%，并估计策略的平均库存水平。为你的估计设置一个 95% 的置信区间，从 100 次仿真重复开始，但必要时增加次数来保证你建议的有效性。

第 3 章 示 例

本章中的示例都不需要仿真；它们都可以用数学或数值分析方法来分析。但考虑如何仿真它们将有助于我们理解系统的工作和为什么我们需要去仿真。这些示例还为评估仿真设计与分析的新思想提供了检验途径。你可能在其他课程中已经遇到过这些模型，但既不需要见过它们，也不需要知道结果是如何得出的，只是在本书中使用它们即可。

3.1 $M(t)/M/\infty$ 队列

该例子基于 Nelson（1995，第 8 章）。

例 3.1（停车场） 在建造一个大型商场之前，商场的设计者必须确定需要一个多大的停车库。汽车的到达速率无疑是随着一天的时间而变化，甚至与一年的哪一天有关。一些老顾客会光临商场一小段时间，而另外一些顾客可能会全天停留。一旦车库建成，商场会根据客流量开放和关闭楼层，但首要问题是车库的最大容量应该是多少？

因为商场的开发者实际上希望每个人都能够有一个停车位，一个标准的方法是假设停车库无限大，然后评估实际使用的车位数的概率分布。如果车库的容量被设置为在无限大车库中几乎不能被超越的水平，那么它在实际中应该是足够的。

$M(t)/M/\infty$ 队列是一个服务系统，其中顾客的到达服从一个非稳态泊松到达过程，该过程具有一个随时间变化的到达率 $\lambda(t)$ 顾客数/时间[1]，服务时间是均值为 r、服务人员数量无限的指数分布。在图 3.1 中，顾客是以每小时 $\lambda(t)$ 的速率到达汽车，服务时间是占用一个车位花费的时间，它的均值为 rh，假设有无限多的车位。一本很好的使用排队论模型解决如呼叫中心或停车场之类的服务系统设计问题的参考书是 Whitt（2007）的著作。

设 $N(t)$ 为在时刻 $t \geqslant 0$ 时停车场的汽车数。则可知 $N(t)$ 具有均值为 $m(t)$ 的泊松分布，这里以一个合适的初始条件求 $m(t)$ 的微分方程：

1　稳态泊松到达过程具有时间间隔独立，服从均值 $1/\lambda$ 或相当于到达速率为 λ 的指数分布。非稳态泊松过程能够产生到达速率的变化值；详见第 6 章。

$$\frac{\mathrm{d}}{\mathrm{d}t}m(t) = \lambda(t) - \frac{m(t)}{\tau} \tag{3.1}$$

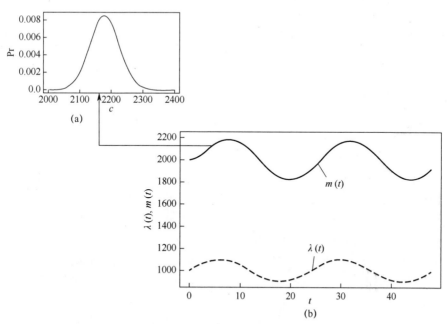

图 3.1　$\lambda(t) = 1000 + 100\sin(\pi t/12)$ 和 $\tau = 2$ 时的 $m(t)$ 的曲线图及车库中汽车数量的均值为 m^* 的泊松分布

例如，如果车库从 0 辆车开始，则 $m(0) = 0$（见 Nelson 和 Taaffe，2004）。一个设置停车库容量的办法是求解（或者针对时间进行数值综合）式（3.1）找到 $m(t)$ 可达到的最大值，即 m^*。那么在车库最拥挤的情况下，车库中汽车的数量是一个均值为 m^* 的泊松分布，这意味着：

$$\Pr\{\text{车库中的汽车数} \leqslant c\} = \sum_{n=0}^{c} \frac{e^{-m^*}(m^*)^n}{n!} \tag{3.2}$$

因此，c 可以被调整，直到上述概率充分接近于 1（如 0.99）。图 3.1 显示了一个车库到达率 $\lambda(t)$、车库内汽车平均数 $m(t)$ 以及在时间为 t^* 平均值为 m^* 的车库内汽车数的概率分布曲线图（注意：泊松分布是一种离散分布，但这里将它标绘为连续曲线）。

虽然不需要模拟一个 $M(t)/M/\infty$ 队列设计车库，但仅仅是稍微充实一下该模型就能使它从数学上变得难以求解。例如，在一个大车库中考虑那些在找车位上遇到困难的司机可能是很重要的，或者还包括那些占用多个车位来保护他们的车的司机，以及也在车库中停车但会停留 8h 的商场雇员们。这些以及其他一些变化会使得仿真成为必要方法；但无论如何，行为上应该同 $M(t)/M/\infty$ 有相似的结果。

如果需要通过仿真解决停车场的问题，那么会出现哪些我们在 TTF 问题中遇到的问题呢？

（1）像 TTF 问题一样，系统状态将包括（至少）车库中的当前汽车数，而事件将包括汽车到达和离开，类似于 TTF 仿真中的故障和修理事件。然而，单独一个"Next Departure"事件是不够的[1]。实际上，对每个当前在车库中的汽车都有一个待发生的离开事件。编写不限于小规模、固定数量事件的仿真程序的有效方法将在第 4 章中介绍。

（2）为了建立仿真，需要模拟和仿真一个时变随机到达过程和随机停车事件的设施。第 2 章介绍了如何生成随机变量时，而这里所需的很明显是另一级别的复杂度。拟合与模拟输入过程的方法将在第 6 章中介绍。

（3）我们需要在某个相关的时间范围内跟踪车库中汽车的数量 $N(t)$。与TTF 问题中的系统可用度平均值不同，在无限大的车库中汽车数量的平均值是没有意义的，除非我们认可拒绝很多汽车进入。$N(t)$ 的最大观测值可能看上去较好，但在一个仿真中，只能偶然观察到一个百万分之一的事件。我们会为了防止一些很少发生的事而指定车库大小吗？如何才能用仿真估计类似于式（3.2）所描述的事物？这些问题在第 7 章中介绍。

3.2　M/G/1 队列

例 3.2（医院接待） 在一个中等规模的医院中，接待员帮助进入医院的病人和访客到达相关的楼层或者翼楼。下面的讨论是，将接待员替换为一个触摸屏式的电子咨询台，这对病人和访客来说可能会反应较慢或者充满更多变数，病人和访客与触摸屏打交道会稍有不适。医院管理工程技术人员要评估这样会导致多少额外的延迟。

对于这种情况的粗略分析，医院管理工程师可以用医院的记录来估计病人和访客到达接待台的总体到达率，并与供应商开展试验研究来收集关于人与电子咨询台交互的数据。假设任何系统的特性是不随着时间变化的，而总是一个近似值，但这样的近似值经常可以导出有用的和数学上易于处理的模型。这是一个 $M/G/1$ 队列的例子，一个单服务台排队系统，其客户的到达服从一个到达率为 λ（客户数/单位时间）的泊松过程，其服务时间是均值为 τ、标准差为 σ 个时间单位的独立同分布随机变量。$M/G/1$ 模型数学上易于处理，能够很好地说明计算机仿真中的几个重要概念。

设 A_1，A_2，…是一个独立同分布、均值为 $1/\lambda$ 的随机变量序列，代表顾客

1　在停车时间服从指数分布的特殊情况下，一个离开事件就够用，这归因于该分布的无记忆特性，然而，这却不符合一般的情况。

到达的间隔时间（这里 A_1 是第一次到达的具体时间）。类似地，设 X_1，X_2，…表示独立同分布、均值为 τ、标准差为 σ 的先后到达顾客的服务时间。则如果 Y_1，Y_2，…是队列中顾客的顺序等待时间（从顾客到达到服务开始为止的时间），则

$$Y_i = \max\{0, Y_{i-1} + X_{i-1} - A_i\}, i = 1, 2, \cdots \tag{3.3}$$

这里需要定义 $Y_0 = X_0 = 0$ 实现递推计算。这就是众所周知的 Lindley 公式（Gross 等，2008，p. 14），它不仅仅是一个模拟 $M/G/1$ 等待过程的简便方法，也提供了对很多仿真输出过程内在原理的解释[1]：

- 相继等待时间不是相互独立的，因为 Y_i 很明显依赖于 Y_{i-1}（如果在我前面的顾客等待了很长时间，那么我可能也要等待很长时间，除非我刚好在她等待结束后到达）。

- 输出不是同分布的。很明显，$Y_1 = 0$（第一位顾客到达了一个空系统，不用等待），但其他的 Y_i 不一定是 0。

- 无论我们模拟多少顾客（$i \to \infty$），等待时间始终是随机变量。

这似乎是一个非常难于分析的系统，因为其数据既不是相互独立的，也不是同分布的，并且它们不收敛于可以用于概括该系统的某些常量。但无论如何，我们可能希望有一个更加复杂但仍然有用、限制性的行为。

规定 $\lambda < \infty$（顾客的到达不是无限快的），$\rho = \lambda\tau < 1$（平均来说，服务顾客的速度至少可以比顾客到达速度稍微快一点），并且 $\sigma < \infty$，那么当 $i \to \infty$ 时会有很多事情发生：

1. 输出 Y_1，Y_2，…以特定分布[2]收敛于一个随机变量 Y，Y 的分布不是顾客数 i 的函数。那么，即使顾客等待时间总是随机变量，但这些随机变量的分布不再是变化的。这使得 Y 的分布成为一个对长期运行性能非常好的概况，但不明确如何进行模拟。

2. 样本均值 $\bar{Y}(m) = m^{-1}\sum_{i=1}^{m} Y_i$ 以概率 1 收敛于一个常量 μ，该常量为等待时间的长期运行平均值。它不如 Y 的分布有描述性，但仍然是一个有用的综合指标。更重要地，很容易理解怎样通过仿真估计 y：对大量通过式（3.3）生成模拟等待时间取平均值。

3. $E(Y)$ 和 μ 是相等的，这一点由 Pollaczek—Khinchine 方程给出（Gross 等，2008，5.1.1 节），即

1　Lindley 公式使得排队系统仿真貌似简单。然而，如果存在 10 个而不是 1 个服务人员，或者顾客们按某种优先顺序接受服务，或者我们对队列中顾客的数量而不是等待时间感兴趣，那么通常就需要使用基于事件的仿真了。练习（4）就要求开发这样一个仿真程序；也可参见第 4 章内容。

2　不同的收敛模式（按分布、以概率 1 以及其他）在第 5 章中给予了定义。

$$\mu = E(Y) = \frac{\lambda(\sigma^2 + \tau^2)}{2(1 - \lambda\tau)} \qquad (3.4)$$

使用该方程，管理工程师可以评估平均服务时间 (τ) 和波动性 (σ^2) 的增长带来的影响，而不需要仿真。但很不幸，正如停车场的例子那样，对模型相当小的改进会使得它更符合实际，却也使得它从数学上更加难以求解。然而式 (3.4) 仍然提供了关于到达率、平均服务时间和服务波动性如何影响排队性能：当 $\rho = \lambda\tau \to 1$ 时，平均等待时间呈爆炸性增长，但它会随着服务时间方差的变化呈线性增长。

假设通过仿真使用自然估计 $\overline{Y}(m)$ 来估计 μ。很显然，我们不得不选择病人和访客的数量模拟 $m < \infty$ 的情况，因为必须停止仿真来获取我们的估计。那么多少病人和访客就足够呢？回答该问题的一个方法是获取一个足够大的 m，使得 $\overline{Y}(m)$ 的标准差 $\sqrt{\mathrm{Var}(\overline{Y}(m))}$ 足够小。标准差可以解释为 $\overline{Y}(m)$ 的"平均误差"，通常出现在置信区间里。

在第 5 章中，将讨论这样的事实，对于一定类型的仿真输出过程，存在极限：

$$\gamma^2 = \lim_{m \to \infty}{}_{n \to \infty} m \mathrm{Var}(\overline{Y}(m)) \qquad (3.5)$$

虽然输出数据 Y_1, Y_2, … 不是独立同分布的（很容易证明当数据是独立同分布时也存在这一极限）。这里 γ^2 称为渐进方差。它说明对于足够大的 m，$\sqrt{\mathrm{Var}(\overline{Y}(m))} \approx \gamma/\sqrt{m}$。

在 $M/M/1$ 队列（它意味着服务时间服从指数分布）且 $\tau = 1$ 的特殊情况下，可以证明：

$$\gamma^2 = \frac{\rho(2 + 5\rho - 4\rho^2 + \rho^3)}{(1 - \rho)^4} \approx \frac{4\rho}{(1 - \rho)^4}$$

故有：

$$\sqrt{\mathrm{Var}(\overline{Y}(m))} \approx \frac{2\sqrt{\rho}/(1 - \rho)^2}{\sqrt{m}} \qquad (3.6)$$

注意，需要多大的仿真工作量很大程度取决于系统距离其容量有多近（ρ 距离 1 有多近），例如，m 需要扩大 1000 倍才能在 $\rho = 0.9$ 时获得与 $\rho = 0.5$ 时相同的标准差（用式 (3.6) 自行检验）。这是涉及排队或排队网络仿真的一个特性。运行时长 m 的确定以及 γ^2 的估计将在第 8 章进行讨论。

3.3　AR (1) 替代模型

本章中的例子都是我们可能实际上要模拟的现实模型经过简化且易于处理的版本。唯一的例外就是这里介绍的 AR (1) 模型。

AR（1）是"Autoregressive Order – 1"的一个缩写；它是从时间序列预测（如 Chatfield，2004）中自然出现的一个模型。这里我们用它替代一个随机仿真实验的输出。因为它与很多仿真输出过程有相同的性质，但是非常易于分析。

第 i 个仿真输出（在一次仿真重复中的）的 AR（1）模型为

$$Y_i = \mu + \varphi(Y_{i-1} - \mu) + X_i, i = 1,2,\cdots \qquad (3.7)$$

具有如下条件：

• X_1，X_2，…是独立同分布、均值为 0 和有限方差为 σ^2 的随机变量，因此它们表现了仿真输出的随机特性。

• $|\varphi| < 1$，因此 φ 控制相互连续的输出之间的依赖强度，$\varphi = 0$ 对应于独立同分布的输出，$0 < \varphi < 1$ 对应于正依赖，$-1 < \varphi < 0$ 对应于负依赖。

• μ 为一个常数，因此 μ 是长运行平均值，它通常是人们感兴趣的性能指标。

• Y_0 的分布是给定的（包括它是一个常数的典型情况），并独立于 X_1，X_2，…，因此，Y_0 代表仿真开始时的初始条件，很清楚它对后续输出有影响。

AR（1）模型与针对 $M/G/1$ 队列的 Lindley 式（3.3）：

$$Y_i = \max\{0, Y_{i-1} + X_{i-1} - A_i\}, i = 1,2,\cdots$$

其相似性是很明显的，但缺少最大算子使得 AR（1）更易于分析。特别是我们可以用归纳法证明：

$$Y_i = \mu + \varphi^i(Y_0 - \mu) + \sum_{j=0}^{i-1} \varphi^j X_{i-j} \qquad (3.8)$$

根据式（3.8）可以导出 AR（1）输出的几个特性：

$$E(Y_i) = \mu + \varphi^i(E(Y_0) - \mu) \xrightarrow{i \to \infty} \mu \qquad (3.9)$$

$$\mathrm{Var}(Y_i) = \varphi^{2i}\mathrm{Var}(Y_0) + \sigma^2 \sum_{j=0}^{i-1} \varphi^{2i} \xrightarrow{i \to \infty} \frac{\sigma^2}{1 - \varphi^2} \qquad (3.10)$$

还可以证明 $\mathrm{Corr}(Y_i, Y_{i+j}) \xrightarrow{i \to \infty} \varphi^j$，这表明输出之间的相关性是随着它们之间的观测数（称为间隔）的减少呈几何降低的。

现在假设各 X 服从正态分布，Y_0 是一个常数，则因为 Y_i 是正态分布随机变量按式（3.8）求和的结果，所以它也是正态分布的。同时，因为正态随机变量是完全由其均值和方差来刻画的，所以式（3.9）和式（3.10）中的极限值说明当 i 增加时（重复的长度变长），AR（1）输出的分布变得与 i 无关，并特定地收敛于随机变量 $Y \sim N(\mu, \sigma^2/(1 - \varphi^2))$。这说明了在 3.2 节中针对 $M/G/1$ 队列引入的分布中关于收敛的概念。

与 Lindley 等式相比，AR（1）模型对从数学上评估那些影响输出分析的仿真输出特性非常有用，因为那些可能重要的关键因素可以被分别地控制：波动性通过 σ^2，相关性通过 φ，而初始条件通过 Y_0。

3.4　一个随机活动网络

本例基于 Burt 和 Garman（1971）以及 Henderson 和 Nelson（2006，第 1 章 2.2 节）的著作。

例 3.3（建筑工程） 一个建筑工程由大量活动组成。有些活动可以并行完成（在灌注地基的同时可以订购干式墙），而另一些活动在其他活动完成前不能开始（在框架完成前不能构建屋顶）。因为活动的持续时间是不能精确预测的，所以工程规划者想在投标该工程的时候考虑这种波动性，因为在合同工期之后完成工程将会遭到惩罚。

像例 3.3 这样的工程规划问题有时可以用随机活动网络（Stochastic Activity Network，SAN）来模拟；一个小例子（它将用于在此的说明）如图 3.2 所示。在图 3.2 中，节点（圆圈）代表工程的各个里程碑，弧（箭头）代表活动。工程所有活动都开始于源（第一个）节点，完成于池（最后一个）节点被达到。规则是所有从一个节点出发的活动在所有进入该节点的活动完成后才开始。第 l 个活动的持续时间是一个随机变量 X_l。因此完成工程的时间将是通过网络的最长路径的时间：

$$Y = \max \{X_1 + X_4, X_1 + X_3 + X_5, X_2 + X_5\} \tag{3.11}$$

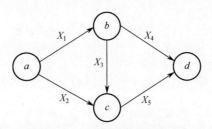

图 3.2　一个小型随机活动网络

工程规划者对 Y 的分布的相关信息感兴趣，如 $\theta = Pr\{Y > t_p\}$，其中 t_p 是所谓的工程持续时间。

现在如果正好活动持续时间是独立的，具有常见的均值为 1 的指数分布，那么一个严谨的条件参数序列可给出（Burt 和 Garman 1971）：

$$\Pr\{Y \leqslant t_p\} = \left(\frac{1}{2}t_p^2 - 3\,t_p - 3\right)e^{-2t_p} + \left(-\frac{1}{2}t_p^2 - 3\,t_p + 3\right)e^{-t_p} + 1 - e^{-3t_p}$$

$$\tag{3.12}$$

然而，如果某些或者所有的分布都不是指数分布，或者如果 X_1，X_2，$\cdots$，X_5 不是相互独立的，则问题立即就变得难以求解了，那么就需要用到仿真了。以下的仿真程序可以用于估计 θ：

```
1. set $s = 0$。
2. repeat $n$ times：
   a. generate $X_1$, $X_2$, $\cdots$, $X_5$；
   b. set $Y = \max\{X_1 + X_4,\ X_1 + X_3 + X_5,\ X_2 + X_5\}$；
   c. if $Y > t_p$ then set $s = s + 1$。
3. estimate $\theta$ by $\hat{\theta} = s/n$。
```

令 Y_1，Y_2，$\cdots$，Y_n 是通过该仿真生成的 n 个工程完工时间。假设各个 X 在每次实验中都是独立生成的，那么各个 Y 本质上是独立同分布的，经典统计分析方法就是可用的。

像前面的一些例子那样，这个小问题不需要基于事件的仿真；然而，在一个现实中有大量活动（可能是以百计数的）的工程中，明确地确定所有通过网络的路径可能是非常困难的，但是将活动的完成当成可以触发里程碑解锁的事件来处理，则问题变得相当容易。在这种情况下，基于事件的仿真程序能够全面地表现这些路径，但构造起来却容易得多。

令 $g(j)$ 为进入节点 j 的活动的集合，如对于图 3.2 中的例子来说，$g(c) = \{2,3\}$。类似地，令 $\ell(j)$ 为离开节点 j 的活动的集合；因此 $\ell(c) = \{5\}$。最后，令 $o(\ell)$ 为活动 ℓ 的目的地节点，因此 $o(5) = d$。所有这些集合都是构建 SAN 所必须知道的，或者说可以非常容易地从一个图示中提取出来。现在只需要一种单一类型的事件，称为"里程碑"，来模拟 SAN。里程碑事件具有一个目标节点 j 以及一个进入该节点的活动 ℓ 之类的参数。它从节点的进入活动集合 $g(j)$ 中移除已经完成的活动，并且当该集合变空时，它安排节点的离开活动集合 $\ell(j)$ 中的所有活动启动。该事件的伪代码如下：

```
event 里程碑 (活动 ℓ 进入节点 j)
if   g(j) = ∅   then
for each activity i ∈ e(j)
schedule milestone (活动 i 进入节点 ℓ(i) 发生于 Xᵢ 时之后)
end if
```

这种表达使得编写一个随机活动网络仿真程序非常容易，但由于需要管理一个事件日历和执行事件，实际上增加了模拟它所需要的计算机工作。本书的后面我们将寻找使得这个仿真在统计上更有效率的方法，那意味着将需要更少的重复来获取期望的仿真估计精度。

3.5　亚洲式期权

一个"买方"期权是一份合约，它给持有者提供了在未来的某个时间以一个固定的"预购价格"购买一种股票的权利。如果该股票的价格涨到预购价格之上，那么该期权是一笔保证该期权价格不是太高的好买卖。如果提供一份预购价格为 K 和到期时间为 T 的某股票买方期权，其当前交易价为 $X(0)$，那么人们愿意为该期权支付多少呢？

估价、定价和建立服务于不同需求的金融工具是基于金融工程领域的（FE）视角。FE 经常需要用到随机仿真。FE 与本章其他例子相比，其关键问题是对高精度估计的要求。5% 的误差可能在估计顾客排队延误中是可以容忍的，但在定价可能以百万为单位销售的金融产品方面，完全不值得讨论。本节的编写基于 Glasserman（2004，第 1 章）的论著，那是一本有关仿真和 FE 的优秀教科书。

期权上写明的资产（如股票）价值通常被建模为一个连续时间随机过程 $\{X(t), 0 \leqslant t \leqslant T\}$。在标准欧式期权中，合约持有人的收益为

$$(X(T) - K)^+ = \max\{0, X(T) - K\}$$

那就是说，如果在期权到期时，即 $X(T)$ 时，股票的价格高于预购价格 K，那么期权所有者可以使用该期权——以价格 K 购买该股票——并立刻卖出获取利润 $(X(T) - K)^+$。当然，如果 $X(T) \leqslant K$，那么期权所有者可能还会在开放市场购买股票，那么期权就没有了价值。

如果随机过程 $\{X(t), 0 \leqslant t \leqslant T\}$ 是几何布朗运动（Geometric Brownian Motion，GBM，参见 Glasserman 2004，3.2 节），则欧式期权可以很容易地用广为赞誉的 Black-Scholes 方程（如 Glasserman 2004，1.1 节）来计算。从本书的目的出发，认识 GBM 需要知道的重要事情是，它是一个连续时间、连续状态的随机过程。也就是说，$\{X(t), 0 \leqslant t \leqslant T\}$ 在所有的时间 t 和 $X(T) \in \mathcal{R}$。这对仿真来说会导致一些问题。

因为欧式期权不用仿真也可以进行估值，我们把它作为我们更困难条件下的例子。

例 3.4（亚式期权）假设我们获得了一份"亚式"期权，这意味着收益是 $(\bar{X}(T) - K)^+$，其中 $\bar{X}(T)$ 是股票价格在 $0 \leqslant t \leqslant T$ 上的均值（从现在到期权到期）。给定股票的当前价格为 $X(0)$，到期时间为 T，无风险利率为 r（在该利率下，可以用我们的钱来投资而不是购买该期权），以及预购价格 K，那么该期权的价值为

$$V = E\left[e^{-rT}(\bar{X}(T) - K)^+\right]$$

式中：乘数 e^{-rT} 将 T 时的价格折算回时间 0（现在）。我们将怎样用仿真进行评估呢？

这看上去是本章介绍的最简单的例子，利用以下算法就能实现它：

1. set $s = 0$。
2. repeat n times：

困难来自于步骤 2a。我们还没有达到 $X(T)$ 所应有的精度。可能最根本的定义为

$$X(T) = \frac{1}{T}\int_0^T X(t)\,\mathrm{d}t \tag{3.13}$$

我们在前面已经见过了时间平均值（如 1.2 节），但这个问题有所不同：$X(t)$ 不仅仅是在离散的时间点上变化，而是连续地变化。因此，如果我们试着安排那些状态 $X(t)$ 会发生变化的事件，那即使在一个有限时间区间 $[0, T]$ 上，也会有数不清的无数个事件。这一问题在很多 FE 仿真中都会出现，因为连续时间、连续状态随机过程通常用于表达潜在金融资产随时间变化的价值，如股票等。

对式（3.13）的一个自然估计就是取时间间隔为 $[0,T]$ 并将该间隔等分成大小为 $\Delta t = T/m$ 的 m 个步长，然后用：

$$\overline{X}(\hat{T}) = \frac{1}{m}\sum_{i=1}^m X(i\Delta t)$$

作为股票在一组监测时间 Δt，$2\Delta t$，$\cdots$，$m\Delta t^5$ 上的平均价格。这当然会带来离散误差，但如果 Δt 不是太大的话，误差不会很大。另外，如果 Δt 太小，则数值取整误差就会积累且仿真会变得非常慢。因此，连续过程的离散近似不能不加考虑地使用。

假设要用离散近似。如果 $X(t)$ 用具有漂移率 r（无风险利率）和波动率 σ^2（资产价值波动性的一种度量）的 GBM 描述，那么可以证明对于 $0 = t_0 < t_1 < t_2 < \cdots < t_m = T$，有：

$$X(t_{i+1}) = X(t_i)\exp\left\{\left(r - \frac{1}{2}\sigma^2\right)(t_{i+1} - t_i) + \sigma\sqrt{t_{i+1} - t_i}\,Z_{i+1}\right\} \tag{3.14}$$

式中：$Z_1, Z_2, \cdots, Z_m$ 为独立同分布的 $N(0,1)$。我们会在第 4 章中使用这一真理模拟亚洲式期权。

练　习

（1）证明如果 $Y_1, Y_2, \cdots$ 为独立同分布并具有有限方差 ζ^2，则式（3.5）存在且恰好为其应有值。

1　许多亚式期权按照时间步骤进行定义，作为合同的一部分。这里假定时间平均值 $\overline{X}(T)$ 是实际预期值。

（2）对 $M/M/1$ 队列，制作一个图表显示对于 $0.5 \leqslant \rho \leqslant 0.99$ 获取相等的标准差 $\sqrt{\mathrm{Var}(\overline{Y}(m))}$ 所需的相对工作（m 的值）。注意，对于 $M/M/1$ 队列，因为 $\sigma = \tau$，式（3.4）针对指数分布进行了简化。

（3）不同于针对 $0.5 \leqslant \rho \leqslant 0.99$ 获取相等的标准差 $\sqrt{\mathrm{Var}(\overline{Y}(m))}$，可以针对 $0.5 \leqslant \rho \leqslant 0.99$ 尝试获取相同的相对误差：

$$\frac{\sqrt{\mathrm{Var}(\overline{Y}(m))}}{E(Y)}$$

与练习（2）类似，制作一个图表显示相对误差。

（4）类似于 TTF 示例，开发一个基于事件的 $M/G/1$ 队列仿真程序。跟踪系统中的顾客数量。

（5）用归纳法推导式（3.8）

（6）说明如何用基于事件的方法来表现图 3.2 中 SAN 仿真。

（7）用草图示意用于仿真 $M(t)/M/\infty$ 队列来同时跟踪停车场内平均汽车数和 24h 停车场内最大汽车数的事件逻辑。不要过分关注于如何模拟汽车到达的过程，只需假设你有一个生成车与车到达间隔时间的方法。

（8）使用式（3.14），给 3.5 节的模拟亚式期权的算法增加一些细节来生成一个离散的近似结果。设 m（即步长数）为一个输入。

（9）对于 3.4 节的 SAN 例子，当 $t_p = 5$ 时，以 1% 的相对误差来估计 θ，需要多少个重复？

第 4 章　用 VBASim 进行仿真程序设计

本章将展示在第 3 章的一些例子中的仿真模型可以用 VBASim 进行编程。本章的目标是介绍 VBASim，同时引出在后续章节将要说明的实验设计和分析问题。附录 A 所示为完整的 VBASim 源代码列表。跳过本章不会影响内容的连贯性，在本书的网站上可以找到 Java 和 Matlab 版本的源代码和本章内容。

4.1　VBASim 简介

VBASim 是一个 VBA 子程序、函数和类模块的集合，它可以辅助开发离散事件仿真程序。它们是完全开放的代码，可以进行修改，以适应用户需要。其中的随机数和随机变量生成程序是 simlib（Law，2007）中相应程序的 VBA 翻译版本，simlib 是用 C 语言编写的。VBASim 被设计的很便于理解和应用，但不一定高效。

以下是一个 VBASim 中的子程序和函数的简要说明。

子程序 VBASimlnit：对 VBASim 进行使用前的初始化，通常在每一次仿真重复之前调用。

子程序 Schedule：用于计划未来事件。

子程序 SchedulePlus：计划未来事件和允许存储对象和事件。

子程序 Report：将一个结果写入一个 Excel 工作表的特定行和列中。

子程序 ClearStats：清除 VBASim 记录的特定统计数据。

子程序 InitializeRNSeed：初始化随机数发生器，通常在一次仿真中仅调用一次。

函数 Expon：生成指数分布随机变量。

函数 Uniform：生成均匀分布随机变量。

函数 Random_ integer：生成一个随机整数。

函数 Erlang：生成厄兰分布随机变量。

函数 Normal：生成正态分布随机变量。

函数 Lognormal：生成对数正态分布随机变量。

函数 Triangular：生成三角形分布随机变量。

随机变量生成函数采用了两种类型参数：一般参数和随机数流，随机数流总是作为最后一个参数。例如：

$$X = \text{Uniform}~(10,~45,~2)$$

使用随机数流 2 生成 10 ~ 45 的均匀分布随机变量。

正如大家所知的，在仿真程序中用于生成随机变量的伪随机数本质上是一个很长的数据列表。不同的随机数流仅仅是在该列表中起始于不同点、间隔很远而已。VBASim 中的随机数发生器（Law（2007）所写的发生器的翻译版本）有 100 个随机数流。调用子程序 initializeRNSeed 可以设置每个数流的起始位置。然后每一次后续的随机数流#对变量生成程序的调用都会将随机数流#推进到下一个伪随机数。关于随机数流的问题将会在第 7 章讨论，但是必须清楚的是，在一个经过良好测试的发生器中，任何数流与其他随机数流实际上是无差异的。

如下内容是对 VBASim 中类模块的简要说明。

Entity：用于模拟在系统中流动的临时对象。

FIFOQueue：以先入先出顺序保存实体的对象。

Resource：用于模拟数量有限事务。

EventNotice：用于表示未来事件的对象。

EventCalendar：按年月日顺序保存事件通知的数据结构。

CTStat：用于记录连续时间统计量的对象。

DTStat：用于记录离散时间统计量的对象。

4.2 $M(t)/M/\infty$ 队列仿真

在此以 3.1 节示例中的停车场为例，它是一个车辆到达率随时间变化、停车时间服从指数分布以及停车空间无限的排队系统。该仿真程序包含一些全局声明（图 4.1）、一个主程序和一些事件处理规程（图 4.2）、一个初始化子程序（图 4.3）、一个生成车辆到达事件的函数（图 4.4），以及 VBASim 提供的辅助功能。该模型说明了 VBASim 的两个重要方面：事件规划和时均化统计量的收集。

我们需要追踪的关键状态变量是停车场内的车辆数量。有两项关键事件会对该状态产生影响，即车辆到达和车辆离开。我们将通过第三个事件在特定时间点停止仿真。在该仿真示例中，棘手的问题是存在无数个可能即将发生的"离开"事件。事实上，在停车场停放多少车辆就可能发生多少"离开"事件。因此，如第 2 节中所述的 TTF 示例，使用一个唯一的变量表达每个预期事件的发生时间的方法是不可行的。

为了处理事件规划问题，VBASim 提供了一个名为 Calendar 的事件日历数据结构，一个名为 Schedule 的子程序用于将事件写入 Calendar 中，以及一个名

38

为 Remove 的方法用于从 Calendar 中提取下一个事件。VBASim 中的事件是一个 VBA 中类 EventNotice 的对象，它具有（至少）两个属性：EventType 和 EventTime。例如：

```
Schedule (Name, Increment)
```

```
' Example illustrating use of VBASim for simulation
' of M(t)/M/infinity Queue parking lot example.
' In this version parking time averages 2 hours;
' the arrival rate varies around 100 per hour;
' the lot starts empty, and we look at a 24-hour period.
'
' See VBASim module for generic declarations
' See Class Modules for the supporting VBASim classes
' Parameters we may want to change
Dim MeanParkingTime As Double

' Simulation variables and statistics
Private N As Integer              'Number in queue
Dim QueueLength As New CTStat     'Use to keep statistics on N
Private MaxQueue As Integer       'Largest observed value of N
```

图 4.1　停车场仿真中的声明部分

```
Private Sub MtMInf()
' Initialize
    Dim Reps As Integer
    Dim NextEvent As EventNotice
    Call MyInit ' special one-time initializations
    For Reps = 1 To 1000
    ' Initializations for each replication
        N = 0
        MaxQueue = 0
        Call VBASimInit 'initialize VBASim for each replication
        Call Schedule("Arrival", NSPP(1))
        Call Schedule("EndSimulation", 24)
        Do
            Set NextEvent = Calendar.Remove
            Clock = NextEvent.EventTime
            Select Case NextEvent.EventType
            Case "Arrival"
                Call Arrival
            Case "Departure"
                Call Departure
            End Select
        Loop Until NextEvent.EventType = "EndSimulation"
    ' Write output report for each replication
        Call Report(QueueLength.Mean, "MtMInf", Reps + 1, 1)
        Call Report(MaxQueue, "MtMInf", Reps + 1, 2)
    Next Reps
    End ' ends execution, closes files, etc.
End Sub

Private Sub Arrival()
' Arrival event
' Schedule next arrival
    Call Schedule("Arrival", NSPP(1))
' Update number in queue and max
```

```
          N = N + 1
          QueueLength.Record (N)
          If N > MaxQueue Then
               MaxQueue = N
          End If
   ' Schedule departure
          Call Schedule("Departure", Expon(MeanParkingTime, 2))
   End Sub

   Private Sub Departure()
   ' End of service event
   ' Update number in queue
          N = N - 1
          QueueLength.Record (N)
   End Sub
```

图 4.2 停车场仿真的主程序和事件处理规程

```
          Private Sub MyInit()

   ' Initialize the simulation
          Call InitializeRNSeed
          MeanParkingTime = 2
          TheCTStats.Add QueueLength

   ' Write headings for the output reports

          Call Report("Average Number In Queue", "MtMInf", 1, 1)
          Call Report("Maximum Number in Queue", "MtMInf", 1, 2)

          End Sub
```

图 4.3   初始化停车场仿真

```
   Private Function NSPP(Stream As Integer) As Double
   ' This function implements thinning to generate interarrival times
   ' from the nonstationary Poisson arrival process representing
   ' car arrivals. Time units are hours.

   Dim PossibleArrival As Double

   PossibleArrival = Clock + Expon(1 / 110, Stream)

   Do Until Uniform(0, 1, Stream) < _
           (100 + 10 * VBA.Sin(3.141593 * PossibleArrival / 12)) / 110
       PossibleArrival = PossibleArrival + Expon(1 / 110, Stream)
   Loop

   NSPP = PossibleArrival - Clock

   End Function
```

图 4.4   生成停车场到达时间间隔的函数

  建立一个 EventNotice 对象，同时将一个字符串 Name 赋值给其 EventType 属性，将值 Clock + Increment 赋值给 EventTime 属性，并将 EventNotice 对象以正确的年月日顺序安排在 Calendar 中。Calendar. Remove 方法从 Calendar 中按

照年、月、日顺序提取下一个 EventNotice，并使它的 EventType 和 EventTime 属性可以用于推进时间和执行正确的事件。

图 4.2 中的主仿真程序 Sub MtMInf 演示了 VBASim 的事件相关特性是如何工作的。以下的 4 个语句或者类似语句会出现在所有使用 VBASim 的仿真程序中，即

```
Dim NextEvent As EventNotice

Set NextEvent = Calendar. Remove
Clock = NextEvent. EventTime
Select Case NextEvent. EventType
```

由于我们的仿真程序会反复地从 Calendar 中移除下一个 EventNotice，因此需要一个 EventNotice 对象来给它赋值，语句 Dim NextEvent As EventNotice 定义了一个 EventNotice 对象。语句 Set NextEvent = Calendar. Remove 演示了 Remove 方法如何提取下一个事件，然后将仿真时钟推进到 NextEvent. EventTime，并执行 NextEvent. EventType 所指示的事件。

VBASim 的 Schedule 子程序将事件设置到 Calender 中，例如：

```
Call Schedule (" EndSimulation", 24)
```

创建一个类型为 EndSimulation 的 EventNotice，它在当前时钟（该时钟在仿真开始时为 0）的 24h 后发生。需要注意的是，VBASim 要求用户决定仿真中的基本时间单位，并在整个仿真过程中固定地使用这一时间单位。在本仿真程序中基本时间单位是小时（h）。

该仿真中的关键状态变量是 N，即停车场中当前停放的车辆数目，我们希望得到关于该变量的统计数据。VBASim 包含 CTStat 类模块，该类模块被用于计算时均化统计量。如下所示内容为此类模块工作原理。

首先，用如全局声明（图 4.1）中所示的如下语句声明一个新的 CTStat 对象。

其次，如图 4.3 所示，CTStat 对象可以（通常应）被添加到一个名为 TheCTStats 的特定集合中。当执行 Call VBASimlnit 语句时，VBASim 会重新初始化 TheCTStats 集合中的所有 CTStat 对象，这通常发生在每次仿真重复开始时。当感兴趣变量值发生变化时，可使用 CTStat 中的 Record 方法记录该变化（这意味着仅可在变化发生后调用该方法）。如图 4.2 所示，在本仿真程序中使用语句为

```
QueueLength. Record (N)
```

如 QueueLength. Mean 方法一样，可使用 CTStat 中的 Mean 方法计算 CTStat 的时均化数值。

需要注意的是，VBASim 中还包含一个 Report 子程序，用于在 Excel 工作表的特定行和列中写入数值和字符串。该语句结构如下：

Call Report (value or string, worksheet, row, column)

参见图 4.2 和图 4.3 所示。

已经知道可使用函数 $= 1000 + 100\sin(\pi t/12)$ 模拟停车场的到达率（单位为辆/h）。这里，为了确保更加快速的执行仿真，将到达率变更为 $= 1000 + 10\sin\left(\dfrac{\pi t}{12}\right)$，这样，到达率便会在 $90 \sim 100$ 辆/h 之间变化，具体取决于第 t 天的小时数。

图 4.4 中所示的函数 NSPP 可基于一个具有该到达率的非稳态泊松过程生成到达间隔时间（每两次到达时间之间的时间间隔）。非稳态泊松过程的形式定义会在第 6 章中进行讨论。但是，这里将对 NSPP 函数所发挥的作用提供直观的解释。

稳态泊松过程的到达间隔时间服从固定速率 λ（或者相当于具有恒定的到达间隔时间均值 $1/\lambda$）的指数分布。对用于生成指数分布随机变量的逆向 cdf 方法在 2.2.1 节中进行了说明。适用于 $\lambda(t)$ 的最大到达速率是 110 辆/h，因此函数 NSPP 利用到达速率 $\lambda = 110$ 的平稳到达过程生成可能的到达。为得到随时间变化的到达速率，在时间 t 只可以以概率 $\lambda(t)/\lambda$ 接受一个可能的到达作为一个实际的到达。因此，假若在 $\lambda(t) = 110$ 时间点发生的一个可能的到达事件为一个实际的到达，那么当 $\lambda(t) = 90$ 时发生的可能到达将只有 $90/110$ 的概率成为一个实际的到达。这种称为"稀释"的方法，可以生成具有期望速率的非稳态泊松过程的，将在第 6 章中讨论。

图 4.5 所示为运行 1000 次仿真重复后得出的在 1000 天中停车场的平均停车数的柱状图；这些平均值的总平均值为（184.2 ± 0.3）辆车，其中" ± 0.3"部分来自均值上的 95% 置信区间（置信区间是第 7 章的一个主题）。因此，该仿真程序对一天之内在（概念上）无限容量车库中可能停放车辆的平均时间值提供相当完美的估计。

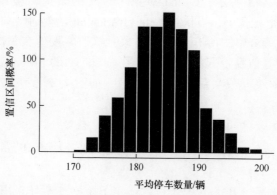

图 4.5　每日平均停车数量的柱状图

该柱状图表明车库中所停放车辆的平均数实际上每日都在变化，因此，肯定不想建造一个容量为 185 辆车的车库。需要进一步说明的是，按日平均的方法将会隐藏车库中一日内的最大停车数，该数对于选定一个有限容量车库相对无限容量车库更加有用。

VBASim 没有为最大统计提供特别支持，但是由于可访问 VBASim 仿真程序中的所有内容，因此，我们可以很容易地记录任何希望得到的数据。在此，定义一个变量 MaxQueue，在每次仿真重复开始时将该变量初始化为 0，并在 N 大于 MaxQueue 变量的前一个值时，将其增加至当前数值 N。请注意图 4.2 中的子程序 Arrival。

假设我们希望停车场的停放空间在 99% 的时间是够用的。由于我们是在 1000 次仿真重复过程中记录最大停车数，所以可以将第 990 个数值（从最小到最大排序）作为所需的车库规模，在该仿真模型中结果就是停放车辆数为 263 辆。图 4.6 所示为通过该仿真记录的 1000 个最大值的经验累积分布（ecdf）。ecdf 以同样的可能性对待每一个观测值（因此，每一个值都有 1/1000 的概率），它在横坐标中绘制排序后的最大值，纵坐标中绘制各个观测值的累积概率。图中曲线所展现的 0.99 累计概率对应的车辆数量为 263 辆，同时表明该数值可能是对于该车库而言较为合理的停车数量。将置信区间写入该数值的过程（将在第 7 章）中进行讨论完全不同于将其写入平均值的过程。在未设定置信区间（或某些误差度量）的情况下，无法确定 1000 次仿真重复是否足以估计 99% 的最大值。

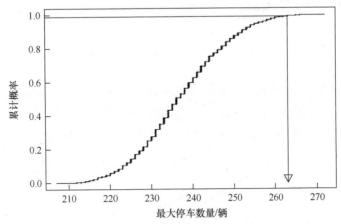

图 4.6　停车场中日最大停车数的经验累计概率分布函数

4.2.1　问题及扩展

1. 此处所述的 $M(t)|M|\infty$ 仿真模拟了停车场 24h 运营状况，并将每个 24h 作为独立的仿真重复单元，每个仿真单元开始时，车库为空。只有在每日

开始模拟时车库为空的情况下，该仿真才有意义，例如，在商场晚间关闭的情况。假定的到达率 $\lambda(t)$ 是否适合晚间关闭的商场？

2. 假定停车场一天运营 24h，每周运营 7 天（如全时运营）。那么在这种情况下，如何对仿真进行初始化，同时，仿真周期应是多长时间？

3. 如何对仿真进行初始化，进而确保在 0:00 时停车场内停放的车辆数量为 100 辆？

4. 该示例已经在 3.1 节中进行了介绍，此示例建议我们根据车库中停放的平均车辆数达到最大值时车库内停放的车辆数（泊松分布）确定车库规模。这是我们基于经验得出的结果吗？若不是，那么我们根据 3.1 节建议通过仿真得出的估计量是否正确（例如，根据仿真得出的车库规模结果大于还是小于基于 3.1 节中分析法得出的结果）？

5. 原因之一是当 $\lambda(t) = 1000 + 100\sin(\pi t/12)$ 表示我们所使用的稀释方法无效（可拒绝大多数的可能到达）时，该仿真运行相当缓慢。推测相关的方法可加快仿真速度。

6. 对于随机过程专家而言，另一个原因是，当 $\lambda(t) = 1000 + 100\sin(\pi t/12)$ 表示在日历中存在 1000 个或更多个待定离开事件时，仿真较为缓慢，这意味着在按照年月日顺序排列新事件的过程中包含慢速查找过程。因而，在这种情况下，可开发具备无记忆特性的呈指数分布的停车时间，进而创建等效仿真，在任何时间，该等效仿真中都仅仅存在两件待定事件（下一次车辆到达和下一次车辆离开），说明具体做法。

4.3 $M/G/1$ 队列仿真

在此，以 3.2 节中所述的医院排队系统为例，排队系统中包含泊松到达过程、特定（尚未说明）服务时间分布，以及单独服务台（接待台或电子自助服务终端）。换句话说，就是 $M/G/1$ 队列。病患等待时间是关键的系统性能指标，特别是长期平均等待时间。

林德利方程（式（3.3））为模拟连续的顾客等待时间提供了捷径：

$$Y_0 = 0 \quad X_0 = 0$$

$$Y_i = \max\{0, Y_{i-1} + X_{i-1} - A_i\}, \quad i = 1, 2, \cdots$$

式中：Y_i 指第 i 位顾客的等待时间，X_i 指该位顾客的服务时间，A_i 指第 $i-1$ 位和 i 位顾客之间的时间间隔。Lindley 方程可避免使用基于事件的仿真，但是该方程受到由其所生成内容的限制（如如何跟踪队列中的时均化顾客人数）。在本节中，我们将从递归开始，对该队列中基于递归和基于事件的仿真进行说明。

4.3.1　$M/G/1$ 队列中的 Lindley 仿真

具体地说，假设平均到达时间间隔是 1min，该间隔呈指数分布。使用自助服务终端的平均时间是 0.8min（48s），分布方式是该平均时间呈 Erlang – 3 分布。Erlang – p 是 p 的总和，Erlang – p 分布是 p 个独立同分布的指数分布随机变量的累加。因此，平均时间为 0.8min 的 Erlang – 3 是 3 个呈指数分布的随机变量之和，各个随机变量的平均时间是 0.8/3min。

在 3.2 节中，注意到等待时间随机变量 $Y_1, Y_2, \cdots$ 收敛于随机变量 Y 的分布中，表达式为 $\mu = E(Y)$，用以概要说明排队系统的性能。我们同样注意到随着众多顾客模拟 $m \to \infty$，$\overline{Y}(m) = m^{-1} \sum_{i=1}^{m} Y_i$ 趋近于概率 1 ~ μ。

综上所述，可利用所观察的等待时间 $Y_1, Y_2, \cdots, Y_m$ 的平均值进行长时间的仿真运行（m 较大）和估计。但这不是我们要做的，原因在于，在实际中所选的 m 并非无穷大，因此，由于开始排队时等待时间为 0，所以仿真运行前期的等待时间可能小于 μ，进而导致 $\overline{Y}(m)$ 数值减少。为降低影响，我们会将其纳入平均值之前，运行一段时间的仿真程序，以生成一定的等待时间。我们仍将尽可能增加 m 值，但平均值将仅包含最后的 m ~ d 之间的等待时间。就是说，我们会将截断平均值当作估计量使用。

$$\overline{Y}(m, d) = \frac{1}{m - d} \sum_{i=d+1}^{m} Y_i$$

此外，我们无法单独运行 m 位顾客，但是作为替代，可进行 n 次仿真重复。生成 n 个独立且同分布的平均值 $\overline{Y}_1(m, d), \overline{Y}_2(m, d), \cdots, \overline{Y}_n(m, d)$，我们将此平均值用于标准统计分析。这样便避免了直接估计渐近方差的情况，渐近方差会在后续章节中讨论。

图 4.7 所示为利用林德利公式对 $M/G/1$ 队列进行的 VBASim 仿真。在该仿真中，设定 $m = 55000$ 位顾客，同时，放弃先前设定的 $d = 5000$ 位顾客，并进行 $n = 10$ 次仿真重复。将 10 次仿真重复的平均值单独写入名为 "Lindley" 的 Excel 工作表（表 4.1）

需要注意的是，平均等待时间会略多于 2min，同时，类似于所有程序设计语言，VBA 会显示大量的输出数字。那么到底多少才是真正有意义的？在此，可以通过置信区间法得出答案。

由于交叉仿真重复平均值是独立且同分布的，同时交叉仿真重复平均值本身是大量单独等待时间（确切地说是 50000）的内部仿真重复平均值，因此，假设独立和正常输出数值是合理的，这证明了一个 μ 上的 t 分布置信区间的合理性。

```
Private Sub Lindley()

Dim Rep As Integer
Dim m As Long, i As Long
Dim d As Integer
Dim Y As Double, X As Double, A As Double
Dim SumY As Double

Call Report("Average Wait", "Lindley", 1, 1)
Call InitializeRNSeed
m = 55000
d = 5000

For Rep = 1 To 10
    Y = 0
    SumY = 0
    For i = 1 To d
        A = Expon(1, 1)
        X = Erlang(3, 0.8, 2)
        Y = WorksheetFunction.Max(0, Y + X - A)
    Next i
    For i = d + 1 To m
        A = Expon(1, 1)
        X = Erlang(3, 0.8, 2)
        Y = WorksheetFunction.Max(0, Y + X - A)
        SumY = SumY + Y
    Next i
    Call Report(SumY / CDbl(m - d), "Lindley", Rep + 1, 1)
Next Rep
End

End Sub
```

图 4.7   利用 Lindley 公式进行 $M/G/1$ 队列仿真

表 4.1   利用 Lindley 公式重复的 $M/G/1$ 队列

仿真重复	$\overline{Y}$ (55000, 5000)
1	2.191902442
2	2.291913404
3	2.147858324
4	2.114346960
5	2.031447995
6	2.110924602
7	2.132711743
8	2.180662859
9	2.139610760
10	2.146212039
平均值	2.148759113
标准偏差	0.066748617

关键字组成部分是 $t_{1-\alpha/2, n-1}$ ，t 分布的 $1 - \alpha/2$ 分位数以及 $n - 1$ 自由度。若我们希望得到 95% 的置信区间，那么 $1 - \alpha/2 = 0.975$ ，同时，自由度是 $10 - 1 =$ 9。当 $t_{0.975, 9} = 2.26$ 时，得出 $2.148759113 \pm (2.26)(0.066748617)/\sqrt{10}$ 或者

46

2.148759113 ± 0.047703552。这说明，可使用更具可靠性的置信区间，即 μ 约为 2.1min，或者给出更多完整信息，即 2.14 ± 0.05min。从统计角度出发，在这种情况下，其他数字毫无意义。

2min 的平均等待时间是否太长？若想得出确切的答案，则需利用观测数据或当前系统仿真估计相应的等候接待时间。备选统计对比是第 8 章主题。

4.3.2　基于事件的 $M/G/1$ 队列仿真

仿真程序包含部分全局声明（图 4.8）、一个主程序（图 4.9）、部分事件程序（图 4.10）、一个初始化的子程序（图 4.11），以及 VBASim 提供的特定辅助功能。该模型中包含 4 个 VBASim 类对象和一个 Sub 过程：Entity、FIFOQueue、Resources、DTStat 和 Clear Stats。在高层，进行如下运行：

```
' Example illustrating use of VBASim for
' simulation of M/G/1 Queue.

' See VBASim module for generic declarations
' See Class Modules for the supporting VBASim classes

' Parameters we may want to change
Private MeanTBA As Double        ' mean time between arrivals
Private MeanST As Double         ' mean service time
Private Phases As Integer        ' number of phases in service
                                 ' distribution
Private RunLength As Double      ' run length
Private WarmUp As Double         ' "warm-up" time

' Global objects needed for simulation
' These will usually be queues and statistics

Dim Queue As New FIFOQueue       'customer queue
Dim Wait As New DTStat           'discrete-time statistics
                                 'on customer waiting
Dim Server As New Resource       'server resource
```

图 4.8　医院仿真中的变量声明

• Entity 对象用于模拟临时对象，如从系统中穿过的事务或顾客。Entity 对象具有其本身具有的属性（VBA 属性）。在默认情况下，具有 CreatTime 的属性，当创建 Entity 对象时，将 CreatTime 设置为 Clock 数值。在该仿真中，Entity 对象代表病患或访客。

• FIFOQueue 是一个 VBA 集合，类似于 Calender，用于按照先入先出顺序保存 Entity 对象，也可在队列统计中记录平均时间数。在该仿真中，队列代表使用或等候自助服务终端的病患。

• Resource 对象代表数量有限事务，如用于通过某种方法处理或为 Entity 提供服务的人员、机器和计算机（典型地）。还可记录占用资源单元的平均数。在该仿真中，Resource 对象代表自助服务终端。

● DTStat 是用以记录离散时间统计量的对象，是连续时间统计量 CTStat 的同伴程序。在该仿真中，DTStat 用于记录总等待时间统计量，"总等待时间"指从病患到达至其完成自助服务终端服务的时间。需要注意的是，其不同于 4.3.1 节中定义，在该定义中，等待时间仅包括从开始排队至到达排队队列前端的时间。

● ClearStats 是一个子程序，用于重新启动在两个集合（TheCTStats 和 TheDTStats）中的全部统计变量。FIFOQueue 和 Resource 对象可分别创建 CTStat，所创建的 CTStat 可自动添加至 TheCTStats。当程序设计员创建自定义 CTStat 或 DTStat 时，其必须将其添加至适当的集合中。

图 4.8 所示为 FIFOQueue、DTStat 和 Resource 对象的声明。

图 4.9 所示为医院仿真主程序。

```
Dim Queue As New FIFOQueue
Dim Wait As New DTStat
Dim Server As New Resource
Private Sub MG1()
' Initialize

    Dim Reps As Integer
    Dim NextEvent As EventNotice

    Call MyInit ' special initializations for this simulation

    For Reps = 1 To 10

        Call VBASimInit 'initialize VBASim for each replication

        Call Schedule("Arrival", Expon(MeanTBA, 1))
        Call Schedule("EndSimulation", RunLength)
        Call Schedule("ClearIt", WarmUp)

        Do
            Set NextEvent = Calendar.Remove
            Clock = NextEvent.EventTime
            Select Case NextEvent.EventType
            Case "Arrival"
                Call Arrival
            Case "EndOfService"
                Call EndOfService
            Case "ClearIt"
                Call ClearStats
            End Select

        Loop Until NextEvent.EventType = "EndSimulation"

' Write output report for each replication

        Call Report(Wait.Mean, "MG1", Reps + 1, 1)
        Call Report(Queue.Mean, "MG1", Reps + 1, 2)
        Call Report(Queue.NumQueue, "MG1", Reps + 1, 3)
        Call Report(Server.Mean, "MG1", Reps + 1, 4)
    Next Reps

    End ' ends execution, closes files, etc.

End Sub
```

图 4.9　医院仿真主程序

48

其中有全局声明的对象，因为它们每个只有一个定义且可以从仿真代码中的很多地方引用。

这同 Entity 对象形成对比，Entity 对象根据需要创建和删除，用以代表病患进入和离开。例如，以 Sub Arrival 中的如下 3 个语句为例：

```
Dim Customer As New Entity
Queue. Add Customer
Set Customer = Nothing
```

可通过 Dim 语句中的关键词 New 创建新的 Entity 类示例。正如在 Customer. CreatTime 中所述的示例那样，可以通过扩充使用其属性。FIFOQueue 对象 Queue 中的 Add 方法可按照到达顺序在队列中置入 Entity 对象。最后，Set Customer = Nothing 语句可以避免在新的实体中重复使用已命名 Customer。除非在子程序 Arrival 中运行 Dim Customer As New Entity 语句 1s，否则，没必要使用该语句，原因在于，当退出 Sub 子程序时，已命名 Customer 便可自动释放。但是，我们认为当不再需要时释放对象名是很好的编程习惯，这样可以不造成混淆。需要注意的是，由于 Entity 对象存储于队列中，所以其不会丢失。

进入子程序 EndOfService 事件处理规程后，可分别使用如下 4 个语句删除队列中的第一位顾客，利用 CreatTime 属性计算总等待时间，利用 DTStat 对象 Wait 记录该数值，最后释放已命名的 DepartingCustomer。注意，在 "Dim DepartingCustomer As Entity" 语句中关键字 New 的缺失至关重要，这意味着 DepartingCustomer 将声明为类型 Entity，但未通过 Dim 语句创建新的 Entity 对象。

```
Dim DepartingCustomer As Entity
Set DepartingCustomer = Queue. Remove
Wait. Record (Clock - DepartingCustomer. CreateTime)
Set DepartingCustomer = Nothing
```

在使用 Resource 对象之前，必须设置对象容量（相同单元的数量）。容量设定可在 Sub 子程序 MyInit 中通过使用对象的 SetUnit 方法进行容量设定，即使用 Server. SetUnits 方法（1）。例如，若存在 3 个相同的自助服务终端，则该语句应为 Server. SetUnits (3)。如事件子程序所示，当 Free 方法导致 Resource 闲置时，可通过 Seize 方法确保一个（或多个）Resource 忙碌。

在该仿真中，我们有兴趣长期运行仿真重复程序，因此，仿真重复长度应以我们所确定的足以得出仿真结果的长度为准（实际上，这并不容易决定）。当使用 Lindley 公式时，便可很自然地确定关于仿真顾客数量的重复长度。但是，在很多包含不同输出的更复杂仿真程序中，最常见的情况是利用停止时间 T 指定仿真重复长度，确保仿真重复长度适用于所有输出。类似地，若计划放弃数据，则更易于在清除所有统计量时指定仿真重复时间 T_d。

为便于依时间控制仿真重复长度，调用了两个事件：在 $T = 55000 \text{min}$ 时调用"EndSimulation"事件；在 $T = 5000\text{min}$ 时调用统计量清除事件"ClearIt"（该事件可调用子程序 ClearStats）。由于病患和访客的到达率为 1 位/min，因此，在运行时间内分别对应 55000 位病患和 5000 位病患。但是，实际的病患人数是随机的，具体因仿真重复长度不同而不断变化。

图 4.10 所示为部分事件程序。

```
Private Sub Arrival()
' Arrival event

' Schedule next arrival
    Call Schedule("Arrival", Expon(MeanTBA, 1))

' Process the newly arriving customer

    Dim Customer As New Entity
    Queue.Add Customer
    Set Customer = Nothing
' If server is not busy, start service by seizing the server

    If Server.Busy = 0 Then
        Server.Seize (1)
        Call Schedule("EndOfService", Erlang(Phases, MeanST, 2))
    End If

End Sub

Private Sub EndOfService()
' End of service event

' Remove departing customer from queue and record wait time

    Dim DepartingCustomer As Entity
    Set DepartingCustomer = Queue.Remove
    Wait.Record (Clock - DepartingCustomer.CreateTime)
    Set DepartingCustomer = Nothing

' Check to see if there is another customer; if yes start service
' otherwise free the server

    If Queue.NumQueue > 0 Then
        Call Schedule("EndOfService", Erlang(Phases, MeanST, 2))
    Else
        Server.Free (1)
    End If

End Sub
```

图 4.10 医院仿真事件处理规程后置

将 $\bar{Y}(T, T_d)$ 设定为在时间 T_d 和 T 之间记录的所有等待时间的仿真重复平均值。显而易见，基于计数的 $\bar{Y}(m, d)$ 和基于时间的 $\bar{Y}(T, T_d)$ 拥有不同的统计属性，但是，直观地说，若变元固定（非数据功能）且足够大，那么其将成为良好的估计量 μ。同样需要注意的是，像队列中的时均化数值一样，运行时间和删除时间是连续时间统计量的理想参数。

图 4.11 所示为初始化医院仿真程序。

```
          Private Sub MyInit()

       ' Initialize the simulation
          Call InitializeRNSeed
          Server.SetUnits (1) ' set the number of servers to 1
          MeanTBA = 1
          MeanST = 0.8
          Phases = 3
          RunLength = 55000
          WarmUp = 5000

       ' Add queues, resources and statistics that need to be
       ' initialized between replications to the global collections

          TheDTStats.Add Wait
          TheQueues.Add Queue
          TheResources.Add Server

       ' Write headings for the output reports

          Call Report("Average Wait", "MG1", 1, 1)
          Call Report("Average Number in Queue", "MG1", 1, 2)
          Call Report("Number Remaining in Queue", "MG1", 1, 3)
          Call Report("Server Utilization", "MG1", 1, 4)

       End Sub
```

图 4.11　初始化医院仿真程序

在基于事件的仿真程序中，易于记录和报告统计量。FIFOQueue、Resource 和 DTStat 对象利用 Mean 方法报告平均值，在该仿真程序中所用的 Mean 方法分别是 Queue. Mean、Server. Mean 和 Wait. Mean。此外，FIFOQueue 对象还可通过 NumQueue 方法发送当前队列中的实体数量，在该示例中，利用该方法报告在进行 55000 次仿真重复之后队列中的病患人数。表 4.2 所列为运行 10 次仿真重复之后得出的结果，以及总平均值和 95% 的置信区间的半宽。

表 4.2　利用基于事件仿真进行 10 次 $M/G/1$ 仿真重复程序

仿真重复次数	总等待时间	队列	剩余	利用
1	2. 996682542	3. 017423450	1	0. 806654823
2	3. 103155842	3. 127773149	7	0. 807276539
3	2. 951068607	2. 948352414	2	0. 799341091
4	2. 848547497	2. 846673097	0	0. 794701908
5	2. 908913572	2. 900437432	2	0. 798615617
6	2. 895622648	2. 896900635	3	0. 801983001
7	2. 909777649	2. 901219722	0	0. 798658678
8	2. 914666297	2. 908612119	4	0. 795440658
9	2. 922193762	2. 923535588	0	0. 799157017
10	2. 873148311	2. 862172885	0	0. 799143690
平均值	2. 932377673	2. 933310049	1. 9	0. 800097302
标准偏差	0. 07227642	0. 082882288	2. 282785822	0. 004156967
±95% CI	0. 051654132	0. 059233879	1. 631449390	0. 002970879

此外，仿真重复程序中可能存在无效数字，但是在这种情况下，可通过置信区间对其进行删减。例如，将平均等待时间报告为（2.93 ± 0.05）min。如何将该数值同林德利公式仿真中报告的（2.14 ± 0.05）min 关联呢？自助服务终端系统中的总平均时间（基于事件仿真的估计量）包含平均等待服务时间（林德利仿真估计值）和平均服务时间（据我们所知是 0.8min）。因此，两个估计值之间相差 0.8min 也不足为奇。

4.3.3　问题和扩展

（1）在哪种仿真程序中，可对仿真自助终端系统和当前接待系统中的仿真数据进行对比，而不是同当前接待系统中的真实数据进行对比？

（2）显而易见，若我们所感兴趣的参数是平均等待时间，平均等待时间被定义为服务开始前的等待时间或包含服务时间在内的总时间，则优选 Lindley 方法（很明显，该方法运行速度较快，且始终可以在 Lindley 估计的平均服务时间中增加时间）。但是，若我们所感兴趣的参数是总等待时间分布，则无法纳入平均等待时间。如何修改 Lindley 递归，以便模拟总等待时间呢？

（3）如何修改基于事件的仿真，以便在服务开始之前记录等待时间？

（4）如何修改基于事件的仿真，以便在实际到达 5000 名病患之后清除统计量，并在实际达到 55000 名病患的时候停止仿真重复？

（5）在基于事件仿真中所示的实验设计方法通常被称为"仿真重复 – 删除"方法。若我们所用于实验的时间仅够生成 500000 个等待时间，那么在确定 n（仿真重复）、m（运行长度）和 d（删除量）数值过程中应考虑哪些问题呢？需要注意的是，我们必须确保 $nm = 500000$，同时仅可在估计平均值 μ 的过程中使用 $n(m-d)$ 观测值。

（6）通过长期指标总结的系统性能变元证实，没有任何一种系统可以永久不变（在 38 个 24h 中大约可处理 55000 名病患，但是在该过程中，会出现工作人员变更、结构变更或紧急事件），因此像 μ 之类的指标便无法反映现实情况。另外，在可能反映现实情况的条件下，前述方法也难以模拟在任意时间层内发生的所有细节性变化（即使 $M(t)/M/\infty$ 仿真程序中的时间相关性到达程序也无法估计现实情况），因此，长期运行仿真程序至少可提供一种易于理解的综合性指标（"若我们的程序保持不便，那么从长远来看……"）。同样地，从数学角度出发，该方法也易于获得长期指标，而不是通过仿真程序进行估计（由于仿真必须停止）。那么以此类问题为例，哪类分析更适用于医院问题呢？

4.4 随机活动网络的模拟

在此，考虑了 3.4 节中代表随机活动网络（SAN）的结构示例。用于完成项目 Y 的时间为

$$Y = \max\{X_1 + X_4, X_1 + X_3 + X_5, X_2 + X_5\}$$

式中：X_i 为第 i 次活动的持续期间。这种简单的表达形式要求穷举出连通着 SAN 的全部路径，以确保项目竣工时间是此类路径中最长的路径。例如，由于路径穷举本身是需要耗费时间的，同时该方法不易于推广到在活动之间有资源共享的项目。因此，我们会继续提出一个更加复杂但更通用的离散事件表示法。

4.4.1 SAN 的最大路径仿真

图 4.12 所示为 3.4 中所述算法的 VBASim 实现，在此，重复如下：

1. set $s = 0$
2. repeat n times：
   a. generate $X_1, X_2, \cdots, X_5$
   b. set $Y = \max \{X_1 + X_4, \ X_1 + X_3 + X_5, \ X_2 + X_5\}$
   c. if $Y > tp$ then set $s = s + 1$
3. estimate θ by $\hat{\theta} = s/n$

由于该示例中（见式（3.12））$\Pr\{Y \leq t_p\}$ 是已知的，因此当 $t_p = 5$ 并可通过该程序计算时，真值 $\theta = \Pr\{Y > t_p\} = 0.165329707$，在这种情况下，可将其同仿真估计进行比较。当然，在面对实际问题时，我们无法知晓答案。而在我们需要知晓答案的情况下，便需要耗费时间对其进行仿真。需要注意的是，在该概率中的所有数字都是正确的，但前提是假设 VBA 中的数值函数都各尽其职，尽管几乎不会用到。

```
Private Sub SANMax()
' Simple simulation of the SAN using the max function

Dim N As Double, c As Double, tp As Double, _
    Y As Double, Theta As Double
Dim X(1 To 5) As Double
Dim Rep As Integer, i As Integer

Call Report("Pr{Y > tp}", "SANMax", 1, 1)
Call Report("True Theta", "SANMax", 1, 2)
Call InitializeRNSeed
N = 1000
c = 0
tp = 5

For Rep = 1 To N
```

```
    For i = 1 To 5
        X(i) = Expon(1, 7)
    Next i
    Ȳ = WorksheetFunction.Max(X(1) + X(4), X(1) + X(3) + X(5),_
                              X(2) + X(5))
    If Y > tp Then
        c = c + 1
    End If
Next Rep

Call Report(c / N, "SANMax", 2, 1)

Theta = 1 - ((tp ^ 2 / 2 - 3 * tp - 3) * VBA.Exp(-2 * tp) _
 + (-tp ^ 2 / 2 - 3 * tp + 3) * VBA.Exp(-tp) + 1 - VBA.Exp(-3 * tp))
Call Report(Theta, "SANMax", 2, 2)

End
End Sub
```

图 4.12　作为连通网络最大路径的 SAN 仿真

该仿真估计证实 $\hat{\theta} = 0.163$ 。该概率估计的最大特点是以独立且同分布的标准偏差估计量输出为基础，易于计算：

$$(\hat{se}) = \sqrt{\frac{(\hat{\theta})(1 - (\hat{\theta}))}{n}}$$

这样，$\hat{se} \times 0.011$，在该情况下，真值 θ 恰好在 $\hat{\theta} \pm 1.96 \hat{se}$ 范围内，这说明该仿真已经完成相应的工作。该程序属于提醒事项，因此无法通过仿真得出式（3.12）之类的答案，但是具有估计仿真误差和通过进行仿真优化将误差控制在可接受范围内（仿真重复次数）的能力。

4.4.2　SAN 离散事件仿真

本节使用了相对本书其他部分而言更为高级的 VBA 构架，跳过该节不会影响内容的连续性。

根据 3.4 节，可将项目完成视为一个事件，当完成所有里程碑 j 的入站活动 $\vartheta(j)$ 时，调用出站活动 $i \in O(i)$ ，其中活动的目的里程碑 i 是 $D(i)$ 。这样，如下通用里程碑事件便是唯一需要的事件。

event milestone (activity _ inbound to node j)
事件里程碑（节点 j 的入站活动 ℓ）
$g(j) g(j) - \ell$
if $g(j)$ Ø then
   for each activity $i \in \ell(j)$
        schedule milestone (activity i inbound to node $\mathcal{D}(i)$ at X_i time units later)
   end if

54

当然，该方法将工作量从列举连通 SAN 的所有路径转变为创建集合 J、D、O，但这些集合应进行显式或隐式的定义，以便定义项目本身。基于该示例得出的关键经验适用于很多仿真程序，其可通过对单独事件程序进行程序设计进而处理很多概念上存在明显不同的仿真事件，可通过向事件程序中传递事件特异性信息来完成该程序设计。在这种情况下，需要传送入站活动和目标节点。由于当运行该事件时需要此类信息（而不是在规划信息时），因此，需要将其存储在事件通知中。为完成该存储过程，我们将创建一个新的类模块，并使用 EventNotice 类模块功能。

定义了新的类模块 Activity，该模块具有两种属性，即 WhichActivity 和 WhichNode。

```
' Object to model an activity - destination node pair
Public WhichActivity As Integer
Public WhichNode As Integer
```

该对象代表一个活动，其中包含数字 1，2，…，5 目标节点，对其进行如下编号：$j=1$ 代表 a，$j=2$ 代表 b，$j=3$ 代表 c，$j=4$ 代表 d。

当我们在将来的某段时间调用先行完成活动时，将利用 WhichObject 属性关联 ActivityandEventNotice；并对 EventNotice 类模块进行如下复制。

```
' This is a generic EventNotice object with EventTime,
' EventType and WhichObject attributes
Public EventTime As Double
Public EventType As String
Public WhichObject As Object
' Add additional problem specific attributes here
```

或许该仿真最复杂的功能是将节点表示为 VBA 集合二维阵列的方法。该集合是一种通用的 VBA 数据结构，类似于一维阵列，不同的是该集合中包含对象，而不仅是数字。VBA 可提供在 VBA 中添加、删除和参考分量的方法。在该示例中，每个阵列 Nodes (i, j) 元素都是一个活动列表，对于节点 j 而言，若 $i=1$，则其为入站活动，若 $i=2$，则其为出站活动。这样，当 Nodes $(2, j)$ 对应集合 $\mathscr{F}(j)$ 时，Nodes $(1, j)$ 发挥着集合 $\mathscr{O}(j)$ 的作用。另外被称为 Destination 的集合负责关联各个活动及其目的地，并发挥集合 $\mathscr{D}$ 的作用。如图 4.13 所示，在子程序 SANInit 中进行关键初始化，以便对 SAN 进行定义。

```
Private Sub SANInit()
' destinations
' Destination(i) corresponds to the destination of activity i
Destination.Add b
Destination.Add c
Destination.Add c
Destination.Add d
```

```
Destination.Add d
Dim Inbound As New Collection
Dim Outbound As New Collection

' node a
Outbound.Add 1
Outbound.Add 2
Set Nodes(InTo, a) = Inbound
Set Nodes(OutOf, a) = Outbound
Set Outbound = Nothing
Set Inbound = Nothing

' node b
Inbound.Add 1
Outbound.Add 3
Outbound.Add 4
Set Nodes(InTo, b) = Inbound
Set Nodes(OutOf, b) = Outbound
Set Inbound = Nothing
Set Outbound = Nothing

' node c
Inbound.Add 2
Inbound.Add 3
Outbound.Add 5
Set Nodes(InTo, c) = Inbound
Set Nodes(OutOf, c) = Outbound
Set Inbound = Nothing
Set Outbound = Nothing

' node d
Inbound.Add 4
Inbound.Add 5
Set Nodes(InTo, d) = Inbound
Set Nodes(OutOf, d) = Outbound
Set Inbound = Nothing
Set Outbound = Nothing

End Sub
```

图 4.13　适用于离散事件 SAN 仿真的网络描述

该示例中广泛应用的另一个 VBA 功能是定义常数的能力，这意味着在该仿真程序中变量数值始终固定。这便使得仿真程序更加易读，例如：

```
Const a As Integer = 1, b As Integer = 2, _
      c As Integer = 3, d As Integer = 4
Const InTo As Integer = 1, OutOf A Integer = 2
```

这样，我们无需记住节点 c 对应数字 3，以及对应节点输入和输出活动的索引。

需要注意的是（图 4.14），当不需要完成其他剩余活动时，该仿真结束。

这点可通过 Calender. N 检查，Calender. N 是一种可在事件日历中对当前事件进行编号的方法。图 4.15 所示为单独的里程碑事件。

执行 SAN 仿真和 4.4.1 节中所述仿真的区别是，在此我们会写出在各个仿真重复中实际的项目竣工时间。通过该过程，我们可通过对数据进行分类，计算在 1000 次仿真重复之后大于 t_p 的数量值，估计适用于 t_p 的 $\Pr \{Y > t_p\}$。图 4.16 所示为 1000 个项目竣工时间的经验累积分布，如式（3.12）的仿真估计。

```
' SAN Simulation using a discrete-event approach
' Nodes is a two-dimensional array of Collections, where each
' Collection is a list of inbound or outbound activities
' to that node
' For Nodes(i, j) = inbound i=1 or outbound i=2
' node j = 1 for a, j = 2 for b, j = 3 for c, j = 4 for d

Dim Nodes(1 To 2, 1 To 4) As Object
Dim Destination As New Collection
Const a As Integer = 1, b As Integer = 2, c As Integer = 3,_
     d As Integer = 4
Const InTo As Integer = 1, OutOf As Integer = 2

Private Sub SAN()
Dim Rep As Integer
Dim NextEvent As EventNotice
Dim ThisActivity As Activity

Call MyInit

For Rep = 1 To 1000
    Call VBASimInit
    Call SANInit ' initializes the activites in the SAN
    Call Milestone(0, a) ' causes outbound activities of node a
                         ' to be scheduled
    Do
        Set NextEvent = Calendar.Remove
        Clock = NextEvent.EventTime
        Set ThisActivity = NextEvent.WhichObject
        Call Milestone(ThisActivity.WhichActivity, _
                       ThisActivity.WhichNode)
    Loop Until Calendar.N = 0 ' stop when event calendar is empty

    Call Report(Clock, "SAN", Rep + 1, 1)

Next Rep
End
End Sub

Private Sub MyInit()
Call InitializeRNSeed
Call Report("Completion Time", "SAN", 1, 1)
End Sub
```

图 4.14　适用于离散事件 SAN 仿真的主程序

```
Private Sub Milestone(ActIn As Integer, Node As Integer)

Dim ActOut As Integer, Incoming As Integer, m As Integer
Dim Inbound As Collection
Dim Outbound As Collection

Set Inbound = Nodes(InTo, Node)
Set Outbound = Nodes(OutOf, Node)
m = Inbound.Count

For Incoming = 1 To m
    If Inbound(Incoming) = ActIn Then
        Inbound.Remove (Incoming)
        Exit For
    End If
Next Incoming
Set Nodes(InTo, Node) = Inbound

If Inbound.Count = 0 Then
    m = Outbound.Count
    For ActOut = 1 To m
    Dim ThisActivity As New Activity
    ThisActivity.WhichActivity = Outbound(1)
    ThisActivity.WhichNode = Destination(Outbound(1))
    Call SchedulePlus("Milestone", Expon(1, 1),
    ThisActivity)
    Set ThisActivity = Nothing
    Outbound.Remove (1)
    Next ActOut
End If

End Sub
```

图 4.15　适用于离散事件 SAN 仿真的里程碑事件

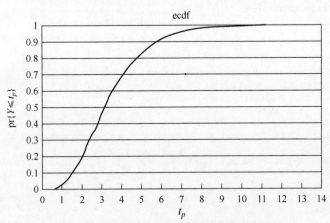

图 4.16　项目完成时间的经验累积分布函数

4.4.3　问题和扩展

（1）在实际项目中，不仅需要活动，还需要通常用于完成此类活动所需的

58

有限共享资源。进一步而言，当多项活动争夺相同资源时，可能需要详细的资源分配规则。那么 VBASim 将如何对其进行模拟呢？

（2）用以完成该项目的时间是总体指标中的重要因素，但是，在计划阶段，其发挥着更加重要的作用，即确定在确保按时完成项目过程中哪些活动或资源是最重要的，哪些输出测量可用于确定"关键"活动？

4.5　亚式期权仿真

在此，以亚式期权数值的估计为例：

$$v = E[e^{-rT}(\overline{X}(T) - (K)^+]$$

其中，成熟度指 $T = 1$ 年，无风险利率 $r = 0.05$，执行价格是 $K = 55$ 美元。指定资产的原始价值 $X(0) = 50$ 美元，波动性为 $(0.3)^2$。关键数量为

$$\overline{X}(T) = \frac{1}{T}\int_0^T X(t)\,dt$$

连续时间、连续状态几何布朗运动程序的时间平均值，我们无法对数字计算机进行真正模拟。这样，可通过将间隔 $[0, T]$ 分成 m 步的大小 $\Delta t = T/m$ 和使用离散逼近法估计时间平均值：

$$\overline{X}(\hat{T}) = \frac{1}{m}\sum_{i=1}^m X(i\Delta t)$$

这便使得仿真成为可能，原因在于：

$$X(t_{i+1}) = X(t_i)\exp\left\{\left(r - \frac{1}{2}\sigma^2\right)(t_{i+1} - t_i) + \sigma\sqrt{t_{i+1} - t_i}\,Z_{i+1}\right\}$$

对于时间增序列 $\{t_0, t_1, \cdots, t_m\}$ 而言，其中 $Z_0, Z_1, \cdots, Z_m$ 是独立且同分布的 $N(0, 1)$。

图 4.17 所示为 VBASim 代码，该代码使用了在逼近法中的 $m = 32$ 个步骤，并进行 10000 次仿真重复以估计 v 值。离散事件结构可在无明显效益的情况下减缓程序运行，因此，可利用简单回路推进时间。将各仿真重复中产生的期权数值写入 Excel 工作表中，以便进行仿真后分析。

V 的估计数值是\$2.20，相对误差稍高于 2%（相对误差是除以平均值得出的标准误差）。如图 4.18 所示，期权在大部分时间毫无价值（约 68% 的时间），但是假定在主动偿清的情况下，平均回报约为\$6.95。

```
        Private Sub AsianOption()
        ' Simulation of an Asian Option

        Dim Replications As Integer
        Dim Maturity As Double, Steps As Double
        Dim i As Integer, j As Integer
        Dim X As Double, Z As Double, InitialValue As Double
        Dim Sigma As Double, Sigma2 As Double
        Dim Sum As Double, Value As Double
```

```
Dim Interval As Double
Dim InterestRate As Double, StrikePrice As Double

' Set option parameters
Replications = 10000
Maturity = 1
Steps = 32
Sigma = 0.3
InterestRate = 0.05
InitialValue = 50
StrikePrice = 55
Interval = Maturity / Steps
Sigma2 = Sigma * Sigma / 2

Call Report("Option Value", "Option", 1, 1)
Call InitializeRNSeed
For i = 1 To Replications
    Sum = 0
    X = InitialValue
    For j = 1 To Steps
        Z = Normal(0, 1, 12)
        X = X * VBA.Exp((InterestRate - Sigma2) * Interval + _
                Sigma * VBA.Sqr(Interval) * Z)
        Sum = Sum + X
    Next j
    Value = VBA.Exp(-InterestRate * Maturity) * _
            WorksheetFunction.Max(Sum / Steps - StrikePrice, 0)
    Call Report(Value, "Option", i + 1, 1)
Next i

End
End Sub
```

图 4.17　亚式期权问题的 VBA 仿真

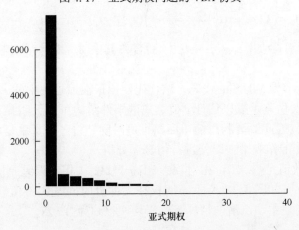

图 4.18　基于 10000 次仿真重复得出的亚式期权变现价值柱状图

4.6　案例分析：服务中心仿真

本节主要介绍基于之前学生提供的项目的仿真案例。该案例仍相对简单，

60

但是相对于早先的按固定方式处理事务的示例而言，则较为复杂，原因在于在未进行仿真的情况下，我们无法得出答案。本节的目的在于说明人们如何进行仿真建模，并对现实问题进行程序设计。

例4.1（传真服务中心人员配置） 服务中心可全天接收传真订单，到达比率因时间不同而各有区别。可按照表4.3所示比率通过非平稳泊松过程对其建模。

表4.3　每小时传真到达率

时间	比率（传真/min）
8a. m. ~9a. m.	4.37
9a. m. ~10a. m.	6.24
10a. m. ~11a. m.	5.29
11a. m. ~12p. m.	2.97
12p. m. ~1p. m.	2.03
1p. m. ~2p. m.	2.79
2p. m. ~3p. m.	2.36
3p. m. ~4p. m.	1.04

传真接收员依据先到先服务原则从传真队列中选择传真。将传真处理时间建模为平均时间2.5min和标准偏差1min的正态分布。传真接收员完成传真处理之后，可能出现两种结果：即该传真是一个简单的传真，其可完成所有相关工作，或者该传真并非简单传真，需寻求专家协助以进行进一步处理。在全天接收的传真中，约20%的传真需要专家处理。将需要专家处理的传真时间建模为平均处理时间是4.0min和标准偏差是1min的正态分布。

尽可能减少工作人员数量，进而降低成本，但是减少工作人员的前提是必须满足规定的服务等级要求。尤其是，96%的样本传真应在到达后10min内完成，同时，要求专家处理的80%的传真也应在其到达之后10min内完成（由传真接收员和专家完成）。

服务中心每日从上午8点至下午4点开放，可能于中午12点换班。这样，人员配置规则便包含4个数值：中午之前的传真接收员和专家人数，以及中午之后的传真接收员和专家人数。中午之前开始处理的传真可在工作人员下班之前由其完成；在工作人员下班之前将队列中在一天结束时需要处理的传真处理完毕，因此，不存在遗留至第二天处理的传真。

*构建仿真模型的第一步是要确定模型回答的一个或多个问题。*了解这些问题有助于确定仿真需估计的系统性能指标，这又反过来决定了仿真模型的范围和详细的程度。

服务中心的最大问题是，在上述两个时段内最少需要多少名传真接收员和专家才能满足服务要求？因此，在已知专业人员分配的情况下，仿真必须至少提供 10min 内输入的各类传真数量的百分比估计量。

即使当存在明确的总体对象时（如以最少人员配置满足服务要求），通常也会对此类对象进行权衡。例如，若满足要求所需的工作人员人数过多，而致使这些人员无法得到充分利用，或若雇佣尽可能少的工作人员意味着传真接收员或专家必须加班，那么我们愿意对服务要求进行略微改变。当完成每日最后一封传真时，可提供关于队列中传真所花费时间和数量的统计资料的信息。除最关键信息以外，纳入的其他系统性能指标有助于确保更加高效的运行仿真程序。

很多离散事件随机仿真包含动态穿过某类排队网络的实体，仿真程序在此类网络中争夺资源。在此类仿真中，识别实体和资源是模型运行程序的良好起点。对于服务中心而言，显而易见，传真是动态实体，与此同时，传真接收员和专家是资源。传真机器本身被视为资源，特别是在利用率较高或传入和传出传真使用相同机器的情况下。事实证明，对于服务中心而言，应设置专用于接收传真的传真机库，因此，将到达传真作为无约束外部到达过程是合理的。在该问题的原始说明中并未对这一事实进行描述，通常需要提出后续的一些问题来确保读者全面理解我们所关注的这一系统。

当资源缺乏时便可形成队列。如在服务中心一样，队列通常采用先入先出顺序，每个资源对应一个队列。但是，队列中通常存在优先权，相同的资源可为多个队列提供服务，或者多个资源可为单独队列提供服务。排队行为通常是模型的关键部分。当仿真程序包含穿过网络的实体时，则会产生两类到达：从网络外部到达和从网络内部到达。外部到达类似于在 $M(t)/M/$ 和 $M/G/1$ 示例中已经显现的程序。内部到达指到达之后离开一个队列，并同时到达另一个队列的情况。模拟方法很大程度上取决于，离开一个队列到达另一个队列的行为是否是即时到达，在这种情况下，离开和到达事件实际上是相同事件或者是否存在某种传输延误在这种情况下，到达下一个队列的行为应被视为不同事件。对于服务中心而言，到达传真接收员的传真是外部到达过程，同时，专家处理的 20% 的传真是从传真接收员到专家的内部过程。

实验设计的关键是定义仿真重复的构成。仿真重复应是独立且同分布的。由于服务中心负责处理一天内收到的传真，而无法将传真遗留至第二天，因此"一日"定义了一次仿真重复。若无法将传真留到以后处理，但每周对所有传真进行清零，则应用工作周定义仿真重复。但是，若始终有效地将一天内的传真遗留至下一天处理，则可根据主观需要定义仿真重复。

服务中心的工作时间是 8h，但是，工作人员在下午 4 点之前不得离开，直至处理所有已到达传真。若我们将仿真重复程序确切地定义为 8h，那么我们可能被人员配置规则蒙蔽，此类规则允许在一天结束时滞留一长列传真，因为我们在统计中无法纳入输入的传真。为了便于模拟当无其他工作剩余时结束的仿真重复，我们将在下午 4 点时中断接收传真，然后，当事件日历为空时，结束仿真程序。这是因为闲置的输入 Agents 和专家总是从可用的队列中接收传真。

除逐行浏览 VBASim 代码以外，将指出一些重点代码，以协助读者理解该代码。

图 4.19 所示为用于服务中心仿真的全局声明部分。需特别指出的是，有两个名字定义为 Regular 10 和 Special 110 的 DTStat 的语句。它们用于获取那些能够在 10min 的要求内处理完毕的常规传真和特殊传真的所占的比例，方式是对满足要求的记录为 1 而不满足要求的记录为 0。这两个值的平均值便是希望得到的比例数。

```
' FaxCenter Simulation
' Parameters we may want to change
Dim MeanRegular As Double          ' mean entry time regular faxes
Dim VarRegular As Double           ' variance entry time regular faxes
Dim MeanSpecial As Double          ' mean entry time special faxes
Dim VarSpecial As Double           ' variance entry time special faxes
Dim RunLength As Double            ' length of the working day
Dim NumAgents As Integer           ' number of regular agents
Dim NumSpecialists As Integer      ' number of special agents
Dim NumAgentsPM As Integer         ' number of regular agents after noon
Dim NumSpecialistsPM As Integer    ' number of special agents after noon

' Global objects needed for simulation
Dim RegularQ As New FIFOQueue       ' queue for all faxes
Dim SpecialQ As New FIFOQueue       ' queue for special faxes
Dim RegularWait As New DTStat       ' discrete-time statistics on
                                    ' fax waiting
Dim SpecialWait As New DTStat       ' discrete-time statistics on
                                    ' special fax waiting
Dim Regular10 As New DTStat         ' discrete-time statistics on
                                    ' < 10 minutes threshold
Dim Special10 As New DTStat         ' discrete-time statistics on
                                    ' < 10 minutes threshold
Dim Agents As New Resource          ' entry agents resource
Dim Specialists As New Resource     ' specialists resource
Dim ARate(1 To 8) As Double         ' arrival rates
Dim MaxRate As Double               ' maximum arrival rate
Dim Period As Double                ' period for which arrival rate
                                    ' stays constant
Dim NPeriods As Integer             ' number of periods in a "day"
```

图 4.19　服务中心仿真的全局声明

图 4.20 所示为服务中心主仿真主程序。尤其重要的是结束主仿真循环的条件：

```
    Loop Until Calendar.N = 0
```

可通过 N 种 Calender 方法传回当前即将发生的事件数量。当事件日历为空时，表示无其他待处理传真和待到达的传真。该条件仅在下午 4 点之后且输入所有剩余传真之后有效。

```
Public Sub FaxCenterSim()
    Dim Reps As Integer
    Dim NextEvent As EventNotice
' Read in staffing policy
    NumAgents = Worksheets("Fax").Cells(25, 5)
    NumAgentsPM = Worksheets("Fax").Cells(25, 6)
    NumSpecialists = Worksheets("Fax").Cells(26, 5)
    NumSpecialistsPM = Worksheets("Fax").Cells(26, 6)
    Call MyInit
    For Reps = 1 To 10
        Call VBASimInit
        Agents.SetUnits (NumAgents)
        Specialists.SetUnits (NumSpecialists)
        Call Schedule("Arrival", NSPP_Fax(ARate, MaxRate, NPeriods,_
                    Period, 1))
        Call Schedule("ChangeStaff", 4 * 60)
    Do
            Set NextEvent = Calendar.Remove
            Clock = NextEvent.EventTime
            Select Case NextEvent.EventType
            Case "Arrival"
                Call Arrival
            Case "EndOfEntry"
                Call EndOfEntry(NextEvent.WhichObject)
            Case "EndOfEntrySpecial"
                Call EndOfEntrySpecial(NextEvent.WhichObject)
            Case "ChangeStaff"
                Agents.SetUnits (NumAgentsPM)
                Specialists.SetUnits (NumSpecialistsPM)
            End Select
        Loop Until Calendar.N = 0 ' stop when event calendar empty
' Write output report for each replication
    Call Report(RegularWait.Mean, "Fax", Reps + 1, 1)
    Call Report(RegularQ.Mean, "Fax", Reps + 1, 2)
    Call Report(Agents.Mean, "Fax", Reps + 1, 3)
    Call Report(SpecialWait.Mean, "Fax", Reps + 1, 4)
    Call Report(SpecialQ.Mean, "Fax", Reps + 1, 5)
    Call Report(Specialists.Mean, "Fax", Reps + 1, 6)
    Call Report(Regular10.Mean, "Fax", Reps + 1, 7)
    Call Report(Special10.Mean, "Fax", Reps + 1, 8)
    Call Report(Clock, "Fax", Reps + 1, 9)
    Next Reps
    End
End Sub
```

图 4.20　服务中心仿真主程序

同样地，还应特别注意事件 ChangeStaff，预计该事件将于中午发生（240min）。

在此，使用 Resource 的 SetUnits 方法进行工作人员换班。读者应着眼于 VBASim Resource 类对象，并确信即使减少午间工作人员人数，也不会影响传真处理。

用于仿真的人员配置规则可从 4 个工作表 Fax 网格中读入。在未实际占用 VBA 代码的情况下，可通过在工作表中置入 VBA 控制键的方式启动仿真，进而模拟不同的人员配置规则和审核仿真结果。

函数 NSPP_ FAX 可按照预计时变速率生成传真到达时距；该函数在第 6 章中讨论。

图 4.21 包含传真接收员位置传真的到达和传输结束事件。只有在Clock < RunLength 时，才可调用下一次到达事件。在该方法中，假定于下午 4 点以后终止传真到达。EndOfEntry 事件可通过执行 Call SpecialArrival（DepartingFax）和向 DepartingFax 实体发送指示字的方式直接且即时地向专家发送 20% 的传真。同样地，我们本来也可调用即将在 0:00 时间单位发生的 SpecialArrival 事件（或者如需耗用时间传输传真，则在非零时间单位）。

```
        Private Sub Arrival()
        ' Schedule next fax arrival if < 4 PM
            If Clock < RunLength Then
                Call Schedule("Arrival", NSPP_Fax(ARate, MaxRate, _
                            NPeriods, Period, 1))
            Else
                Exit Sub
            End If
        ' Process the newly arriving Fax
            Dim Fax As New Entity
            If Agents.Busy < Agents.NumberOfUnits Then
                Agents.Seize (1)
                Call SchedulePlus("EndOfEntry", Normal(MeanRegular, _
                            VarRegular, 2), Fax)
            Else
                RegularQ.Add Fax
            End If
            Set Fax = Nothing
        End Sub

        Private Sub EndOfEntry(DepartingFax As Entity)
            Dim Wait As Double
        ' Record wait time if regular; move on if special
            If Uniform(0, 1, 3) < 0.2 Then
                Call SpecialArrival(DepartingFax)
            Else
                Wait = Clock - DepartingFax.CreateTime
                RegularWait.Record (Wait)
                If Wait < 10 Then
                    Regular10.Record (1)
                Else
                    Regular10.Record (0)
                End If
            End If
            Set DepartingFax = Nothing
        ' Check to see if there is another Fax; if yes start entry
```

```
    ' otherwise free the agent
        If RegularQ.NumQueue > 0 And _
            Agents.NumberOfUnits >= Agents.Busy Then
            Set DepartingFax = RegularQ.Remove
            Call SchedulePlus("EndOfEntry", Normal(MeanRegular,_
                VarRegular, 2), DepartingFax)
            Set DepartingFax = Nothing
        Else
            Agents.Free (1)
        End If
    End Sub
```

图 4.21   传真接收员事件

DTStat Regular10 中的 Record 方法用来采集 0 或 1, 这取决于总等待时间是否少于 10min。

对于专家的到达和结束输入事件, 如图 4.22 所示, 与输入型 Agents 工作原理相似。

```
Private Sub SpecialArrival(SpecialFax As Entity)
  If special agent available, start entry by seizing
' the special agent
    If Specialists.Busy < Specialists.NumberOfUnits Then
        Specialists.Seize (1)
        Call SchedulePlus("EndOfEntrySpecial", Normal(MeanSpecial, _
            VarSpecial, 4), SpecialFax)
    Else
        SpecialQ.Add SpecialFax
    End If
    Set SpecialFax = Nothing
End Sub

Private Sub EndOfEntrySpecial(DepartingFax As Entity)
    Dim Wait As Double
' Record wait time and indicator if < 10 minutes
    Wait = Clock - DepartingFax.CreateTime
    SpecialWait.Record (Wait)
    If Wait < 10 Then
        Special10.Record (1)
    Else
        Special10.Record (0)
    End If
    Set DepartingFax = Nothing
' Check to see if there is another Fax; if yes start entry
' otherwise free the specialist
    If SpecialQ.NumQueue > 0 And _
        Specialists.NumberOfUnits >= Specialists.Busy Then
        Set DepartingFax = SpecialQ.Remove
        Call SchedulePlus("EndOfEntrySpecial", Normal(MeanSpecial, _
            VarSpecial, 4), DepartingFax)
        Set DepartingFax = Nothing
    Else
        Specialists.Free (1)
    End If
End Sub
```

图 4.22   专家事件

初始化过程只发生一次，如图 4.23 所示。

```
Private Sub MyInit()
    Call InitializeRNSeed
    MeanRegular = 2.5
    VarRegular = 1#
    MeanSpecial = 4
    VarSpecial = 1#
    RunLength = 480
' Add queues, resources and statistics that need to be
' initialized between replications to the global collections
    TheDTStats.Add RegularWait
    TheDTStats.Add SpecialWait
    TheDTStats.Add Regular10
    TheDTStats.Add Special10
    TheQueues.Add RegularQ
    TheQueues.Add SpecialQ
    TheResources.Add Agents
    TheResources.Add Specialists
' Write headings for the output reports
    Call Report("Ave Reg Wait", "Fax", 1, 1)
    Call Report("Ave Num Reg Q", "Fax", 1, 2)
    Call Report("Agents Busy", "Fax", 1, 3)
    Call Report("Ave Spec Wait", "Fax", 1, 4)
    Call Report("Ave Num Spec Q", "Fax", 1, 5)
    Call Report("Specialists Busy", "Fax", 1, 6)
    Call Report("Reg < 10", "Fax", 1, 7)
    Call Report("Spec < 10", "Fax", 1, 8)
    Call Report("End Time", "Fax", 1, 9)
' Arrival process data
    NPeriods = 8
    Period = 60
    MaxRate = 6.24
    ARate(1) = 4.37
    ARate(2) = 6.24
    ARate(3) = 5.29
    ARate(4) = 2.97
    ARate(5) = 2.03
    ARate(6) = 2.79
    ARate(7) = 2.36
    ARate(8) = 1.04
End Sub
```

图 4.23　服务中心仿真初始化

以上午 15 名、下午 9 名传真接收员和上午 6 名、下午 3 名专家的人员配置策略运行 10 次仿真重复。常规传真按照 0.98 ± 0.02 配量输入 10min 或者少于 10min，专用传真以按照 0.81 ± 0.06 进行配置。"$\pm$"表示 95% 的置信区间。这个策略似乎接近于需求，如果我们坚持使用 80% 的专用传真，那么需要附加的重复缩小置信区间。

4.6.1　问题和扩展

（1）本仿真程序和 $M/G/1$ 队列基于事件的仿真之间在编程方面存在很多相似之处。但是，由于存在多个接待人员，所以二者之间存在一个重要区别。

67

对于 $M/G/1$ 队列而言，单独 FIFOQueue 对象可保留服务中的顾客（位于队列前面）和等待服务的顾客。该方法对传真中心无效，因为多个传真 Agents 并不完全需要按照相同的顺序到达。为适应该情况，FIFOQueue 仅保留等待输入的传真，Entity 表示正在输入的传真，与输入结束事件 EventNotice 同时存储。该过程可通过如下语句完成：

```
Call SchedulePlus (" EndOfEntry", _
    Normal (MeanRegular, VarRegular, 2), DepartingFax)
```

SchedulePlus 允许将一个对象（本案例中指 DepartingFax）赋值给实体 EventNotice 的 WhichObject 属性。然后通过如下语句向事件传递该 Entity：

```
Call EndOfEntry (NextEvent. WhichObject)
```

（2）传真输入时间被模拟为正态分布模型。但是，正态分布允许负值，此正态分布模型不具任何意义。那么我们应该做些什么呢？当出现负值时，可考虑将负值映射为 0，或者生成新的数值。哪个方案更加符合实际？原因是什么？

练 习

（1）模拟 $M(t)/G/\infty$ 队列，其中 G 对应固定平均值的 Erlang 分布，但可尝试不同的阶段。具体的做法是，保持固定的平均服务时间，但变更变量。队列中的期望值是否在服务时间内对变量敏感？

（2）该问题假设更为高级的随机过程。在 $M(t)/M/\infty$ 队列仿真中，事件日历中可能存在大量事件：针对车库中当前存放的各台车辆的"到达"和"离开"事件。但是，指数分布性质可将其减少至不多于两个事件。设置 $\beta = 1/\tau$ 为车辆离开率（τ 代表平均停车时间）。若在任何时间我们观测到车库中停放 N 台车（无论其停放多长时间），那么在停放车辆中的首台车离开之前，时间呈指数分布，平均值 $1/N\beta$。经观察观测，可针对至少两个待定事件（下一个到达和下一个离开事件）进行 $M(t)/M/\infty$ 仿真。提示：当发生到达事件时，且在下一次离开之前，时间分布发生变化，因此必须重新生成下一次离开时间进度安排。

（3）对于医院问题而言，可模拟当前系统，该系统将接待员的服务时间按照平均时间为 0.6min 的 Erlang -4 分布进行建模，并对等待时间和拟定的电子自助服务终端进行对比。

（4）从基于事件的 $M/G/1$ 仿真开始，执行必要的变更，进而进行 $M/G/s$ 仿真（为单独队列配备很多服务器）。保留 $\lambda = 1$ 和 $\dfrac{\tau}{s} = 0.8$，模拟 $s = 1$，2，

3 个服务器，并对所得结果进行对比。人们需要将队列和相同的服务能力进行比较，对比一个运行较快的服务器和两个或更多运行较慢的服务器。最后明确说明观测结果。

（5）调整 $M/G/1$ 队列的 VBASim 基于事件的仿真，以模拟 $M/G/1$ 重试队列。这表示到达顾客发现系统 IP c 位顾客（包括服务中的顾客）立即离开，这意味着顾客在到达之后找到系统中的 c 位顾客（包括服务中的顾客）之后立即离开，但应再按照平均时间为 MeanTR 的指数分布实现到达。提示：重试顾客的出现不得影响首次到达过程。

（6）对 SAN 仿真进行修改允许每次活动具有不同的平均完成时间（当前所有的平均时间均是 1）。利用集合保留平均时间。

（7）尝试如下步骤以确保接近亚式期权的数值，进而对步长进行敏感性分析：$m = 8,16,32,64,128$。

（8）在亚式期权仿真中，10000 次仿真重复中的样本平均值是 2.198270479，标准偏差是 4.770393202。大约需要进行多少次仿真重复才能将相对误差减少至 1% 以下？

（9）对于服务中心而言，应增加仿真重复次数，直至能够确保在 10min 以内满足特殊传真需求，并对于所提议的政策是否达到 80% 的响应有把握。

（10）对于服务中心而言，应确定满足服务级别要求的最低人员配置规则（即工作人员总数）。核对由仿真生成的其他统计数据，以确保人们对该规则满意。

（11）对于服务中心而言，假设专家报酬是输入型 Agents 的两倍。确定满足服务要求的最低人员配置规则。核对由仿真生成的其他统计数据，以确保人们对该规则满意。

（12）假设服务中心人员每小时进行变更，但若是 Agent 或专家值班，则他们必须工作 4h。确定满足服务级别要求的最低人员配置规则，即：人员总数。

（13）假设服务中心人员配置规则无法满足服务级别要求的 20%，甚至更多。重新运行仿真，将仿真重复精确到 8h，但是不将仿真留存至第二天处理。利用上述不同方法结束仿真重复，将会在结果中产生多少差异？

（14）函数 NSPP_Fax 执行 4.2 节中所述的适用于非平稳泊松过程和一般分段常值函数的缩略方法。对该函数进行研究，并说明其工作原理，函数 NSPP_Fax 如下：

```
Private Function NSPP_Fax (ARate () As Double, MaxRate As Doub-
le, _
            NPeriods As Integer, Period As Double, _
            Stream As Integer) As Double
```

```
' This function generates interarrival times from a
' NSPP with piecewise constant arrival rate over a
' fixed time of Period* NPeriod time units

' ARate = array of arrival rates over a common length Period
' MaxRate = maximum value of ARate
' Period = time units between (possible) changes in arrival rate
' NPeriods = number of time periods in ARate
Dim i As Integer
Dim PossibleArrival As Double
PossibleArrival = Clock + Expon (1 / MaxRate, Stream)
i = WorksheetFunction. Min (NPeriods, _
    WorksheetFunction. Ceiling (PossibleArrival / Period, 1))
Do Until Uniform (0, 1, Stream) < ARate (i) / MaxRate
    PossibleArrival = PossibleArrival + Expon (1 / MaxRate,
    Stream)
    i = WorksheetFunction. Min (NPeriods, _
    WorksheetFunction. Ceiling (PossibleArrival / Period, 1))
Loop
NSPP_ Fax = PossibleArrival - Clock
End Function
```

（15）小型办公室的接线台工作时间是从上午 8 点到下午 4 点，配备一名接线员。按照服从泊松过程，且每小时 6 个电话的速率计算，则电话服务时间呈 5～12min 的均匀分布。若可接通，接线员忙碌时，呼叫者可以线上等待，否则将会接收到占线信号，此时呼叫视为"失败"。此外，有 10% 的呼叫者，他们并未立即接通电话，也会选择挂断电话，而不是等待；这种情况并不视为失败，因为是他们自己的选择。因为等待队列会占据资源，公司需要明确最低容量（电话数量），以将日常工作中失败呼叫控制在 5% 以下。此外，还要长期规划使用接线员，确保他们并不过度繁忙。运用 VBASim 进行该系统仿真，挖掘等待队列所必需的能力。将呼叫者模拟成类 Entity，等待队列（hold queue）模拟成类 FIFOQueue，接线员（operator）模拟成类 Resource。运用 VBASim 函数 Expon 和 uniform 生成随机变量。运用类 DTStat 估计失败电话的比例（a0 表示未失败，a1 表示失败电话的样本均值）。统计类 Resource 的结果，估计使用情况。

（16）软件制作人员（SMP）可在两个领域定制开发软件产品：财务跟踪和联络管理。当前，具有顾客保障呼叫中心，用于处理在东部时间上午 8 点和下午 4 点之间发生的软件问题。

70

当顾客进行呼叫时，首先要选择产品线；历史记录显示，59%是金融产品，41%是联络管理产品。在任何时间，可以联系到的顾客数量（接通或等待）其实并不受限。每个产品线都有其自身的Agents。若存在适当的Agent可用时，应立即呼叫Agent；若没有可用的Agent，则呼叫者进入等待队列（可以听到音乐和广告）。SMP发现，挂断电话其实很少发生。

SMP希望减少跨培训Agents所需要的Agents总数，以便他们回复所有生产线电话。由于Agents并不是综合所有产品的专家，这可以提高大约5%的电话拨通时间。SMP提及的问题是要回答有多少超越培训的Agents必须提供现行系统同一级别的服务。

可以将呼入电话模拟成泊松到达过程，具备每小时60次的速率。Agent回答问题必需的平均时间是5min，实际时间对于财务呼叫服从Erlang－2分布，而对于联络管理呼叫服从Erlang－3分布。当前配置为：4个财务服务和3个联络管理服务。进行系统仿真，以确定在现行系统中能够提供多少必需的综合培训系统的同级服务。

（17）从FIFOQueue类模块开始，开发新的类模块，命名为：PriorityQueue。当在PriorityQueue中添加一个Entity时，其添加位置取决于实体的Priority属性，具有较高的Priority属性值者优先。确保在Entity类模块中增加Priority属性。

第 5 章　两种仿真观点

在本章之前，本书的主要内容是构建仿真模型，从字面上讲，为仿真模型写入计算机代码。在本章中，将对本书的其余部分进行说明，解决同实验设计和分析相关的问题。据此，提出了两种不同但互补的方法，用于观察计算机仿真。在 5.1 节中，明确说明了真实系统、仿真系统以及分析者希望设计的概念系统的作用。该框架突出了仿真研究中的误差来源；该框架是一种抽象框架，但并非具有数学形式。在 5.2 节中，将仿真输出视为一个随机过程，为设计仿真实验和分析仿真结果提供框架；仿真输出是一个为统计分析提供基础的数学处理过程。上述两种观点对于深入了解随机仿真具有不可或缺的作用。

5.1　仿真建模和分析框架

例 5.1（服务中心）　软件公司通常设有顾客服务中心，用于解决同产品相关的咨询或问题。当前，仅针对特定产品对服务人员进行培训，因此，他们仅处理同产品相关的请求。公司希望对部分服务人员进行综合培训，以处理更多的产品请求，从而实现在减少工作人员数量的同时保证相同的服务水平。那么在这种情况下，需要配备多少工作人员？

在该情境中，具有很多与系统设计问题相同的特征，我们将针对此类问题寻找对应的仿真解决方案：当前主要是对新系统进行概念设计（配备经综合培训的接待员的顾客服务中心）以及同概念系统相关的现有真实系统，但二者并不相同（真实系统指配备专门接待员的现有顾客服务中心）。仿真系统的构建以真实系统为起点，用于评估概念系统的工作状态。在该节中，主要介绍仿真系统框架，如顾客服务中心，该框架含有大量仿真输入模型、输出分析和实验设计（参见第 6~8 章）。

为便于框架运行，系统中应包含输入和逻辑。输入是不确定的（随机的）系统组件，而逻辑应包括规则或算法，用于控制系统输入的运行。$\mathscr{L}$ 表示逻辑，$\mathscr{F}$ 表示控制输入的概率模型（通常指概率分布集合）。在我们的框架中，存在 3 种不同类型的系统：真实系统（R）、仿真系统（S）和概念系统（C）。"概念系统"通常指可能存在但实际上并未存在的系统。该系统中包含输入和逻辑中表示的性能参数，通常使用 μ 表示此类参数。如图5.1所示。

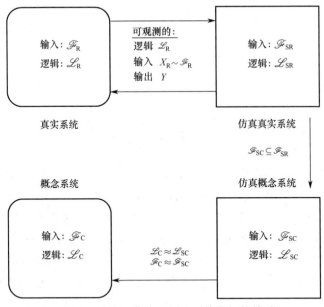

图5.1　真实、仿真和概念系统之间的关系

使用 E 表示的系统实验是一种在系统执行过程中用以观察系统行为的方法。由于真实系统实验成本较高且具有破坏性或危险性，因此真实系统实验通常指在当前操作过程中对系统进行的现场观测。换句话说，由于我们可对仿真系统进行完全控制，因此应利用统计学原理设计仿真实验。按照定义，无法进行概念系统实验，这也是我们进行仿真的原因。

系统实验生成观测行为，出于我们的目的考虑，该观测行为应始终用数字表示。X 表示系统输入的数值型观测值，Y 表示输出的数值型观测值，二者通常均为随机变量集合。输出是输入、逻辑和实验设计函数的导出量。在未进行实验 E 的情况下，无法明确定义 Y 值，了解这一点非常重要。同时，对真实系统进行一个月观察和进行一天观察的结果也是不同的。以此推定，进行10次仿真重复和进行1000次重复仿真的结果也是不同的。因为需利用输出函数 $T(Y)$ 估计性能参数 μ，因此估计量的性质取决于实验设计，这点很关键。

例如，在当前顾客服务中心，输入 $\mathscr{F}_R$ 包含呼叫到达过程，以及解决呼叫者问题所必需的时间（不包括其在接通电话之前的在线等待时间）。之所以被视为输入，是因为无法将其视为更多基本随机数量的不确定型随机数量。顾客服务中心逻辑 $\mathscr{L}_R$ 包括工作时间和将电话接通至座席的规则。它们是用以测量顾客满意度的性能参数 μ_R 指的是在接通座席之前，所耗费的平均在线等待时间。因此，关注输出 Y_R 所表达的是单独呼叫者的在线等待时间。实验 $\mathscr{E}_R$ 指的是在几个月内在顾客服务中心活动（呼叫到达时间、解答问题时间和呼叫者在线等待时间）中记录的数据。

在典型情境中，包含一个概念系统 $\{\mathscr{L}_C, \mathscr{F}_C\}$，希望预测该系统性能 μ_C。在该示例中，希望运行的系统是配备综合培训服务人员的顾客服务中心。若运行系统实验，那么可以利用观察输出值 Y_C 估计 μ_C 值（如使用综合培训服务人员的平均等待时间）。当然，因为该系统是概念系统，所以无法直接进行此项操作。但是，却可以在真实系统 $\{\mathscr{L}_R, \mathscr{F}_R\}$ 中进行实验；特别地，可以研究其逻辑 L_R，观察其输入值 X_R 和输出值 Y_R，以有助于设计概念系统 $\{L_{SC}, \mathscr{F}_{SC}\}$ 的仿真。需要注意的是，当至少可对管理系统行为 L_R 的规则进行部分观察时，无法确定输入概率模型 F_R，仅可观察输入数据本身 X_R。例如，可记录呼叫到达的时间，但是无法确定呼叫的概率原理确定。

当我们理解仿真系统逻辑 L_C 中包含的关键因素（通常该逻辑是由我们选择的，如使用综合培训服务人员），以及理解 $F_C \subseteq F_R$。即：概念系统的输入过程是真实系统输入过程的子集时，仿真有益于评价概念系统设计。例如，使用综合培训服务人员可能不影响呼叫到达过程。于是，构建了如下两个仿真系统。

SR = $\{\mathscr{L}_{SR}, \mathscr{F}_{SR}\}$：这是真实系统仿真（SR 表示"仿真 – 真实"系统）。理想情况下，仿真系统应包含性能参数 μ_{SR}，该参数接近于真实系统 μ_R 参数值，因此，我们可对其进行验证。

SC = $\{\mathscr{L}_{SC}, \mathscr{F}_{SC}\}$：这是概念系统仿真（SC 表示"仿真 – 概念"系统）。在理想情况下，仿真系统应包含性能参数 μ_{SC}，该参数接近概念系统参数值 μ_C。如前所述，仿真概念由系统输入模型是仿真真实系统输入模型的子集，而且，概念系统逻辑是由我们选定的。

可基于此框架，我们可以定义仿真设计和分析问题，并在本书后续内容中进行讨论。

输入建模：这是选择仿真输入概率模型 $\mathscr{F}_{SR}$ 的过程，$\mathscr{F}_{SR}$ 能够大致呈现真实系统的输入模型。当可以观察真实系统 X_R 时，则可以拟合数据分布；否则，我们不得不使用主观方法。类似地，必须选取模拟概念系统 $\mathscr{F}_{SC}$ 的输入模型。

变量生成：在已知仿真输入模型 $\mathscr{F}_{SR}$ 和 $\mathscr{F}_{SC}$ 的情况下，需要利用变量生成的方法驱动仿真过程的运行。该问题已在 2.2.1 节中介绍过，但是在后续章节中将对其进行深入探讨，并介绍适用于更加复杂的输入模型的变量生成算法。

验证：理论上，该过程用来确定仿真的概念系统 μ_{SC} 的性能参数是否足够接近概念系统 μ_C 的性能参数值，以确定仿真是否有助于决策支持。但是这类验证并不能通过所有的定量方法获得。因此，我们通常构建真实系统的仿真，

$\{\mathscr{L}_{SR}, \mathscr{F}_{SR}\}$，以便能够验证真实系统 $\{\mathscr{L}_{SR}, \mathscr{F}_{SR}\}$。通过对真实系统的模拟，有助于确定概念系统仿真的有效性（尽管这并不能构成承诺）。

验证指的是针对 $\{L_R, F_R\}$ 进行的 $\{L_{SR}, F_{SR}\}$ 定量评估，相对于很多研究者利用非定量方法针对 $\{L_C, F_C\}$ 进行的 $\{L_{SC}, F_{SC}\}$ 验证而言，涉及范围相对较窄。更多信息参见 Sargent（2011）。

输出分析：仿真实验的目标是评估性能参数 μ_{SC}（希望该参数接近于概念系统 μ_C 的参数值）。输出分析主要关注适用于 $\{L_{SC}, F_{SC}\}$ 的仿真实验 E_{SC} 设计，以及通过生成输出 Y_{SC} 对工作特性 μ_{SC} 进行的评估。情况常常如此，若存在多于多个概念系统，那么输出分析应包括用以确定最佳概念系统的设计实验。

实施该框架完成时，可通过仿真确定解决问题存在的误差来源。

建模误差：$L_{SC} \neq L_C$ 或 $L_{SR} \neq L_R$。由于相对于仿真模型而言真实或概念系统通常更为丰富和复杂，其行为通常无法通过集成算法规则进行量化，因此，二者之间几乎必然存在建模误差。例如，在顾客服务中心示例中，明确定义了向座席分配来电的规则，但关于将来电转接至管理人员的规则却模糊的多，且取决于座席。真实系统所具有量化逻辑功能在建模过程中必不可少，但是不完全真实。关键问题是在仿真模型中使用的逻辑是否足够准确，以确保获得有用的结果。仿真逻辑是第 1~4 章关注的焦点。

输入的不确定性：$\mathscr{F}_{SC} \neq \mathscr{F}_C$ 或 $\mathscr{F}_{SR} \neq \mathscr{F}_R$。真实输入分布 F_R 仅可通过观察输入数据 X_R 进行识别，其始终是有限样本。通常会根据这些数据拟合 F_{SR}，因此，二者之间将存在误差。当涉及 F_{SC} 时，该问题更加复杂。此外，"真实的"分布 F_C 和 F_R 的存在性并不是完全正确的，但却是所有统计的基础，其允许将输入模型视为统计问题。

估计误差：$\mathscr{T}(Y_{SC}) \neq \mu_{SC}$。由于仿真系统实验可生成用以估计性能属性 μ_{SC} 的输出随机变量 Y_{SC}，因此仿真系统实验是统计实验，但是通常只是一个有限样本。因此，需要说明估计误差，通常置信区间说明未知性能参数。估计误差是最容易定量的，但是由于存在偏差和关联数据，其中仍存在复杂因素。

显然，并非所有仿真研究都具备该框架所述的所有特征。例如，无真实数据的输入模型屡见不鲜。同样地，可能存在无真实系统，仅存在一个或多个我们意欲评估的概念系统的情况。这些属于通用框架的特殊情况。

5.2　随机过程仿真

在本节中，主要关注仿真输出过程，即通过仿真生成数据的过程，用于评估系统性能。我们将仿真输出视为一个*随机过程*：在常见概率空间中定义的随机变量索引顺序。依据该输出过程，索引指时间、观察数或仿真重复次数。我们特别关注随索引（时间、观察数或仿真重复次数）增加的概括型统计量的大样本行为。不同于昂贵的物理实验，由于经常模拟极大样本，大样本行为或渐近行为同仿真息息相关。为了正规描述渐近行为，我们始于不太正式的仿真描述。

5.2.1 模拟渐近行为

下面通过 3.2 节和 4.3 节中的 $M/G/1$ 队列示例说明渐近行为的主要方面。如上所述，这属于单服务队列，用于模拟医院接待系统，进而评估队列中的长期平均延时，用 μ 表示。在仿真过程中，对 Y_1、Y_2、$\cdots$、Y_m 进行观察，该数列表示队列中前 m 位病患和访客的延时，并利用样本平均值 $\bar{Y}(m) = \sum_{i=1}^{m} Y_i/m$ 评估长期均值。同时要考虑同 4.3 节相同的案例。在该案例中，到达速率是每分钟一位顾客，服务时间呈 Erlang 分布，均值 $\tau = 0.8\min$，包含 3 个阶段。对于该模型，以及式（3.4）的 Pollaczek – Khinchine 公式，给定 $\mu = 2.133\min$，实际上无需进行仿真。

目前假设你和你的 999 位朋友都受雇于"相同的老板"，每个人模拟一次该系统的仿真重复（该仿真重复适用于 $m = 10000$ 名病患和访客），在并未相互合作的情况下，独立、随机地选择你的初始随机数种子。但是，由于你们的老板迫切希望得出结果，因此你们将分别在检查点 $m = 10$、100、1000 和最后的 10000 名模拟病患和访客时报告各自的结果。这样，你们每个人将报告 $\bar{Y}(10)$、$\bar{Y}(100)$、$\bar{Y}(1000)$ 和 $\bar{Y}(10000)$ 数值。你们仅可以看到一次仿真重复结果，但是你们的老板可看到所有结果。我们将分别查看由你们和你们的老板提供的结果。

图 5.2 所示为你的老板看到的关于 $\bar{Y}(10)$、$\bar{Y}(100)$、$\bar{Y}(1000)$ 和 $\bar{Y}(10000)$ 数值柱状图。从图中可以看到结果的变异性，即：你们及你们的朋友的峰值随 m 值的增大而降低。换言之，它们更接近于中心值。同时，尽管表面上已经减少到了一个点，但是柱状图的形状也更加接近于对称、钟形。

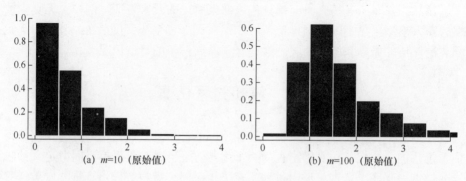

(a) $m=10$（原始值）　　　(b) $m=100$（原始值）

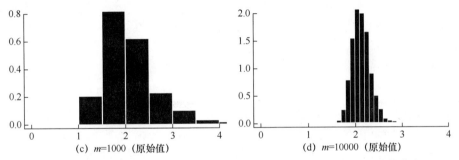

图 5.2　在 $m = 10$、100、1000 和 10000 时进行的 1000 次仿真重复平均值直方图

若你的老板拒绝绘制对应于各个 m 值的 $1000\sqrt{m}\,(\overline{Y}(m) - 2.133)$ 数值的柱状图，而是取每个样本平均值 $\overline{Y}(m)$ ，减去真实的稳态平均值 $\mu = 2.133$ ，然后将所得结果乘以 $\sqrt{m}$ ，那么将得出图 5.3 中所示的柱状图。需要注意的是，除柱状图变化减少外，随着原始平均值的出现，分布似乎趋于稳定，逐渐趋于特定的零均值（可能）正态分布。正如中心极限定理所述，这属于分布过程中的收敛示例，将在下面对其进行详细说明。我们通常不严谨的表示，"该样本平均值呈正态分布"，但是，如图所示，应基于 $\sqrt{m}$ 按比例放大，然后收敛于稳态分布（其变化不会像图 5.2 所示一样缩减）。

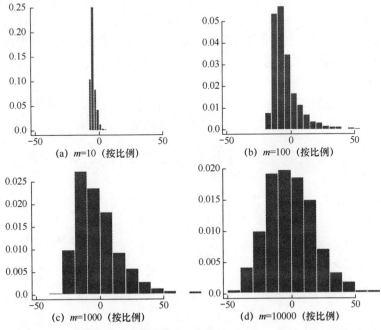

图 5.3　1000 次规模仿真重复的直方图以及当 $m = 10$、100、1000 和
10000 时集中的仿真重复平均值

仍然从你老板的角度看待该事务，将以 3 种其他方式归纳样本平均值：$\overline{\overline{Y}}(m)$ 即为在各检查点获得的 1000 个平均值的总平均值；$\overline{\overline{Y}}(m) - 2.133$ 即为总平均值和真实稳态平均值之间的差值；1000 个平均值的分数，其同 $\mu = 2.133\min$ 的差值多于 $0.5\min$。这 3 个度量是 $E(\overline{Y}(m))$、偏差 $\overline{Y}(m)$ 和 $\Pr\{|\overline{Y}(m) - 2.133 > 0.5|\}$ 的经验估计值。结果如表 5.1 所示。需要注意的是，随着 m 值增加，总平均值似乎收敛于 2.133，偏差几乎趋于 0，而且，比 2.133 多 0.5min 的样本均值可能接近于 0。此外，还需要注意，偏差是负数，该结果是在系统仿真开始时，病患和访客人数均为 0 的情况下而得出的，以至于当 m 值较小时，队列中的延时相对较低。

表 5.1　1000 个样本平均值的总体情况

m	10	100	1000	10000
$\overline{\overline{Y}}(m)$	0.718	1.739	2.083	2.130
$\overline{\overline{Y}}(m) - 2.133$	− 1.415	− 0.394	− 0.0503	− 0.003
$\dfrac{\#\{\,\|\overline{Y}(m) - 2.133\| > 0.5\,\}}{1000}$	0.914	0.742	0.359	0.010

通过样本平均值得出如下结果；即当 $m = 10$、100、1000 和 10000 时，对应的结果分别为 0.517，2.212，1.621 和 1.972，这些数值只是老板在各个检查点观察的 1000 个样本平均值之一。部分并没有等于 2.133，这意味着此类数值中均存在误差，包括偏差和抽样变异性。你们能够单独大样本渐进行为中得出什么结果？对此，我们进行了定义，以及相关举例。明确老板意图有利于解释不同情况适用的收敛模式。

以一系列的随机变量 $\{W_1, W_2, \cdots\}$ 和常数 μ 为例。将该情境和队列问题关联，设 $W_m = \overline{Y}(m)$ $(m = 1, 2\cdots,)$ 作为样本均值数列。

定义 5.1　概率收敛：若 对于任意的 $\varepsilon > 0$，$W_m \xrightarrow{p} \mu$，则有，
$$\lim_{m \to \infty}\Pr\{|W_m - \mu| > \varepsilon\} = 0$$

在排队系统的示例中，我们注意到随着 m 值的增大，与 $\mu = 2.133$ 的偏差 ε 超过 0.5 的样本平均值越来越少。当对这一个结果不够满意时，收敛概率可以表示越来越小的可能性。最后一个样本平均值 $\overline{Y}(10000) = 1.972$，同 μ 值的偏差小于 0.5。

定义 5.2　若 $\Pr\{\lim_{m \to \infty} W_m = \mu\} = 1$ 时，概率收敛 1：$W_m \xrightarrow{a.s.} \mu$
式中：缩写 $a.s.$ 表示"几乎必然的"，因此，依概率为 1 的收敛也称为几乎必然收敛。

为了真正完整地定义 $a.s.$ 收敛，还需要定义潜在概率空间，以及涵盖的

数列 W_m。但是，可通过仿真类比得出此类收敛的本质：如上所述，你和你的朋友们独立随机地选择适用于队列仿真的随机数种子，得到的仿真输出便是决定性的数列。几乎必然收敛意味着，你选择一个种子使得样本均值 $\bar{Y}(m)$ 数列收敛于 μ 的概率为 1，通常情况下，数列收敛于一个常数。其中一些可能收敛较快，其他可能较慢，但是均应确保，随着 m 值的增加，样本平均值 $\bar{Y}(m)$ 收敛于 μ[1]。

尽管已经定义了收敛概率，将概率 1 作为随机变量序列收敛于常数的趋势，但是也可以将其扩展收敛为在同一概率空间 W_m 中定义的随机变量 W。然而，在本书中，并不需要更为通用的定义。

为描述分布收敛，特别是中心极限定理，在此以随机变量数列 Z_1，Z_2，…和随机变量 Z 为例，该分布并非 m 的函数。设定 $F_m(Z) = \Pr\{Z_m \leqslant Z\}$ 和 $F(z) = \Pr\{Z \leqslant z\}$。在队列仿真中，可得：

$$Z_m = \sqrt{m}(\bar{Y}(m) - \mu)$$

定义 5.3 分布收敛：$Z_m \xrightarrow{D} Z$ 若

$$\lim_{m \to \infty} F_m(z) = F(z)$$

对于所有的 Z 点，$F(z)$ 是连续的。在未改变作为矢量值随机变量的 Z_m 和 Z 情况下，可对该定义进行扩展。

在队列仿真中，注意到，随着 m 值增大，按比例集中样本平均值的经验分布成为稳定的零均值正态分布。因此，F 表示零均值正态分布。当对零均值正态分布确定分布收敛时，零均值正态分布通常称为"中心极限定理"。

中心极限定理是非常有价值的。若 $Z_m = \sqrt{m}(\bar{Y}(m) - \mu)$，则对于大样本 m，可以存在 $\sqrt{m}((\bar{Y}(m) - \mu) \approx \gamma N(0,1)$，此时 $N(0, 1)$ 表示标准正态随机变量，γ^2（通常未知）表示方差常数。否则等价于，对于大样本 m

$$\bar{Y}(m) \approx \mu + \frac{\gamma}{\sqrt{m}} N(0,1) \tag{5.1}$$

这样，根据方差常数 γ^2（通常可被估算），在使用 $\bar{Y}(m)$ 估计 μ 的过程中，可通过中心极限定理充分说明误差特征。特别需要说明的是，该误差关于 μ 对称，呈正态分布，标准偏差是 $\gamma/\sqrt{m}$。该特征允许导出偏差界限，且偏差界限的正确率较高（置信区间）。唯一缺失的部分是方差常数，这也是将 γ^2 估计值作为仿真研究中的重大课题的原因。

5.2.2 基于仿真重复的渐近解

5.2.1 节中定义的大样本性质非常有用，原因在于当仿真停止时，它能够

---

[1] 尽管这是一个很好的类比，但其并不是完全正确。原因在于随机数生成器真正模拟随机数，不断重复相同的（长期的）周期值。

通过辅助量化残量误差，确保基于仿真的评估收敛于关注的性能度量。但是在这种情况下，便会出现下述显而易见的问题，即：我们应在什么时候保留收敛性质？

最易于验证的定理组合是适用于独立且相同分布的案例；在队列示例中，应从你们老板的立场出发。如前所述，你们老板可看到 $n = 1000$（若你找到更多朋友时，或者更多），根据相同的仿真规则，进行各自独立的仿真。换句话说，你的老板可以看到独立且同分布的仿真重复过程。

定理 5.1 弱大数定理（WLIN）：如果 Z_1，Z_2，$\cdots$独立同分布，且 $E(Z_1) < \infty$，则有

$$\frac{1}{n} \sum_{i=1}^{n} Z_i \xrightarrow{P} E(Z_1)$$

强大数定理（SLLN）：如果 Z_1，Z_2，$\cdots$独立同分布，且 $E(Z_1) < \infty$，则有

$$\frac{1}{n} \sum_{i=1}^{n} Z_i \xrightarrow{a.s.} E(Z_1)$$

中心极限定理（CLT）：如果 Z_1，Z_2，$\cdots$独立同分布，且 $E(Z_1^2) < \infty$，则有

$$\sqrt{n} \left(\frac{1}{n} \sum_{i=1}^{n} Z_i - E(Z_1) \right) \xrightarrow{D} \gamma N(0, 1)$$

式中：$\gamma^2 = \mathrm{Var}(Z_1)$。

结果显示，若你的老板雇佣越来越多的人员提交结果，则结果平均值（概率收敛和几乎必然收敛）收敛于数学期望值，同时，按（比例）均值的分布越来越趋于正态分布。

这里强调很不明显但却很重要的一点：这些定理的中心常数是 $E(Z_1)$，而不是重要的 μ（评估中关注的性能度量）[1]。这正是在队列示例中的情境：对于确定的 m，存在当仿真初期队列为空和不工作时，$E(Y(m)) \neq \mu$（稳态平均值），从而导致存在一定的偏差。如表 5.1 所示，结果偏低（低估了稳态平均等待时间）。由于我们通常将会进行多次仿真重复控制统计误差，因此需要明确重复并不影响这类偏差。在 5.2.3 节中，我们将看到通过增加仿真重复长度（队列示例中的顾客人数 m）控制此类偏差。

在其他标准示例中"Z_1"表示什么，我们希望 $E(Z_1)$ 估计表示什么？

随机活动网络：此处的目标是估计 $\theta = \mathrm{Pr}\{Y > t_p\}$，基于仿真重复 1 得出的观察值为

---

1 由于 Z_1，Z_2，$\cdots$独立同分布，我们可以选择 Z_1 或其他任何一个作为代表。

$$Z_1 = \begin{cases} 1, Y_1 > t_p \\ 0, Y_1 \leq t_p \end{cases}$$

于是，$E(Z_1) = 1 \cdot \Pr\{Y_1 > t_p\} + 0 \cdot \Pr\{Y_1 \leq t_p\} = \theta$；因此 WLLN、SLLN 和 CLT 可精确保证我们所期望获得的收敛类别。

亚洲式期权：关注数量为

$$v = E[\mathrm{e}^{-\gamma T}(\bar{X}(t) - K)^+]$$

但是，$\bar{X}(T)$ 我们所观察到的为

$$Z_1 = \mathrm{e}^{-\gamma T}(\bar{X}_1(T) - K)^+$$

式中：$(\bar{X}_1(\bar{T})$ 是基于仿真重复 1 的 $\bar{X}(T)$ 的离散版本；离散化导致偏差。因此，$E(Z_1) \neq v$，仿真重复次数不会导致 $\sum_{i=1}^{n} Z_i/n$ 收敛于 v；当然，若离散误差较小，则其将收敛于靠近 v 的位置。

$M(t)/M/\infty$ 队列：如 4.2 节所述，关注在停车场停车超过 $24h$ 的最大数量。如前所述，$N(t)$ 表示随机过程，代表 t 时停放的车辆数。那么期望数量可能为

$$\mu = E(\max_{0 \leq t \leq 24} N(t))$$

也就是 24h 内的预计最大值。如 4.2 节所述，自然输出为

$$Z_1 = \max_{0 \leq t \leq 24} N_1(t)$$

因此，按照定义 $\mu = E(Z_1)$，以及本节中所述的收敛结果表明进行的仿真重复次数越多，越易于得到正确的数值。

WLLN、SLLN 和 CLT 表明：在通常情况下，独立同分布数据的样本均值包含我们非常期望的属性。此类结果适用于综合仿真重复输出求均值的情况。在排队系统示例中，仿真重复来自于你和你的朋友们进行的独立仿真；更为典型地，其仅仅是你们用不同的随机数执行的多次仿真。假设使用良好的随机数发生器，则认为这两种获得仿真重复的方式是相同的。但是，必须注意理解估计量的期望值和尝试估计的期望值之间的关系；当这两个期望值不同时，仿真重复次数不会降低偏差。

备注 5.1 依概率收敛和依概率 1 的收敛不总是结合在一起：若情况如此，则仅存在一个概念需求。出于这个原因，SLLN 被称为"强"大数定理：其意味着保留 WLLN，而不是其他方式。关于概率的前沿表述可以处理这个重要差别，例如：*Billingsley*（1995）。处理在先进文本中关于概率的重要区别，如 Billingsley（1995）。

5.2.3 仿真重复中的渐近解

在队列实验中，仅可看见一次（相当长）仿真重复。你们的老板从多次

仿真重复过程中得出的结果表明，假设：强大数定理或中心极限定理适用于随着病患和访客人数 m 增加的特殊命题 $\bar{Y}(m)$，而不是仿真重复次数 n 的增加。但是，显而易见，你们的数据并非独立相同分布，因为第一名病患在任何情况下的等待时间均为 0，同时，Linolley 式（3.3）表明连续病患和访客的等待时间是相互依赖的。因此，5.2.2 节中所述的定理并不适用。

但是，在非独立且同分布示例确立收敛的过程中，不存在通用且易于查证的条件。事实上，有必要对仿真随机过程进行深入理解，以真正地证实其适用于依赖过程的 SLLN/WLLN 或 CLT。如需了解更多关于该点的易懂但在技术上富有挑战性的开发信息，见 Henderson（2006）和参考文献。

这就是说，通常可保留预计的大样本性质。通常，以类比法为基础，利用研究确定的更简单过程进行启发式调整：静态马尔科夫队列，该队列的服务能力超过顾客负载；静态的、不可复归且正向递归的马尔可夫链；时序程序，如 AR（1）；同时，再生过程也属于一些示例。本章附录更详细地论述了再生结构；感兴趣的读者可参考 Haas（2002）和 Glynn（2006）。

概略地说，必须保留如下的条件：

• 驱动该仿真的系统逻辑或输入过程均不会随时间变化，同时，也不会存在周期性（循环）行为。

• 不得将仿真状态空间分解为不同子集，以至于该仿真便会陷入基于所使用特定随机数的一个或其他状态空间中。

• 未来的仿真状态必须有效独立于过去的状态。特别地，当对未来需要进行充分仿真时，则与仿真重复起始时的初始状态相关。这就要求至少达到最低水平的随机性和无记忆性。

假设满足此类条件，且在仿真重复范围内的输出过程 Y_1，Y_2，…表示为 $Y_m \xrightarrow{D} Y$，随机变量 Y 的分布不依赖于时间指标。将 Y 视为稳定状态，表示对极限属性的良好定义，如 $\mu = E(Y)$。

即使 Y_m 达到稳定状态，但是 $\bar{Y}(m)$ 估计值仍存在偏差（如 $M/G/1$ 队列）。若仿真时间足够长，则希望 $\bar{Y}(m)$ 的偏差消失。将渐近偏差定义为（Whitt，2006）

$$\beta = \lim_{m \to \infty} m \left(E(\bar{Y}(m) - \mu) \right)$$

$$= \lim_{m \to \infty} m \left(E\left(\frac{1}{m} \sum_{i=1}^{m} Y_i \right) - \mu \right) \tag{5.2}$$

$$= \sum_{i=1}^{\infty} (E(Y_i) - \mu)$$

当 $\bar{Y}(m)$ 中偏差趋于消失时，单个输出值 Y_i 的偏差必须迅速降低，以确保 $\beta < \infty$；否则，便无法通过增大 m 值控制偏差。因此，对于 m 取较大值时，偏

差（$\overline{Y}(m)$）$\approx \beta/m$。估计 β 值难度较大，因为我们必须克服较长的仿真重复，以确保其快速降低。

对于任意随机变量 Y_1，Y_2，$\cdots$，Y_m 而言：

$$\text{Var}(\overline{Y}(m)) = \frac{1}{m^2} \sum_{i=1}^{m} \sum_{j=1}^{m} \text{Cov}(Y_i, Y_j) \qquad (5.3)$$

式（5.3）是对基本结果的直接扩展，即 Var（$Y_1 + Y_2$）= Var（Y_1）+ Var（Y_2）+ 2Cov（Y_1，Y_2）= Cov（Y_1，Y_1）+ Cov（Y_2，Y_2）+ Cov（Y_1，Y_2）+ Cov（Y_2，Y_1）。需要注意的是，该式中含有 m^2，且仅有 m 个观察值，因此，无法对其进行直接估计。我们希望且有时可以证明，对于较大数值的 m 而言，关联结构 Y_1，Y_2，$\cdots$ 较为稳定，而不只是诸如平均值和方差之类的边际属性。标准的假设是：在某些点之外，可将其作为协方差平稳过程进行处理，即：对于足够大的 m 值，$\sigma^2 = \text{Var}(Y_m)$ 和 $\rho_k = \text{Corr}(Y_m, Y_{m+k})$ 不再是 m 的函数。数量 ρ_k 称为时间间隔 k 的自相关系数。协方差平稳过程式（5.3）可简化为

$$\text{Var}(\overline{Y}(m)) = \frac{\sigma^2}{m}\Big(1 + 2\sum_{k=1}^{m-1}\Big(1 - \frac{k}{m}\Big)\rho_k\Big) \qquad (5.4)$$

因此，对于方差平稳过程，渐近方差可表示为

$$\gamma^2 = \lim_{m\to\infty} m\text{Var}(\overline{Y}(m)) = \lim_{m\to\infty}\sigma^2\Big(1 + 2\sum_{k=1}^{m-1}\Big(1 - \frac{k}{m}\Big)\rho_k\Big)$$
$$= \sigma^2\Big(1 + 2\sum_{k=1}^{\infty}\rho_k\Big) \qquad (5.5)$$

当 $\text{Var}(\overline{Y}(m))$ 随着 m 值增大而趋于 0 时，需要确保 $\gamma^2 < \infty$。由于 Y_i 包含"重尾"（$\sigma^2 = \infty$）或大范围的 Y_i（ρ_k 无法快速减小）可使得 γ^2 不确定，从而仅凭方差平稳性无法确保上述条件成立。当 γ^2 存在时，则对于数值较大的 m，存在 $\text{Var}(\overline{Y}(m)) \approx \gamma^2/m$。此外，若相对于 m 值，ρ_k 值快速减小，则具有足够间隔的观测值是完全不相关的，也便于估计 γ^2 值。（参见第 8 章）。

偏差是系统误差，而方差体现的是由于随机抽样而导致的误差。似乎二者同样重要，原因在于二者均随着 $1/m$ 数值而减少。但是，方差并非误差度量，而是平方误差：$\text{Var}(\overline{Y}(m)) = E[\{\overline{Y}(m) - E(\overline{Y}(m))\}^2]$。更相关度量是标准误差 $\sqrt{\text{Var}(\overline{Y}(m))}$，其随 $1/\sqrt{m}$ 数值而减小。这样，即使二者同样重要，但是对于大样本，抽样变异性可控制偏差。同时能够处理偏差和方差的综合度量是均方差：

$$\text{MSE}(\overline{Y}(m)) = \text{Bias}^2(\overline{Y}(m)) + \text{Var}(\overline{Y}(m)) \approx \frac{\beta^2}{m^2} + \frac{\gamma^2}{m} \qquad (5.6)$$

备注 5.2 尽管利用离散时间过程 Z_1，Z_2，$\cdots$ 定义了收敛模式，但是还存

在针对连续时间过程的类似定义，$\{Z(t), t \geq 0\}$（如代替队列 Y_1，Y_2，…等待时间的队列长度过程 $Y(t)$）。特别是针对连续时间过程的 CLT 表明：

$$\lim_{t \to \infty} \sqrt{t}\,(\frac{1}{t}\int_0^t Z(t)\mathrm{d}t - \mu) \xrightarrow{\ D\ } \gamma N(0,1)$$

5.2.4　超过样本均值

并非每个性能指标均可由样本均值进行估计（如：方差）。但是，可将很多估计量视为样本均值的函数。少数关键结果有助于理解仿真文献。

定理 5.2（共同收敛引理）。假设 $Z_m \xrightarrow{\ D\ } Z$ 和 $W_m \xrightarrow{\ D\ } \eta$，其中 η 是常数，那么：

$$(Z_m, W_m) \xrightarrow{\ D\ } (Z, \eta)$$

该定理说明，若 Z_m 在分布上收敛于 Z，同时 W_m 以概率收敛于常数，则无论其联合分布如何，均将收敛于此类极限。共同收敛引理通常与下述定理联合使用：

定理 5.3（连续映射定理） 假设 Z_m 和 Z 是 R^d 上的随机变量；$Z_m \xrightarrow{\ D\ } Z$；$h(\cdot)$ 为从 R^d 到 R 的连续函数。则有：

$$h(Z_m) \xrightarrow{\ D\ } h(Z)$$

该结果表明：当随机变量分布收敛时，其函数也可能会收敛。定理的表述实际上过于严格，其实：只要 $P_\gamma\{Z \in D\} = 0$，h 在集合 D 中可以是不连续的。

这两项结果将 CLT 转变为实际有用的工具。假定评价量 Z_n 满足 CLT：

$$\sqrt{n}\,(Z_n - \mu) \xrightarrow{\ D\ } \gamma N(0,1)$$

且具有估计量 $S_n^2 \xrightarrow{a.s.} \gamma^2$（注：几乎必然收敛表示概率收敛）。若假设 $h(a, b) = a/\sqrt{b}$，则共同收敛引理和连续映射定理表示：

$$h(\sqrt{n}\,(Z_n - \mu), S_n^2) = \frac{\sqrt{n}\,(Z_n - \mu)}{S_n} \xrightarrow{\ D\ } \frac{\gamma N(0,1)}{\gamma} = N(0,1)$$

这样，对于数值较大的 n，则有 $Z_n \approx \mu + N(0,1)\,S_n/\sqrt{n}$。这可以对通常所述的置信区间 $Z_n \pm 1.96\,S_n/\sqrt{n}$ 进行渐近调整，其中 1.96 是标准正态分布的 0.975 的分数位。更为常见的是，共同收敛引理和连续映射定理有助于确定"嵌入式估计量"的正确性，其中，可利用收敛估计量替代未知常数（本案例中是方差常量 γ^2）。

此为连续映射定理的另一个应用：假设 Z_1，Z_2，…为独立同分布，具有有限平均值 μ，方差 σ^2，且希望用 $h(\mu)$ 估计连续二次可微函数 h。

连续映射定理表示 $h(\overline{Z}(n))$ 收敛于 $h(\mu)$。因为我们必须停止短于 ∞ 的仿真，那么在这种情况下该如何估计 $h(\overline{Z}(n))$ 呢？在此，可利用泰勒级数展开式：

$$h(\overline{Z}(n)) \approx h(\mu) + h'(\mu)(\overline{Z}(n) - \mu)$$

依据 CLT 和连续映射定理，假定 $h'(\mu) \neq 0$，可得：

$$\sqrt{n}(h(\overline{Z}(n)) - h(\mu)) \approx h'(\mu)\sqrt{n}(\overline{Z}(n) - \mu)$$

$$\xrightarrow{D} h'(\mu)\sigma N(0,1)$$

因此，对于数值较大的 n，则有 $\mathrm{Var}(h(\overline{Z}(n))) \approx h'(\mu)^2 \sigma^2/n$。将泰勒级数进行扩展，相似的证明表明：

$$\mathrm{Bias}(h(\overline{Z}(n))) = E(h(\overline{Z}(n))) - h(\mu) \approx \frac{1}{2}\frac{h''(\mu)\sigma^2}{n} \tag{5.7}$$

导出统计量方差和偏差的方法是称为"Delta 算法"的函数。该基本统计量无需是样本均值，但是其必须是已知的渐近式统计量。

附录： 迭代过程和稳定状态

我们应如何建立稳态仿真系统？或者该基于仿真的估计量应该如何满足 SLLN 或 CLT 要求？如前所述，通常这是一个很难回答的问题。在某些情况下，可证明仿真输出是一个迭代过程。如需进行更深入的讨论，请参见 Haas（2002）和 Glynn（2006）。

我们的目标是证明输出过程 Y_t 是稳态的，且样本均值满足 SLLN 和 CLT 要求。我们将同时处理连续时间（$t \geq 0$）和离散事件（$t = 0$，1，…）案例。

假设在相同的仿真过程中，我们能够确定更新过程 $\{S_i, i = 0, 1, 2, \cdots\}$；所谓更新过程是指：

$$\begin{cases} S_0 = 0 \\ S_i = A_1 + A_2 + \cdots + A_i \end{cases}$$

式中：A_i 服从独立同分布，且 $\mathrm{Pr}\{A_i = 0\} < 1$ 和 $\mathrm{Pr}\{A_i < \infty\} = 1$。若存在下述条件，则输出过程 $\{Y_t; t \geq 0\}$ 或 $\{Y_t; t = 0, 1, \cdots\}$ 是独立同分布的迭代过程：

$$\{Y_t; S_i \leq t < S_{i+1}\}, i = 0,1,2, \cdots$$

需要注意的是，输出过程 Y_t 具有高度依赖性；可迭代意味着 $\{Y_t; S_i \leq t < S_{i+1}\}$ 和 $\{Y_t; S_{i+1} \leq t < S_{i+2}\}$ 的工作过程是相互独立的，且具有相同的概率分布。因此，可迭代过程称为更新时间是 $t = S_0, S_1, S_2, \cdots$ 时的"重新开始"的概率。

例如：由于马尔科夫链性质，每次输入固定状态时，各态历经的离散或连续时间马尔科夫链都会重新开始运行。每次顾客到达，发现系统为空和不工作时，很多队列系统都会从概率上重新开始运行。

令

$$Z_i = \int_{S_{i-1}}^{S_i} Y_t \mathrm{d}t$$

第 i 次更新循环的累积输出量。积分是离散时间输出过程的总和。若 Y_t 是可再生的（若 S_i 是连续值，则存在正确的连续样本路径），且 $E(|Z_1|) < \infty$，$E(A_1) < \infty$ 和 A_1 是非周期性的[1]，则有：

- $Y_t \xrightarrow{D} Y$（该过程呈稳态分布）；

- $\lim_{t \to \infty} t^{-1} \int_0^t Y_s \mathrm{d}s \xrightarrow{a.s.} E(Z_1)/E(A_1)$（样本均值收敛于每次循环的预计总输出量，除以预计的周期长度；以及

- $\mu = E(Y) = E(Z_1)/E(A_1)$（稳态平均值几乎必然是样本均值的极限）。

这样，迭代结构确定稳态分布，同时，随着仿真重复长度的增加，样本均值满足 SLLN 对稳态均值的要求。

现令 $V_i = Z_i - \mu A_i$；这仅是基于循环长度的累积输出，从第 i 次循环减去预期累积输出。若同时存在 $E(V_1^2) < \infty$，则：

- $\lim_{t \to \infty} \sqrt{t}(\bar{Y}_t - \mu) \xrightarrow{D} \gamma N(0,1)$，其中：$\bar{Y}_t = t^{-1} \int_0^t Y_s \mathrm{d}s$；以及

- 渐近方差 $\gamma^2 = E(V_1^2)/E(A_1)$。

因此，样本均值满足 CLT 需求，并应依据迭代循环特征说明渐近方差。

利用更新过程 S_i 和 $\{Y_t; S_i \leqslant t < S_i + 1\}$ 独立同分布的迭代记述，确定稳态的存在性。通常，S_1，S_2，……表示仿真状态相同的时间，所有即将发生事件的概率分布也是相同的。而且，需要确定 $\Pr\{A_i < \infty\}$；即：迭代时间是有限的。

考虑 5.2.1 节中所述的 $M/G/1$ 队列。令 S_i 代表第 i 次到达顾客发现系统完全为空的时间。在这种情况下，过去发生的任何事件均不相关：该系统中不存在其他顾客，在下一次到达之前的时间分布呈指数分布，且参数 $\lambda = 1$，已经到达的顾客服务时间呈 Erlang 分布，且均值 $\tau = 0.8$，包含 3 个阶段。由于 $\lambda\tau < 1$，因此，此类事件发生的间隔时间是有限的，表示系统可能持续运行，即：时间间隔可能为空。

---

[1]　非周期性意味着：对于连续值 A，不存在 $d > 0$，以至于 $\sum_{n=0}^{\infty} \Pr\{A_1 = nd\} = 1$ 的情况；对于离散值 A_1，并不存在整数 $d \geqslant 2$，以至于 $\sum_{n=0}^{\infty} \Pr\{A_1 = nd\} = 1$ 的情况。

练 习

1. 假设 Z_1, Z_2, $\cdots$, Z_n 服从独立同分布, 有限均值是 μ, 方差是 σ^2。利用 WLLN 和连续映射定理证明 $S^2 \xrightarrow{P} \sigma^2$。

2. 针对连续时间过程, 查看和记录对应的收敛定义。

3. 假设 Z_1, Z_2, $\cdots$, Z_n 服从独立同分布, 有限均值是 μ, 方差是 σ^2, $h(\cdot)$ 表示在 μ 时的二次连续可微函数。证明下式成立:

$$n\left[E(h(\bar{Z}(n))) - h(\mu) \right] \to \frac{1}{2} h''(\mu) \sigma^2$$

4. 推导式 (5.3)。

5. 根据式 (5.3), 针对方差稳态过程证明下式成立:

$$\text{Var}\left(\bar{Y}(m) \right) = \frac{\sigma^2}{m}\left(1 + 2\sum_{k=1}^{m-1}\left(1 - \frac{k}{m} \right)\rho_k \right)。$$

6. 推导式 (5.7)。

7. 为证明通过 Delta 算法得出的结果是正确的, 则需在泰勒级数展开式中设定关于高阶项的条件。推导或研究这些条件。

8. 在 5.2.4 节中, 论断 "连续映射定理表明 $h(\bar{Z}(n))$ 收敛于 $h(\mu)$"。其满足那种类型的收敛呢? 提示: 分布收敛于常数意指概率上收敛于常数。

9. 针对 3.3 节中所述的 AR (1) 过程, 推导样本均值 $\bar{Y}(m)$ 的渐近 MSE。

10. 对于如下情境, 估计量是否存在偏差? 并说明原因。

a. 对于随机网络, 我们希望估计完成项目的平均时间, 并利用式 3.11 获取相应结果。

b. 欧式期权以 $X(T)$ 为基础, $X(T)$ 表示时间 T 时的资产价值。利用 $e^{-rT}(X(T) - K)^+$ 估计欧式期权的期望值。

c. 对于 $M/G/1$ 队列, 主要关注: 当系统初始为空时, 估计第 10 位到达顾客的平均等待时间, 并将式 (3.3) 得到的 Y_{10} 作为估计值。

d. 假定 $M(t)/M/\infty$ 队列代表的停车场每天从上午 8 点到下午 11 点开放。仿真重复规定以一天为单位, 每天开始时车库为空。当停放车辆多于 2000 辆时, 我们希望估计一天停放车辆时间的预期值 (用小时表示)。

$$Z = \int_0^T (M(t))\,dt$$

式中: $T = 15h$, 且

$$M(t) = \begin{cases} 1, N(t) > 2{,}000 \\ 0, N(t) \leq 2{,}000 \end{cases}。(这里是小于等于)$$

11. 除 AR（1）外，用于表示稳态仿真输出的替代模型是 MA（1）：

$$Y_i = \mu + \theta X_{i-1} + X_i, \ i = 1,2, \cdots, m$$

式中：X_1，X_2，$\cdots$服从独立同分布 $(0,\sigma^2)$ 的随机变量，X_0 可以是随机的或固定的；且 $|\theta| < 1$。该过程结果表明 $\mathrm{Var}(Y_i) = (1 + \theta^2)\,\sigma^2$，以及

$$\mathrm{Cov}(Y_i, Y_{i+j}) = \begin{cases} \theta\,\sigma^2, & j = 1 \\ 0, & j > 1 \end{cases}$$

利用该信息推导出 $\overline{Y}(m) = \sum\limits_{i=1}^{m} Y_i / m$ 的渐近 MSE 值，并将其作为 μ 的估计量。

12. 本章中并未涉于收敛于均方（又称均方收敛）的收敛模式。查询相关定义，并试图描述与本章所述其他收敛模式的联系。

第 6 章　仿真输入

本章主要介绍仿真输入，其中包括如下内容。

输入建模：选择（或者采用）代表仿真系统中不确定性的概率模型。

随机变量生成：将输入转换为独立且同分布 $U(0,1)$ 随机变量。

随机数生成：生成独立且同分布 $U(0,1)$ 随机变量的充分近似值。

这里按照上述顺序列出各主题，原因在于输入模型是目标，而随机变量生成和随机数生成是最终达成目的的途径。

6.1　输入建模概述

在很多案例中，输入本身并不能引起人们的广泛兴趣，人们感兴趣的是输入模型中所暗示的输出结果。我们可使用经证明正确的方法生成随机变量，使用证据充分的生成器生成随机数。换句话说，输入模型可要求判定，因此，输入模型中可能存在更多的误差。由于利用诸如极大似然估计法（MLE）之类的方法拟合的数据分布是统计学的标准主题，因此我们将更多地关注误差避免，而不是拟合机制。我们也会讨论没有数据的情况下输入模型的选择。

6.1.1　输入建模故事

为引出输入建模中的重要主题，我们将浏览一个一般的输入建模故事，并不时停下来讨论它。该故事中提出了进行标准假设的典型输入建模法，本讨论中概括说明了其中的误区和问题。该故事同 5.1 节中所述的仿真框架相对应：人们感兴趣的概念系统尚不存在，但是却存在相应的真实系统，该真实系统非常类似于概念系统，可以观察到某些输入数据和系统逻辑。目标是建立一个概念系统设计的仿真模型。

回顾前面所述的医院接待问题，例 3.2：根据当前考虑，使用触屏式电子自助服务终端代替人工接待的过程相对缓慢或含有更多可变因素，原因在于，病患和访客会不适应同触屏进行互动。因此，医院管理工程师希望评估此类改变所导致的延迟。

可利用医院记录估计总到达率。泊松分布的物理基础——可自主决定到达时间的大量客户的到达过程——建议将其用作到达过程输入模型（因此，指数分布到达间隔时间在某些商业仿真语言中被作为默认设置）。

为"拟合"该输入模型，医院记录被用于计算在区间 [0, T] 之间某段时间的到达数和通过如下公式估计的到达率 λ：

$$\lambda = \frac{N(T)}{T}$$

式中：$N(t)$ 为在时间 t 内到达的人数。若该到达过程实际上是泊松过程，则该式的结果是 λ 的无偏性极大似然估计。

需要注意的是，我们不仅将该到达过程视为泊松过程，而且将其当作稳态泊松过程（恒定到达率），显而易见，这是一个更加精确的近似值。不幸的是，若到达过程是非稳态泊松过程，则不存在可以提示我们的关于估计量 λ 的任何信息。如例 3.1 停车场的例子，全天中到达率发生了根本性改变，但是当我们运行该计算公式时，仍将得出一个数字。如果可能，确定过程非稳态性的唯一方法是查看详细的到达数据，无论是在较小时间间隔内的到达次数，还是各次到达间隔时间本身。

需要注意的是，全天中到达率实际上是恒定的。将 T 设定为一天的长度，并假设已经记录 m 天内病患到达计数。设 $N_i(T)$，$i = 1, 2, \cdots, m$ 为 m 天每天的计数。然后，通过统计实验确定该数据是否支持该计数是泊松分布的假设。将"拟合优度检验"表述如下：

H_0：包含估计参数的选定分布是正确的。

H_1：包含估计参数的选定分布是不正确的。

使该实验可能拒绝输入模型为泊松输入模型假设的原因至少有以下三个：

（1）数据分布实际上不同于泊松过程。例如，若接待台仅为预约病患提供服务，且每天安排一定数量的预约病患，则该计数是几乎完全相同的，因此不属于泊松分布。同样地，计划预约通常也会在当天均匀分布，因此，到达并不会像泊松模型所预计的一样呈随机分布。

（2）到达分布在这一周内的每一天都是不同的。例如，星期六可能会特别忙碌。仅从星期六的到达计数本身来考虑，它可以用稳态泊松分布很好地模拟，但将每天合起来一起考虑，情况就不是如此了。因此，即使某天的到达可以被视为稳态泊松分布，但多天的到达仍可能是非稳态过程。

（3）我们可能拥有太多的数据。为什么这样会导致假设被拒呢？若使用实体（与仿真相反）系统，则视为泊松分布的计数始终是一个近似值，真实数据并非来源于概率分布。这样，若已知足够数据，则拟合优度检验会拒绝各种分布。这并不意味着拟合优度检验无效，而是告诉人们在使用过程中需谨慎。当存在进行分布选择的物理基础时，拟合优度检验便更具意义。同时，若数据实质上不同于选择数据，则希望收到相关警告。

医院记录当然可以提供计数。但是若可记录到达时间本身，则可提供更多细节，包括时间间隔。若到达过程是（稳态）泊松过程，则时间间隔呈指数分布，该事实提供了另一种验证输入模型的方式。

管理工程师将通过实验研究收集关于人们同自动服务终端的互动数据。在服务时间分布中不存在用以指导分布选择的强过程物理。因此，管理工程师利用分布拟合软件分析数据，并选择该软件建议的分布作为"最佳拟合"。

分布拟合软件通常会利用极大似然估计之类的方法拟合各个相关分布，然后依据某种评分来提出一个候选对象的建议，通常是最佳（最小）拟合优度统计量。在合理的选择范围内，可以拟合所有相关分布进行比较，但是从其他方面考虑，这是一个值得怀疑的方法。首先，所有评分都是通过一个数字来总结拟合的各个方面，而不考虑失拟检验的发生与否。其次，如一个拟合优度检验有意义，则必须存在一个基于某些附加信息而假设的分布（正如我们为到达过程选择泊松分布那样）。但是，若任意一个集合中存在最小测试得分，那么该分布不存在任何统计意义。

在供应商实验过程中收集的数据是否能代表医院发生的事件？若接受试验的"病患和访客"是供应商或医院工作人员，则其无法代表在医院发生的事件。这是预期的结果吗？这就是说，病患和访客希望在使用自动服务终端之后康复吗？若是，则任何对实验数据的分布拟合无法代表长期行为。该信息意味着数据必须与将发生的情况相关是有用的。

Pollaczek - Khinchine 公式（式（3.4））给出了在 $M/G/1$ 队列中的稳态期望等待时间：

$$E(Y) = \frac{\lambda(\sigma^2 + \tau^2)}{2(1 - \lambda\tau)}$$

式中：λ 为泊松到达过程的到达率；(τ, σ^2) 为服务时间分布的均值和方差。

在该案例中，输入建模的一个输出结果就是建立适用于这些参数的 λ、$\hat{\tau}$、和 $\hat{\sigma}$ 数值。由于这是 $M/G/1$ 队列，因此允许进行如下观测：

（1）在这种情况下，至少在稳定状态下，只要获得正确的均值和方差，那么软件所选择的特定的服务时间分布便无关紧要。幸运的是，这通常是对的（不同于永远对）——在关键特性正确的情况下，该仿真结果并不会对特殊输入分布过于敏感。事实上我们依赖于此，因为我们选择的任何分布都是对物理过程的一个近似，不存在真正的分布。

（2）由于我们的参数是估计量，因此这些参数几乎都是错误的。即 $\hat{\lambda} \neq \lambda$、$\hat{\tau} \neq \tau$ 和 $\hat{\sigma}^2 \neq \sigma^2$。虽然预计等待时间对服务时间分布的选择不敏感时，但其通常对均值和方差数值 τ 和 σ^2 敏感。此外，若 $\hat{\lambda}\hat{\tau} > 1$，则不存在等待时间的稳态分布，原因在于在这种情况下，无法保持队列。然而在现实中是可以保持队列的，特别是当 $\hat{\lambda}$ 取自一个数据源（如医院记录）和 $\hat{\tau}$ 取自另一个数据源

（供应商研究）的情况下，数据样本可以生成 $\lambda\hat{\tau} > 1$ 的情况。

（3）尽管分布对服务过程而言并非是最重要的，但是对于到达过程而言却是相当重要，也就是说，除了用到分布的均值和方差之外，Pollaczek - Khinchine 的结果并不取决于特定服务时间分布，但是其依赖于泊松到达过程。假若到达过程相对于泊松过程存在或多或少的变化，那么相应的队列相对于 $M/G/1$ 模型预计结果也将出现或多或少的阻塞。

"队列查看"的内容强调，输入建模的目标是得到相关的输出。这有助于我们避免针对"真实、正确的分布"进行的无用搜索，同时，尽可能准确地估计我们所拥有的关于输入过程的信息和数据。

6.1.2 输入过程特性

同输出和输入之间的中间随机变量或输出相反，正式界定随机仿真中哪些随机变量属于输入是很难的。通俗地说，输入过程是一个随机过程，随机过程（联合）分布被视为仿真中的"已知"分布。通常，输入反映真实世界最基本层面中的不确定性。我们希望此类输入具有匹配真实世界情况的特性，但是通常不会对其本身和其内在特性感兴趣。如上所述，我们希望得到可提供相关输出结果的输入模型。

在此将输入模型分为如下两类：

单变量输入模型：可通过边际分布 F_x 对单变量输入随机变量 X 进行详细说明。当需要实现多个 $X_1, X_2, \cdots$ 时，则其应为独立同分布的。单变量输入的例子包括若干同类电子元件的故障时间，医院病患床位占用时间以及到达篮球比赛的粉丝人数。我们通常利用参数概率分布模拟单变量输入，如泊松分布、指数分布、对数正态分布和威布尔分布，在此，需对所用参数进行调整，使其适应即将发生的情况。特定参数分布取决于输入过程的物理基础或因为其似乎可对真实数据进行充分拟合，这点将在6.2.4节中说明。当我们未拥有相关数据时，则需其他方式指定 F_x，见6.2.6节。

多变量输入模型：多变量输入模型定义多个具有某种相关性的随机变量的集合，这与基于一个通用分布 F_x 实现的独立同分布随机变量相反。多变量输入示例包括杂货店订购的全脂奶、2%奶和脱脂奶的数量、同一车辆4个轮胎同时故障的次数、客户呼叫客户服务中心的到达时间，以及投资组合中各债券的收益率。多变量输入模型必须直接或间接说明各元随机变量的边际分布，以及各变量之间的依赖性。原则上，我们可定义多变量输入的完整联合概率分布，但是出于如下原因在实际操作中难以实现多变量输入：

• 多变量输入是一个（概念上）无穷序列 $S_1, S_2, S_3, \cdots$，这意味着无法写入一个完整的联合分布，为此，需要借助其他方法说明如何构建该序列。

- 我们不了解关于 (X_1, X_2, X_3) 的完整联合分布，但是知道边际分布和分布之间的依赖性，如所有 $i \neq j$ 的 Corr (X_i, X_j)。
- 边际分布（可能还有依赖性）是时间的函数，我们将此类输入过程视为非稳态过程。

适用于（可能是非稳态模型）到达和随机矢量的多变量输入模型将在 6.3 节中说明。

6.2　单变量输入模型

本节所述的情境通常也会在现实中出现，我们有一个真实世界数据的示例，在此用 $X_1, X_2, \cdots, X_m$ 表示该示例。我们愿意通过稳态分布 F_x 将其作为独立且同分布的观察值进行模拟，希望从 F_x 中生成随机变量，以驱动仿真。标准的方法是以某种方法选择参数族分布，以代表 F_x，同时通过估计参数值拟合分布和数据，令 $F(x; \hat{\theta})$ 设定为包含参数矢量 θ 的参数族。例如，$F(x; \hat{\theta})$ 表示对数正态族，参数 $\theta = (\mu, \sigma^2)$，即均值和方差。那么"拟合"意味着使用某种合理的估计量 $\hat{\theta} = \hat{\theta}(X_1, X_2, \cdots, X_m)$，作为 θ 的选择值，$\hat{\theta} = \hat{\theta}(X_1, X_2, \cdots, X_m)$ 就是真实数据的示例函数。

事实上，将在变量生成过程中使用 $F(x; \theta)$，这点在考虑如何评估"拟合优度"时至关重要。将 $\hat{X}$ 设定为分布 $F(x; \hat{\theta})$ 的随机变量。在此需要清楚这一点，$\hat{X}$ 并非真实世界数据值 $X_1, X_2, \cdots, X_m$ 之一。作为替代，其是从分布 $F(x; \hat{\theta})$ 中生成的随机变量，而参数 $\hat{\theta}$ 是真实世界数据的函数。

那么，什么有助于充分拟合呢？让我们来看如下两个范例。

推理：经典范例是假设存在真实但未知的分布 F_x，同时，它是参数族 $F(x; \theta)$ 的成员。在该范例中，尝试利用如下方法和我们观察的数据取得真值 F_x，前述方法指在可能性分布中平均的且具有良好性质的方法。如假设 H_0：$F(x; \hat{\theta}) = F_x$ 实验一样，θ 的极大似然估计量也可通过该范例得出。简而言之，经典的方法是将输入模型视为关于真实分布 F_x 的统计推理问题，并使用具有良好统计特性的方法。

匹配：匹配范例主要说明 $\hat{X}$ 的性质同真实世界数据示例 $X_1, X_2, \cdots, X_m$ 匹配的程度。例如，其可能要求：

$$E(\hat{X} | X_1, X_2, \cdots, X_m) = \hat{X}$$

在此，该期望值同 $F(x; \hat{\theta})$ 相关。分布 $F(x; \hat{\theta})$ 的随机变量期望值等同于我们用于同其拟合的数据样本平均值。根据该应用，存在很多对匹配过程而言至关重要的其他数据性质，例如，特定的截尾百分数。简而言之，该匹配范例将输入建模视为对真实世界数据 $X_1, X_2, \cdots, X_m$ 关键特性的获取。

在实践中，单变量输入建模通常会结合推理法和匹配法中的很多要素。因此，会考虑二者之间的均衡。我们不会提供任何估计法（如极大似然估计）或假设检验（如 Klmogorov – Smirnov 检验）的细节，因为这些方法在基础统计学课本或其他仿真参考文献，如 Law（2007）中，已经被详细论述；而且这些方法在输入建模软件中已经被实现。作为替代，我们提供对如何正确应用的理解。

6.2.1 单变量分布推理

很多知名参数族来源于特殊物理过程，具体地说，通常来自某类极限。或许最著名的示例是正态分布：若随机变量 X 通过大量的分量随机变量之和计算得出，那么根据中心极限定理，X 的分布趋于正态分布。如需了解适用于独立且同分布的随机变量之和的中心极限定理，见 5.2.2 节。同样地，还存在适用于非恒等偶相依随机变量之和的版本（如 Lehmann，2010）。

例如，以一名手动组装笔记本电脑的工人为例。在组装过程中包含很多步骤，每个步骤均可被模拟为随机变量。因为组装笔记本电脑的总时间是所有元件组装时间之和，因此，该过程性质表明，可通过正态分布对用于组装笔记本电脑的总时间进行良好模拟。

很多离散分布可以很自然地用其所代表的物理过程所解释。例如，二项分布描述了在固定数量的独立且同分布实验中的实验取得成功次数，而负二项分布描述了用以实现已知成功次数所需的实验次数。输入建模可用于确定什么是"实验"和什么是"成功"。

该推理范例可通过支持参数族选择的强物理过程证明。在本节中，会介绍常见输入模型分布（泊松分布、对数正态、威布尔分布和伽马分布）选择的理论依据。此类理解的综合来源是 Johnson、Kotz 和合著者（Johnson 等，1994，1995，1997，2005；Kotz 等，2000）编纂的系列丛书。

6.2.1.1 泊松分布

由大量独立但不频繁的潜在到达所引发的到达过程，对于何时到达的决策趋向于泊松分布。

在更新过程中，用 $A_1, A_2, \cdots$ 表示连续客户或实体的到达时间间隔，它们是分布为 G 的独立且同分布的非负随机变量。从 A_n 中导出的两个随机过程为

$$S_n = \begin{cases} 0, & n = 0 \\ \sum_{i=1}^{n} A_i, & n = 1, 2, \cdots \end{cases}$$

$$N(t) = \max\{n \geq 0 : S_n \leq t\}$$

这样，S_n 表示第 n 次到达时间，而 $N(t)$ 表示截止至 $t \geq 0$ 时的到达次数。连续时间过程 N 称为到达计数过程。

现在考虑一个独立更新过程集合及其所关联的到达计数过程：

$$N_1(t), N_2(t), \cdots, N_h(t)$$

以及其各自拥有的时间间隔分布 $G_i, i = 1, 2, \cdots, h$ 为例。将其视为独立的到达源，包括不同类型的客户或来自不同地方的客户。到达总数是叠加的到达计数过程，即

$$C_h(t) = \sum_{i=1}^{h} N_i(t)$$

这只是截止至时间 t 时来自所有来源的到达总数。

现假设独立到达过程的数量 h 增大，并考虑：

$$C_\infty(t) = \lim_{h \to \infty} \sum_{i=1}^{h} N_i(t)$$

我们可能会预期该结果会爆发式增长，但是随着 h 增加，我们在时间间隔分布 G_i 中增加两个条件：

$$\lim_{h \to \infty} \max_{i=1,2,\cdots,h} G_i(t) = 0 \tag{6.1}$$

$$\lim_{h \to \infty} \sum_{i=1}^{h} G_i(t) = \lambda t \tag{6.2}$$

$G_i(t)$ 指如下概率，即在第 i 次更新到达过程中到达时间间隔小于或等于 t 的概率。因此，条件（6.1）可解释为，随着叠加的过程的增加，每个单独过程的到达间隔时间趋于越来越长。换句话说，当到达源数量 h 较大时，来自每个源的到达就会稀疏。

为便于说明条件（6.2），将 A_{1i} 设置为过程 i 从时间为 0 到第一次到达的到达时间间隔。假设 t 较小，因此几乎不可能存在从每个到达源产生多于一次到达的情况，则

$$E[C_h(t)] \approx E\left[\sum_{i=1}^{h} I(A_{1i} \leq t) \right] = \sum_{i=1}^{h} G_i(t)$$

因此，条件（6.2）意味着极限到达过程具有稳定的到达率。

后面的结果显示，在这些条件下，当 $h \to \infty, C_h(t)$ 将呈泊松分布。这意味着，随着叠加的更新到达过程越来越多，总到达过程趋于呈泊松分布。

定理 6.1（随更新过程叠加产生的泊松分布） 若条件（6.1）成立，那么：

$$\lim_{h \to \infty} P_\gamma\{C_h(t) = j\} = \frac{\mathrm{e}^{-\lambda t}(\lambda t)^j}{j!}, \quad j = 0, 1, \cdots$$

当且仅当条件（6.2）成立。可在 Karlin 和 Taylor（1975）的文献中找到一个本结论的一个更通用版本的证明。

以生活在鹿野、高地公园和芝加哥北部诺斯布鲁克社区的人们为例，他们可能需联系当地的斯巴鲁经销商，预约维修。使用者联系经销商的频率不会很高。此外，使用者也无需就何时预约服务同其他斯巴鲁使用者进行协调。在这种情况下，使用者联系经销商的行为便是独立的。该定理表明，可将任意时段内的预约电话数量模拟为泊松分布。需要注意的是，若斯巴鲁经销商每日只进行固定数量的维修，那么经销商的实际维修数量（与致电的情况不同）将不

会呈泊松分布，原因在于预约限制致使到达过程之间存在依赖性。

6.2.1.2　对数正态分布

由独立的正随机变量的乘积（乘法）构成的随机变量趋于呈对数正态分布。

根据定义，若随机变量 X 是这样的，即 $\ln(X)$ 呈正态分布，那么 X 呈对数正态分布。该关系允许在将对数正态分布选作输入模型的过程中进行渐近调整：假设 $Z_1, Z_2, \cdots$ 是独立且同分布的正随机变量，且

$$X = \prod_{i=1}^{m} Z_i$$

则

$$W = \ln(X) \sum_{i=1}^{m} \ln(Z_i)$$

那么，若 $E(\ln(Z_1)^2) < \infty$，则根据中心极限定理可确定

$$\sqrt{m}\left(\frac{1}{m} \sum_{i=1}^{m} \ln(Z_i)\right) = \frac{W}{\sqrt{m}}$$

是当 $m \to \infty$ 时的渐近式正态分布。随后，由于 $X = \exp(W)$，所以可使用连续映射定理证实 X 呈渐近式对数正态分布。正如可偶尔放宽适用于中心极限定理的恒等分布条件一样，无需要求 Z_i 对对数正态极限分布呈恒等分布。

对于对数正态分布起源于自然输入模型的情况，可以复杂投资收益问题为例。假设 $Z_i = (1 + R_i)$，其中 R_i 独立同分布且大于 -1。在此，Z_i 代表在第 i 时段的回报率，因此，在 m 时段的总回报率是 $X = \prod_{i=1}^{m} Z_i$。这样，若 m 值较大，那么在 m 时段之后，价值 S 美元的初始投资的价值是 $S \cdot X$，在此可将其模拟为对数正态分布。

6.2.1.3　威布尔分布和伽马分布

威布尔分布和伽马分布通常起源于系统可靠性模型（故障前时间）。

虽然存在若干等效参数化的威布尔分布表达形式，但这里有一种用概率分布函数和累积分布函数表达的通用形式，它们分别为

$$f_T(t) = \alpha \beta^{-\alpha} t^{\alpha-1} e^{1(t/\beta)\alpha} \tag{6.3}$$

$$F_T(t) = 1 - e^{1(t/\beta)\alpha} \tag{6.4}$$

对于 $t \geqslant 0$ 的情况而言，其中 $\alpha > 0$ 为形状参数，$\beta > 0$ 为尺度参数。需要注意的是，当 $\alpha = 1$ 时，威布尔分布呈指数分布，平均值为 β。

将 T 设置为系统故障前时间，T 的风险函数是用于考虑如何用分布代表可靠性的有效方法。风险函数的定义为

$$h(t) = \frac{f_T(t)}{1 - F_T(t)} \tag{6.5}$$

在已知正常工作至时间 t（分数的分母）的情况下，该函数被视为 t 时刻的系统故障率（分数的分子）。对于威布尔分布而言，在 $t \geqslant 0$ 的情况下，函数

表示为

$$h(t) = \alpha \beta^{-\alpha} t^{\alpha-1}$$

式中：若 $\alpha = 1$ ，则该函数为常量 $1/\beta$ 。

通过对 $h(t)$ 关于 t 的求导可得出，在 $\alpha > 1$ 时，威布尔分布中的 $h(t)$ 递增；在 $\alpha < 1$ 时，减少；在 $\alpha = 1$ 时，恒定。递增风险适用于如下系统，即随着系统老化更易于发生故障的系统；递减风险适用于如下系统，即受早期故障影响的系统。同时，恒等风险（指数分布特殊情况）意味着故障率不受系统老化影响。

在很多方面，伽马分布类似于威布尔分布。当 $t \geqslant 0$ 时，其概率分布函数为

$$f_T(t) = \frac{\beta^{-\alpha} t^{\alpha-1} e^{-(t/\beta)}}{\Gamma(\alpha)} \tag{6.6}$$

对于 $t \geqslant 0$ ，式中：$\Gamma(\alpha) = \int_0^\infty t^{\alpha-1} e^{-t} dt$ ，为伽马函数。

其参数 α 和 β 具有与威布尔分布相同的解释，在 $\alpha = 1$ 时，呈指数分布，平均值是 β 。伽马分布的累计分布函数或风险函数均无简单闭型，但是，其表现与威布尔分布一样，风险函数可递增、递减或恒定。所以，对过程机理的理解如何才能帮助在两个分布之间做出明智的选择呢？

如下所示为概率分布函数，尺度参数 $\beta = 1$ 。

威布尔分布	伽马分布
$\alpha t^{\alpha-1} e^{-t^\alpha}$	$\Gamma(\alpha)^{-1} t^{\alpha-1} e^{-t}$

相似之处显而易见。但是需要注意的是，无论选择哪种形状参数 α ，随着 t 值的增加（ t 代表故障时间），伽马分布的尾部变为指数分布的尾部。回顾前面，指数分布的风险函数是恒定的。这样，在无故障的情况下，若其被模拟为伽马分布，那么随着关注项的老化，最后其将表现为恒定故障。但是，对于威布尔分布而言，形状参数会影响尾部。特别地，当 $\alpha > 1$ 时，尾部略轻于指数分布，这表明对于老化项而言，故障率也相应增加。

考虑如下两个例子[1]：一种新的计算机操作系统被发布到市场上。那么在威布尔分布或伽马分布中，哪种分布是适用于第一次操作系统故障的合理模型呢？在该案例中，概率模型可能应该表现为在开始时故障风险增加，但是软件取得突破之后，故障风险会减少至恒定值。由于风险是恒定的，因此人们更愿意使用伽马分布，而不是威布尔分布，原因在其于指数右尾性质。需要注意的是，若使用 $\alpha = 1$ 的威布尔分布，则在产品发布时便拥有恒定的故障率，显而易见，这是不合理的。

作为第二个例子，考虑机器中滚珠轴承的故障前时间。在该案例中，由于滚珠轴承实际上已经磨损，因此随着时间增加，故障风险恒定的假设是不合理

1　这些例子是由威廉玛丽学院的 Lawrence Leemis 博士在一个个人通讯中建议的。

的。伽马分布的右尾过重，威布尔分布是更加适合的模型。

6.2.2 估计和检验

当在选择参数化分布族的过程中存在强物理基础的时候，类似于极大似然法的参数估计和选择的拟合优度假设检验便很有意义。很多教材对这些主题进行了说明，包括 Law（2007），同时在输入建模软件包中包含了参数估计和检验功能。因此，本节中会提供一些注释，以便结合上下文进行估计和检验。

6.2.2.1 极大似然估计法（MLE）

假设拥有真实世界数据样本 $X_1, X_2, \cdots, X_m$，同时在将其模拟为具有概率分布函数 $f^*(x;\theta)$ 的独立同分布样本方面，我们拥有强物理基础，其中 θ 是未知参数矢量。然后，将似然函数定义为

$$L(\theta) = \prod_{i=1}^{m} f^*(x;\theta) \tag{6.7}$$

MLE 是在给定可用数据的情况下，使 $L(\theta)$ 取最大值的 θ 的值：

$$\hat{\theta} = \mathrm{argmax}_{\theta} L(\theta)$$

假设 $f^*(x;\theta)$ 是真实正确的分布，那么 MLE 具有很多良好的统计性质。针对该假设的唯一合理理由是存在强物理过程支持 $f^*(x;\theta)$ 的选择。

同样需要注意的是，我们是在假设数据具有独立性的条件下，得出似然函数（式（6.7））的。即使 $f^*(x;\theta)$ 是适用于 X 的合理参数化分布族，但是在数据非独立的情况下，式（6.7）并非是似然函数（在这种情况化下，似然函数包含完整联合分布）。在存在依赖性的情况下，应始终进行初步数据检查。

6.2.2.2 拟合优度检验

拟合优度检验的前提是存在具有真实正确的参数值 θ^* 的真实正确的分布 f^*。假设检验如下：

$$\begin{cases} H_0 : f(x;\hat{\theta}) = f^*(x;\theta^*) \\ H_1 : f(x;\hat{\theta}) \neq f^*(x;\theta^*) \end{cases}$$

因为真实世界数据并非取自概率分布，因此我们知道在执行检验之前所做的零假设为假。但是，若拥有选择 $f(x;\theta)$ 的坚实基础，且已使用合理的参数估计量 $\hat{\theta}$，则该检验便是有用的，原因在于在数据同拟定输入模型之间存在过度偏离的情况下，其可对我们进行有效提醒。同时，需谨记如下几点：

• 当样本规模较小时，拟合优度检验通常力度较小，这样便可接受很多可能的参数分布族。如上所述，威布尔分布和伽马族分布非常相似，因此，当 m 值较小时，二者通常难以区分。这样，接受零假设不能被视为做出正确或最佳选择的证据。

• 当样本规模较大时，拟合优度检验通常会拒绝参数分布族的每项选择，原因在于真实世界数据并非取自概率分布，同时，当 m 值较大时，该检验便

具有足够的辨识能力。这样，拒绝零假设并不一定意味着放弃所选分布。

- 除报告接受/拒绝决策外，大多数输入建模软件可提供检验统计量本身的值（较小值更适用于大多数实验）或假设值。假设值是第 I 类误差，在该类误差中，人们可能只是拒绝零假设。这样，较大的假设值（>0.1）表明建议接受所选分布，而拒绝该分布，则会冒很大的风险。

- 此外，还存在很多拟合优度检验，每种检验分别对不同类型的虚假设偏离敏感。在这种情况下，完全可能出现在一次检验中给出较大假设值的情况（表明人们接受了所选分布），同时，另一次检验给出适用于相同数据的较小假设值（表明人们拒绝所选分布）。事实上，可通过当前非常流行的卡方检验得出上述两个结论，具体取决于将数据划分到多个区间。因此，通过拟合大多数数据并在检验中选择其中具有特定检验统计量最小值或最大假设值的方案来自动选择输入模型可能存在较多疑问。若不存在对特殊分布的坚实的物理支持，则匹配范例（见如下讨论）可能更加贴切。

拟合优度检验表示基于概括统计量的拟合或拟合不足。分布拟合软件通常还包括用以从视觉上评估拟合度的图形工具，此类工具可给出更加全面的图形。最通用的图形是密度柱状图，但是人们所感知的图形拟合受如下因素影响：即如何对数据进行分组进而形成柱状图。在这种情况下，分数位－分数位（$Q-Q$）图是最佳工具，其不要求分组。对于连续随机变量而言，随着累积分布函数 Fx 的增加，其 q－分数位（$0<q<1$）是 $F_x^{-1}(q)$，同时逆累积分布函数按 q 值估算。如前所述，在变量生成过程中使用了逆累积分布函数，$X=F_x^{-1}(U)$，$U \sim U(0,1)$。$Q-Q$ 图绘制了针对拟合的逆累积分布函数 $\hat{F}^{-1}$ 的排序后输入数据 $X_{(1)} \leqslant X_{(2)} \leqslant \cdots \leqslant X_{(m)}$，在该逆累积分布函数中，其称为"完美生成样本"，即

$$\hat{F}^{-1}\left(\frac{0.5}{m}\right) < \hat{F}^{-1}\left(\frac{1.5}{m}\right) < \cdots < \hat{F}^{-1}\left(\frac{m-0.5}{m}\right)$$

简而言之，$Q-Q$ 图绘制 $X_{(i)}$ 对 $\hat{F}^{-1}((i-0.5)/m)$ 的图像，并以 $X_{(i)} \approx \hat{F}^{-1}((i-0.5)/m)$，$i=1,2,\cdots,m$ 来表明优拟合的情况。而与近似45°线的偏差不仅表现拟合不足的情况，还表明其发生的位置。

为了说明其工作原理，图 6.1 所示为实际上呈正态分布的一组数据的 $Q-Q$ 图，但是对于该组数据而言，均匀分布和正态分布也均适用。均匀分布在尾部显得过于冗长，在图形中显示尾部严重偏离一条直线。

6.2.2.3 已知和未知界限

很多标准分布都有其被支持的固定域，例如，在 [0，∞) 上定义的对数正态分布、威布尔分布和伽马分布，以及在 [0，1] 上定义的贝塔分布。

通过增加一个常量：$X=a+X'$ 的方式，可将描述 [0，∞) 上结果的随机变量 X 转换为 [a，∞) 上的随机变量。该转换可改变均值，但不改变方

差。通过变化式 $Y = a + (b - a)Y'$，可将用以描述 $[0, 1]$ 上结果的随机变量 Y' 转换和扩展为 $[a, b]$ 上的随机变量。该转换和扩展同时改变了均值和方差。

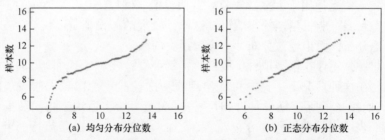

图 6.1 将均匀分布（a）和正态分布（b）拟合到一组输入数据所形成的 Q-Q 图

显而易见，这些变换式可反向将随机数转换至标准域：$X' = X - a$ 和 $Y' = (Y - a)/(b - a)$。在界限已知的情况下，该转换非常重要。例如，希望利用标准域分布 $[0, \infty)$ 模拟处理时间，但是我们知道该过程所花费时间不可能小于 4min。为拟合观测数据 $X'_1, X'_1, \cdots, X'_1$，首先应通过减去 4（如 $X_i = X'_i - 4$）的方式进行变换，拟合该分布至转换后数据，然后再给各个生成的随机数加 4。

使用已知界限不同于尝试推测未知界限。分布拟合软件通常会将关于 $[0, \infty)$ 的分布处理为具有额外下限参数 a，同时将每个关于 $[0, 1]$ 的分布处理为具有两个额外的上限和下限参数 a、b。然后，将此类额外参数纳入拟合中。在某些情况下，可尝试估计界限（如 $\hat{a}$ 是最小观测值），而另外一些情况下，也可将此类界限纳入似然函数中。在可用的情况下，通常优先使用已知界限而非估计的界限。已知界限会带来未在数据中显示的额外信息，而估计界限可能在实质上高估（低估）下限（上限），特别是在小样本的情况下。

6.2.3　单变量分布的属性匹配

当在选择特定分布族过程中不存在过硬的物理基础时，那么推测"真实"分布可选用的一个方法是使用非常灵活的分布族，并取得分布的参数值，以便紧密匹配数据的属性。在本节中，说明了两种常用匹配法和一种灵活分布族。

回顾 $M/G/1$ 队列，预期稳态等待时间仅取决于服务时间分布的均值和方差。这样，任何同正确的均值和方差匹配的非负分布，都将给出正确的仿真结果。在通常情况下，不只是均值和方差问题，这就是为什么存在很多双参数分布（威布尔分布、伽马分布、对数正态分布等）从哪个参数做选择的问题。幸运的是，经常出现的情况是，若能正确匹配输入随机变量的前 4 个中心矩（后面会说明），那么特殊分布族便不是那么重要。[1]

---

[1]　最常见的例外是当系统性能严格地取决于分布的极端末尾，或者当前四个中心距中的一个或多个为无穷大时。

设 X 为分布 F_X 的随机变量。X 的第 k 个中心矩表示如下：

$$E(X^k), k = 1, 2, \cdots$$

对于输入建模而言，更加有用的是标准化的中心矩，特别是前 4 个：

$$\begin{cases} \mu_X = E(X) \text{ 均值} \\ \sigma_X^2 = E[(X - \mu_X)^2] \text{ 方差} \\ \alpha_3 = E[(X - \mu_X)^3] / \sigma_X^3 \text{ 偏斜度} \\ \alpha_4 = E[(X - \mu_X)^4] / \sigma_X^4 \text{ 峰态} \end{cases} \tag{6.8}$$

偏斜度是对称性指标（对称分布 $\alpha_3 = 0$），而峰态是尾重指标（正态分布峰态 $\alpha_4 = 3$；$\alpha_4 - 3$ 偶尔被称为超峰态）。若 α_3 和 α_4 是有限值，则 $\alpha_4 > 1 + \alpha_3^2$ 且不等式是严格不等式。该关系式定义了一个（α_3^2, α_4）的可行值平面。

假设存在 X 的前 4 个中心矩（$\mu_X, \sigma_X^2, \alpha_3, \alpha_4$）。设 μ 和 α^2 分别为期望的均数和方差，并定义新的随机变量：

$$X' = \mu + \sigma \left(\frac{X - \mu_X}{\sigma_X} \right) \tag{6.9}$$

那么很容易证明 X' 有均值 μ 和方差 σ^2。在有关习题中，要求大家证明 X 和 X' 具有相同的偏斜度和峰态。这样，便可对随机变量 X 进行转换，从而在不变更偏斜度和峰态的情况下确保其与期望的均值和方差匹配。在匹配过程中，α_3 和 α_4 的匹配颇具挑战性。

对于参数分布 $F(\cdot; \theta)$ 而言，其中心矩是 θ 的函数，分别表示为 $\mu(\theta)$、$\sigma^2(\theta)$、$\alpha_3(\theta)$ 和 $\alpha_4(\theta)$。若参数 θ 允许覆盖大部分可行面（α_3^2, α_4），则称该参数分布为"灵活"分布。如式（6.9）所示，由于可以对任意分布进行扩展和转换，使其拥有前两个预期的中心矩，因此，F 的均值和方差并非特别重要。

很多著名分布的灵活性都较小。例如，正态分布中，$\alpha_3 = 0$ 和 $\alpha_4 = 3$；指数分布中，$\alpha_3 = 2$ 和 $\alpha_4 = 9$。而伽马分布（6.6）具有少许灵活性，其 $\alpha_3 = 2/\sqrt{\alpha}$ 和 $\alpha_4 = 3 + 6/\alpha$。下文中描述了一些更灵活的分布。

数据的样本标准中心矩如下：

$$\begin{cases} \bar{X} = \frac{1}{m} \sum_{i=1}^{m} X_i \\ \hat{\sigma}^2 = \frac{1}{m} \sum_{i=1}^{m} (X_i - \bar{X})^2 \\ \hat{\alpha}_3 = \frac{1}{m} \sum_{i=1}^{m} (X_i - \bar{X})^3 / \hat{\sigma}^3 \\ \hat{\alpha}_4 = \frac{1}{m} \sum_{i=1}^{m} (X_i - \bar{X})^4 / \hat{\sigma}^4 \end{cases}$$

为匹配该中心矩，解如下关于 θ 的方程组：

$$\begin{cases} \mu(\theta) = \overline{X} \\ \sigma^2(\theta) = \hat{\sigma}^2 \\ \alpha_3(\theta) = \hat{\alpha}_3 \\ \alpha_4(\theta) = \hat{\alpha}_4 \end{cases}$$

用 θ_M 表示解决方案。除非增加其他类型的信息，否则，需要至少 4 个参数以便匹配 4 个矩。

若参数族足够灵活以便于同矩精确匹配，则可使用 $F(\cdot;\theta_M)$ 作为输入模型，确保仿真输入同观测值 $X_1, X_2, \cdots, X_m$ 的中心矩相同。换句话说，就是确保仿真输入和观测值匹配。需要注意的是，人们无需始终拟合 4 个矩。例如，伽马分布有 $\theta = (\alpha, \beta)$ $\mu(\theta) = \alpha\beta$ 和 $\sigma^2(\theta) = \alpha\beta^2$，因此可通过求解 $\hat{\alpha}\beta = \overline{X}$ 和 $\hat{\alpha}\beta^2 = \hat{\sigma}^2$ 对其进行拟合。

矩量法的缺点是无法保证拟合的分布 $F(\cdot;\theta_M)$ 相似于数据的经验分布。下一种方法尝试实现二者之间更紧密的匹配。

第二个匹配法利用了如下事实：若 X 是具有严格递增累积分布函数 F_x 的随机变量，那么 $U = F_X(X)$ 包含 $U(0,1)$ 分布。练习（36）要求人们证明这是真实的情况，但是由于其逆转了变量生成的逆累积分布函数法，因此，其似乎是合理的。事实表明，若 $X_1, X_2, \cdots, X_m$ 是独立且同分布的，且具有连续分布 F_X，那么 $U_i = F_X(X_i)(i = 1, 2, \cdots, m)$ 是独立且同分布的 $U(0,1)$。更进一步，设 $X_{(1)} \leq X_{(2)} \leq \cdots \leq X_{(m)}$ 为数据样本的次序统计量，并设 $U_{(i)} = F_X(X_{(i)})(i = 1, 2, \cdots, m)$。那么 $U_{(i)}$ 具有 m 个独立且同分布的 $U(0,1)$ 随机变量中的第 i 个次序统计量分布，就 $U_{(i)}$ 而言，众所周知：

$$E(U_{(i)}) = \frac{i}{m+1}$$

若想用参数分布 $F(\cdot;\theta)$ 匹配 $X_1, X_2, \cdots, X_m$ 的行为，则可通过另一种不同于矩量法的方法设定

$$\theta_U = \mathrm{argmin}_\theta \sum_{i=1}^{m} w(i)\left(F(X_{(i)};\theta) - \frac{i}{m+1}\right)^2 \qquad (6.10)$$

式中：$w(i)$ 为正权重。

权重的选择应以若干条件为基础，常用的选择是 $w(i) = 1$ 和 $w(i) = (m+2)(m+1)^2/[i(m-i+1)]$。后者权重是 $1/\mathrm{Var}(U_{(i)})$，因此其给予了具有较小方差的次序统计量更多的权重。

该拟合可以实现什么？需要注意的是，若其完全拟合，则

$$F(X_{(i)};\theta_U) = \frac{i}{m+1}$$

同真实世界数据的经验累积概率相比：

102

$$\frac{\#\{X_j \leqslant X_{(i)}\}}{m} = \frac{i}{m}$$

于是，在完全拟合的情况下，数据点 $F(X_i; \theta_U)(i = 1, 2, \cdots, m)$ 的拟合分布的累积概率几乎同数据本身的累积概率相同。因此，F 通常看起来更像是数据的经验分布。练习（5）要求人们说明为什么最好拟合 $i/(m+1)$，而不是 i/m。

可通过使用逆累积分布函数取得类似拟合。设逆累积分布函数 $Q(u; \theta) = F^{-1}(u; \theta)$。若 $E[Q(U_{(i)}; \theta)]$ 易于评估，则式（6.10）的一个替代方案是直接拟合 X 的次序统计量：

$$\theta_O = \mathrm{argmin}_\theta \sum_{i=1}^m \left(X_{(i)} - E[Q(U_{(i)}; \theta)]\right)^2 \qquad (6.11)$$

我们将 θ_U 和 θ_O 作为最小二乘法拟合。

我们需要灵活的分布族以确保可使用矩量法或最小二乘匹配法。已在仿真中看到有效应用的灵活分布是 Johnson 的转换系统（如 Swain 等，1988）和广义 lambda 分布（GLD；如 Karian 和 Dudewicz，2000）。Johnson 的转换系统包括 4 个正态分布转换，且涵盖完整的可行 (α_3^2, α_4) 面；GLD 是覆盖大部分可行面的独立函数。由于其易于说明和使用，所以在此说明 GLD。

GLD 中包含 4 个参数 $\theta = (\lambda_1, \lambda_2, \lambda_3, \lambda_4)$，且最易于通过逆累积分布函数表示，对于 $0 \leqslant u \leqslant 1$，有

$$Q(u; \theta) = \lambda_1 + \frac{\mu^{\lambda_3} + (1-u)^{\lambda_4}}{\lambda_2} \qquad (6.12)$$

因此，可立即生成变量。参数 λ_1 控制位置，λ_2 控制尺度，偏斜度和峰态可通过 λ_3 和 λ_4 共同确定。

选择 GLD 没有物理基础，其有效性来自其本身所具有的灵活性，以及可自由生成随机变量的属性。不幸的是，拟合过程并非那么容易，它是典型的 4 个或更多参数的灵活分布。在此可通过矩量法（Karian 和 Dudewicz，2000）和最小二乘法（用式（6.11），见 Lakhany 和 Mausser（2000）以及如下参考文献）进行拟合，但二者皆涉及参数值搜索，原因在于不存在闭型解。在附录中，给出了必要的矩和期望值表达式。

图 6.2 所示为 $N(0,1)$ 分布的 GLD 近似，其中圆形部分是正态累积分布函数点，而实线表示 GLD 近似值。标准正态的矩 $\mu_X = 0$，$\sigma_X^2 = 1$，$\alpha_3 = 0$ 和 $\alpha_4 = 3$。虽然具有正确的矩值，但随着 $x \to 0$，GLD 近似呈现出不同于目标分布的形状，并且实际上，GLD 近似为负 x 值赋予了正概率。矩的匹配无法保证特定的分布形状。

针对此类示例的 GLD 参数 $(\lambda_1, \lambda_2, \lambda_3, \lambda_4)$ 取自 Karian 和 Dudewicz（2000）。对于正态近似而言，GLD 参数是（0，0.1975，0.1349，0.1349）；而对于指数近似而言，GLD 参数是（0.006862，-0.0010805，-0.4072 × 10^{-5}，-0.001076）。

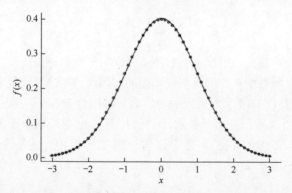

图 6.2　标准正态累积分布函数中各点的 GLD 近似值（实线）

图 6.3 所示为均值为 1 的指数概率分布函数中各点的 GLD 近似值。

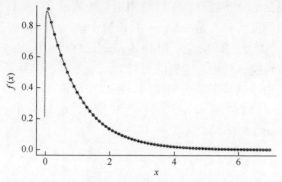

图 6.3　均值为 1 的指数概率分布函数中各点的 GLD 近似值（实线）

6.2.4　经验分布

如前所述，我们拥有真实世界数据 $X_1, X_2, \cdots, X_m$ 的样本，确信此类数据是源自某些未知分布 F_x 的独立同分布观测值。当不存在选择特殊参数分布族的强物理基础，且参数分布无法提供对数据充分的拟合时，则使用数据本身更有意义。但直接使用数据的缺点将很快显现。

经验累积分布函数（ecdf）是非参数输入模型，该模型定义为对于所有的 $-\infty < x < \infty$，有

$$\hat{F}(x) = \frac{1}{m} \sum_{i=1}^{m} I(X_i \leqslant x) \tag{6.13}$$

式中：$I(\cdot)$ 为指示函数。设 $X_{(1)} \leqslant X_{(2)} \leqslant \cdots \leqslant X_{(m)}$ 为排序后的值，同时设 $\hat{X}$ 为具有 $\hat{F}$ 分布的随机变量。经验累积分布函数会在各个观测值内置入概率质量 $1/m$，即：

$$\Pr\{\hat{X} = X_{(i)} \mid X_1, \cdots, X_m\} = \Pr\{\hat{X} \leqslant X_{(i)} \mid X_1, \cdots, X_m\} - \Pr\{\hat{X} < X_{(i)} \mid X_1, \cdots, X_m\}$$

$$= \frac{i}{m} - \frac{(i-1)}{m} = \frac{1}{m}$$

在这种情况下，更容易通过逆经验累积分布函数进行变量生成：

(1) 生成 $U \sim U(0,1)$；

(2) 设 $i = \lceil mU \rceil$；

(3) 返回 $\hat{X} = X_{(i)}$

经验累积分布函数具有若干令人们感兴趣的属性。

第一个特征是，作为真实分布 F_x 的估计量，该函数是无偏的：

$$E(\hat{F}(x)) = E\left(\frac{1}{m}\sum_{i=1}^{m} I(X_i \leq x)\right) = \frac{m}{m}E(I(X_1 \leq x)) = F_X(x)$$

需要注意的是，该期望值是关于所有取自 F_X 的可能的真实世界样本的。进一步而言，由于 $\hat{F}(x)$ 是独立同分布的观测值 $I(X_i \leq x)(i = 1,2,\cdots,m)$ 的平均值，因此当 $m \to \infty$ 时，使用强大数定律很容易证明 $\hat{F}(X) \xrightarrow{\text{a.s.}} F_X(x)$。

第二个特征是，若在仿真中使用随机变量 $\hat{X}$，则该变量将拥有与真实世界观测数据的样本属性相匹配的属性。例如：

$$E(\hat{X} \mid X_1,\cdots,X_m) = \sum_{i=1}^{m} X_{(i)} \frac{1}{m} = \bar{X}$$

在此，该期望值是关于经验累积分布函数 $\hat{F}$ 的，它表明具有 $\hat{F}$ 分布的随机变量的期望值是建立该随机变量的数据的样本均值。

经验累积分布函数的这些令人们感兴趣的属性同两个不良属性形成了对比，即仅观测值 $X_1,X_2,\cdots,X_m$ 具有正概率，同时，仅 $[X_{(1)},X_{(m)}]$ 之间的值将被实现。换句话说，其属于有限离散分布。若已知 X 是连续数值或预计其包含长尾极限但低概率值，则这是特别麻烦的问题。

取得连续分布的标准方法是在经验累积分布函数数据点之间进行线性插值：

$$\tilde{F}(x) = \begin{cases} 0, & x < X_{(1)} \\ \dfrac{i-1}{m-1} + \dfrac{x - X_{(i)}}{(m-1)(X_{(i+1)} - X_{(i)})}, & X_{(i)} \leq x < X_{(i+1)} \quad (6.14) \\ 1, & x \geq X_{(m)} \end{cases}$$

线性插值后的经验累积分布函数值填充在观测数据之间，但是，该支集仍局限于 $[X_{(1)},X_{(m)}]$。Bratley 等（1987）介绍了一种增加了指数尾部的线性插值经验累积分布函数。

因为线性插值经验累积分布函数是分段线性函数，因此更易于通过求逆进行变量生成：

(1) 生成 $U \sim U(0,1)$；

（2）设 $i = \lceil (m-1)U \rceil$；

（3）返回 $\tilde{X} = X_{(i)} + (m-1)(X_{(i+1)} - X_{(i)})\left(U - \dfrac{i-1}{m-1}\right)$。

不幸的是，$\hat{F}$ 对于 F_X 是有偏差的，虽然随着 $m \to \infty$，$\tilde{F}(x) \xrightarrow{\text{a.s.}} F_x(x)$。该问题的证明极具启发性，因为它证明在不损失渐近一致性的情况下，可使用各种平滑方案。

证明：对于固定 x 值，设

$$\bar{F}(x) = \frac{1}{m-1}\sum_{i=1}^{m} I(X_i \le x) = \frac{m}{m-1}\hat{F}(x)$$

那么，显而易见，随着 $m/(m-1) \to 1$，$\bar{F}(x) \xrightarrow{\text{a.s.}} F_x(x)$。同样需要注意的是，对于 $X_{(i)} \le x < X_{(i+1)}$，有

$$0 \le \frac{x - X_{(i)}}{(m-1)(X_{(i+1)} - X_{(i)})} < \frac{1}{m-1}$$

因此，有

$$\bar{F}(x) - \frac{1}{m-1} \le \tilde{F}(x) < \bar{F}(x)$$

由于 $\tilde{F}(x)$ 的下限和上限几乎必然收敛于 $F_X(x)$ 的下限和上限，因此 $\tilde{F}(x)$ 也将几乎必然收敛于 $F_X(x)$。

接下来，以随机变量 $\tilde{X}$ 为例。练习（10）要求大家说明 $\tilde{E}(\tilde{X} \mid X_1, \cdots, X_m) \ne \bar{X}$，但偏差随 m 值减少。这样，当 m 值较小时，经线性插值的经验累积分布函数便无法完全匹配数据的样本属性。不过，当预期的输入是连续值时，平滑化是特别值得尝试的。

6.2.5　直接使用输入数据

第4.6节中描述的传真中心的到达过程是通过与实际到达数据拟合的稳态泊松到达过程来模拟的。由于接收的传真上盖有由发送传真机打印的时间戳，因此传真到达数据相对易于收集，同时，接收到传真之后，我们便可以对其是否属于"简单"传真进行分类。这些传真的日、月甚至年等数据都是可用的。这表明，我们可通过实际观测的到达数据来驱动仿真而避免输入建模。就功能而言，该仿真可从实际数据文件中读取到达时间和传真类型，而不是在输入模型中生成数据。需要注意的是，不同于使用经验分布，该仿真程序会对数据进行重新取样，而不是将其像观测的那样直接使用。这种差异对于理解直接使用数据的优点和缺点来说非常重要：

（1）优点。直接使用数据可以捕获输入模型丢失的特征，甚至是经验分布也是如此。例如，若输入模型将某个过程处理为独立同分布过程，但是实际

上，存在一些难以观测的相关性或非稳态行为，那么这些问题将会在数据中得以体现，而不是在输入模型中。事实上，概率输入模型几乎无法捕获所有真实过程的复杂性。

（2）缺点。显而易见，仿真运行时长受所拥有的数据量的限制，增加运行时长或仿真重读次数都是不可取的。在这种情况下，可进行一些较为精细的统计性声明。例如，在传真中心仿真中，可声明"若在传真到达期间配备相关工作人员，那么效果本应…"。但是，关于长时运行效果的声明会存在很多疑问。以受输入过程中数量有限事件影响的系统为例（如过度保险索赔）。系统允许个别的罕见输入值的出现，但是不能两个或多个以紧接的形式接二连三地出现。若在观测数据中近乎从未出现过多次的罕见输入值，那么自然在直接使用该数据的仿真中也绝对不会发生此类事件，由此导致的结果是仿真对灾难出现机会的估计将会是 0。但是，若我们使用概率输入模型（如通过拟合分布 F 将保险索赔模拟为独立同分布变量），那么在足够长的仿真过程中，将观测到多个共同出现的稀少输入值，并确定系统弱点。

当前并不存在相对简单的规则来确定，什么时候直接使用数据合适以及什么时候拟合输入模型更佳。当拥有大量我们认为具有代表性的数据，且无理由相信系统受到输入过程中不符合要求行为的影响时，那么直接的数据应用便是合理的。当我们希望做出超出所看到数据的更广泛声明时，则有必要使用输入模型。

6.2.6　无数据输入模型

很多仿真可在无相关输入数据的情况下进行。在这种情况下，我们会尝试开发关于该过程的知识以生成合理的输入模型，同时进行敏感性分析，以评估其相关程度。

如 6.2 节所述，输入过程的物理性质可以同特定参数分布族一致。在无数据的情况下，此类考虑非常有益。然后，我们所面临的难题是针对分布参数的赋值。一种方法是从熟悉过程的人那里获得主观估计值。但是，在获取信息的过程中必须谨慎，在获取信息过程中使用的方法必须确保可提取有效响应。如下便是相关示例。

假设该过程性质表明应使用正态分布。因此，便要求获得 μ 和 σ^2 的数值。人们善于提供"典型"数值，但是均值（平均值）和最可能值之间的明显差别并不是共有的。幸运的是，对于正态分布而言，它们是相同的。但是在仅以经验为基础的情况下，难以估计方差（在未查看数据的情况下）。在此我们可使用如下 3 种方法获得方差：

估计标准偏差：不同于方差，标准偏差 σ 的测量应以输入过程中的自然单位为基础，自然单位同均值单位相同。熟悉过程的人们可提供距离均值的平均偏差，这是一种获得标准偏差的直观方式。

估计极限偏差：若熟悉过程的人们提供可用的极限平均偏差，则可将其解读为所谓的 3σ。敏感性分析中可假设 σ 的倍数大于或小于 3。

关联已知过程：若存在包含可用数据的类似过程，那么应了解其他过程中存在的或多或少变化，以及变化百分比。若有数据过程包含标准偏差 S，且认为无数据过程的波动性比有数据过程小 10%，则 $\sigma = 0.9S$。敏感度分析可以假设该系数大于或小于 0.9。

关键理念是将分布参数转换为可为熟悉该过程人员理解的术语。

当在选择特定分布族过程中不存在过硬物理基础时，则可使用三角分布。三角分布无法通过概念中的明确的物理过程创建。相反，它被设计用来同如下 3 个易于说明的特征值相匹配：最小值（a）、最可能值（b）以及最大值（c）。三角分布中的概率分布函数为

$$f(x) = \begin{cases} \dfrac{2(x-a)}{(b-a)(c-a)}, & a \leqslant x \leqslant b \\[2mm] \dfrac{2(x-a)}{(c-b)(c-a)}, & b \leqslant x \leqslant c \\[2mm] 0, & \text{其他} \end{cases} \qquad (6.15)$$

需要注意的是，$a = b$ 或 $b = c$ 的三角分布也是合理分布，其中的一个极限值同样也是最可能值。

三角分布通常优于在最小值和最大值之间的均匀分布，因为很少存在真实过程，其极端值（a 和 c）跟中间值一样可能。但是，在此选择均匀分布的理由是其代表在 a 和 c 之间数值中的最大不确定性。

均匀分布和三角分布并非唯一可以从此类信息中拟合的分布。例如，贝塔分布也可通过最小值、最大值和最可能值参数化。但是，不存在可表示这些特征的唯一的贝塔分布，而三角分布是明确定义的。在不存在进行分布选择的物理基础的情况下，三角分布是同其他分布一样良好的选择，而且更易于改变极限值和最可能值，以便进行敏感度检查。

6.3 多变量输入过程

6.2 节中介绍了包含独立同分布观测值的输入过程，我们将其称为单变量输入过程，原因在于边际分布的详细说明是全部所需的。本节包含在实际中经常用到的两类多变量输入过程：非稳态到达过程和随机矢量。

（潜在非平稳）到达过程示例包括客户到达购物中心、电子邮件到达电子邮件服务器以及索赔到达保险公司的过程。尽管考虑对到达时间的联合分布进行定义，但是对于离散事件仿真而言，说明到达之间的时间间隔更方便，这便允许通过简单地安排下一次到达将仿真从一次到达推进至下一次到达。

随机矢量输入过程示例包含相同客户的多个特征（如性别、年龄、收入和职位）、相关产品的年销售额（如新车、新车轮胎、定制地毯和 GPS 装置）以及各类金融资产的收益（如短期债券价值、长期债券价值和股票价值）。随机矢量输入模型必须说明各矢量分量的边际分布以及分量之间的依赖性。

有大量关于非稳态泊松到达过程和多变量概率分布（在输入模型中有用的分布）的文献。很好的起点是说明泊松到达过程的 Leemis（2006）的文献和说明随机矢量的 Johnson（1987）、Biller 和 Ghosh（2006）的文献。

正如单变量输入模型案例一样，真实过程的物理基础可为多变量输入模型的选择提供依据。但是，以此种方式取得的模型多少会受到限制。很多知名的多变量概率分布令其所有分量边际分布来自相同分布族。例如，当多变量正态分布的所有边际分布均为正态分布时，这种情况使得其本身不适用于一个边际分布是连续值而另一个为离散值的情况。

基于这个原因，在仿真中利用基于转换的方式构建多变量输入过程已被证实非常有效。"基于转换的方法"意味着我们可通过转换一个更基本的输入过程获得我们所想要的输入过程。为确保转换的有效性，基础过程应具有易于控制的特性，也就是该转换可保存的特性，与此同时，转换本身允许匹配输入过程中的其他期望的特征。具体地说，可通过转换独立同分布的到达时间间隔获得非稳态到达过程，进而获得期望的到达率并保留其易变性指标。我们将通过转换一个相依 $U(0,1)$ 随机变量矢量的方式获得随机矢量，进而获得期望边际分布。

我们所说明的基于转换的方法可为利用期望到达率和易变性创建的到达过程和利用已知边际和相关性创建随机矢量提供总体框架。但这并不能断言真实过程的物理基础能够为转换过程提供依据。换句话说，基于转换的方法是一种匹配工具。该方法的一个便捷特征是，在生成基础过程之后便可直接生成随机变量，然后进行转换获取输入。因此，将在本节中介绍输入建模和随机变量生成。

时间序列是第三类多变量输入过程，但是本书中未对其进行说明。在 Biller 和 Ghosh（2006）中以引用的方式对其进行了简短说明。时间序列输入过程代表一系列逐次相依的（概率矢量）随机变量。例如，杂货店每周运动饮料订货量的序列。

6.3.1 非稳态到达过程

到达过程通常是真实世界系统计算机仿真的主要输入。3.1 节中的停车场包含车辆到达过程，与此同时，3.2 节中所述医院接诊的到达对象是病患和访客。这两个示例和很多真实到达过程的特性是，此类到达并非安排有序或可预测的。在此类案例中，通常的输入建模范例是对到达之间时间的分布进行特征化，又称为到达时间间隔。该到达时间间隔法不适用于计划到达，如病患到达医生办公室，同时，该方法可以是（也可以不是）以特殊事件时间为目标的良好到达模型，如到达篮球比赛的粉丝。在这两个案例中，到达总数是固定的（预约数或出售门票数量），同时，假设这些到达发生在特定时间左右。见练习（11）和练习（12）。

更新过程是随机到达的最简单形式。在更新到达过程中，$\tilde{A}_1$、$\tilde{A}_2$、$\cdots$ 是独立同分布的分布为 G 的非负随机变量，分布 G 代表连续实体的到达时间间隔。可通过这种方式模拟医院接诊到达过程。除到达时间间隔外，还存在如下两个关联的随机过程：

$$\tilde{S}_n = \begin{cases} 0, & n = 0 \\ \sum_{i=1}^{n} \tilde{A}_i, & n = 1,2,\cdots \end{cases}$$

$$\tilde{N}(t) = \max\{n \geq 0 : \tilde{S}_n \leq t\}$$

总之，$\tilde{S}_n$ 是第 n 次到达的时间，与此同时，$\tilde{N}(t)$ 是在时间 $t \geq 0$ 时的到达次数。连续时间过程 $\tilde{N}$ 也称为到达计数过程。由于时间 $\tilde{S}_n$ 时的到达会触发对时间 $\tilde{S}_{n+1} = \tilde{S}_n + \tilde{A}_{n+1}$ 时的下一次到达的规划，因此更新到达过程是一个更易于模拟的过程。若到达时间间隔包含有限均值和方差且设 $\tilde{\lambda} = 1/E(\tilde{A}_i)$，那么当 $t \to \infty$ 时：

$$\frac{E(\tilde{N}(t))}{t} \to \tilde{\lambda}$$

因此 $\tilde{\lambda}$ 被解释为过程到达率（见 Kulkarni，1995）。自此往后，假设适用于在连续时间到达[1]的到达时间间隔 $\tilde{A}_i$ 是连续数值，且包含密度函数。

停车场不包含更新到达过程。作为替代，其包含一个具有随时间变化的到达率 $\lambda(t) = 1000 + 100\sin(\pi t/12)$ 的到达过程。此类到达过程称为非稳态过程，是本节内容的重点。无论如何，我们将通过如下两种方法之一对更新到达过程进行转换，并通过转换模拟非稳态到达过程：扩展（将到达间隔拉大）或压缩（将到达间隔拉近）更新到达之间的时间，或选择性忽略（"稀释"）某些更新到达。为了具体说明，以电子邮件到达邮件服务器的示例为例。

为实现到达过程，需要使用平衡更新过程的概念。平衡更新过程和前文定义的更新过程之间的唯一区别是首次到达时间间隔 $\tilde{A}_1$ 具有分布 G_e，其中：

$$G_e(t) = \Pr\{\tilde{A}_1 \leq t\} = \tilde{\lambda} \int_0^t (1 - G(s)) \, ds \qquad (6.16)$$

若在任意时间点开始观测更新到达过程，则可将该分布视为在下一次到达之前的时间分布。[2] 若我们以这种方式初始化更新过程，则其可表示为

$$\frac{E(\tilde{N}(t))}{t} = \tilde{\lambda} \qquad (6.17)$$

---

[1] 正如某些计算机网络那样，当活动与某个时钟同步时，必定存在离散时间到达过程。

[2] 若 G 是指数分布，则基于指数分布的无记忆属性，$G_e = G$。练习（25）要求人们对该点进行证明。

110

式（6.17）适用于所有 $t \geq 0$ 的情况，而不只是极限范围（见 Kulkarni，1995）。

现以基于时变到达率的到达过程为例。设 $N(t)$ 为（潜在）非稳态稳到达过程的到达计数过程。为使"到达率"概念更精确，当 Λ 可微时，定义时间 t 时的期望到达数为：

$$\Lambda(t) = E(N(t))$$

到达率为：

$$\lambda(t) = \frac{\mathrm{d}}{\mathrm{d}t}\Lambda(t)$$

函数 $\Lambda(t)$ 也称为到达率积分函数。对于平衡更新过程而言，式（6.17）意味着 $\Lambda t = \tilde{\lambda} t$ 和 $\lambda(t) = \tilde{\lambda}$。为了模拟非稳态到达过程，允许使用更多的通用 $\Lambda(t)$ 和 $\lambda(t)$ 值。

6.3.1.1　可逆 $\Lambda(t)$

假设可通过 $\Lambda(t)$ 对想要的时变行为进行明确（可通过积分 $\lambda(t)$ 获得）。设 $\tilde{S}_n$ 是到达率 $\tilde{\lambda} = 1$ 的平衡更新到达过程。利用到达时间 S_n、到达时间间隔 A_n 和到达计数过程 $N(t)$ 将非稳态到达过程定义如下：

（1）设序号 $n = 1$ 和 $\tilde{S}_0 = 0$。

（2）生成 $\tilde{A}_n$。

（3）令：

    a. $\tilde{S}_n = \tilde{S}_{n-1} + \tilde{A}_n$

    b. $S_n = \Lambda^{-1}(\tilde{S}_n)$

    c. $A_n = S_n - S_{n-1}$

（4）$n = n + 1$。

（5）转至行第（2）步。

令 $N(t) = \max\{n \geq 0: S_n \leq t\}$。需要注意的是，$\Lambda(t)$ 可提供时间尺度的变化：如果 $\tilde{N}$ 对应的时间为 S，则 N 对应的时间为 $\Lambda^{-1}(S)$；同样地，如果 N 对应的时间为 t，则 $\tilde{N}$ 对应的时间为 $\Lambda(t)$。因此：

$$N(t) = \tilde{N}(\Lambda(t))$$

且

$$\begin{aligned}
E(N(t)) &= E[E(N(t) \mid \tilde{N}(\Lambda(t)))] \\
&= E[\tilde{N}(\Lambda(t))] \\
&= 1 \cdot \Lambda(t) = \Lambda(t)
\end{aligned}$$

需谨记 $\tilde{N}$ 是速率为 1 的平衡更新过程。这样，Λ^{-1} 可将到达率为 1 的平衡更新过程到达时间转换为到达率为 $\lambda(t) = \mathrm{d}\Lambda(t)/\mathrm{d}t$ 的非稳态到达过程。若 Λ 可逆，则求逆便提供了一种非常简单的方法，可基于已知到达率获得非稳态过程。图6.4 所示为 $\lambda(t) = 2t$ 时对一个到达过程的求逆方法，此时，$\Lambda(t) = t^2$。

由于到达率随时间增加，因此我们希望到达随着时间的增加越来越密集。在图 6.4 中，垂直轴代表在到达率为 1 的基础过程中的到达时间，其仍然是一个随机过程，但是其到达间隔时间均值为 1。这些时间通过 $\Lambda^{-1}(s) = \sqrt{s}$ 映射为非稳态过程中的到达时间，如水平轴所示。需要注意的是，随着 t 增加，到达率也会明显增加。

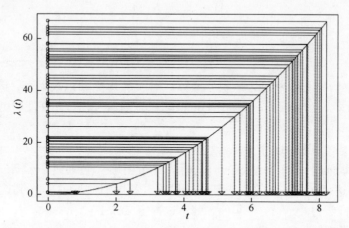

图 6.4　当 $\lambda(t) = 2t$ 时实现 $\Lambda(t) = t^2$ 和 $\Lambda^{-1}(s) = \sqrt{s}$ 时的求逆法图解

图 6.4 中，垂直轴中的 $o's$ 代表到达率为 1 的基础过程的到达时间，而水平轴中的 ∇s 代表非稳态过程中的到达时间。

6.3.1.2　$\lambda(t)$ 的稀释

假设可通过 $\lambda(t)$ 对我们想要的时变行为进行说明（可通过对 $\Lambda(t)$ 求导获得）。设定 $\tilde{S}_n$ 为到达率 $\tilde{\lambda} = \max_t \lambda t$ 的平衡更新到达过程，并假设 $\tilde{S}_n$ 是有限的。稀释的背后想法是生成基于最大到达率的稳态潜在到达过程，然后随机删除或稀释某些潜在到达，以形成实际的到达过程。时间 t 时的潜在到达概率被稀释为 $1 - \lambda(t)/\tilde{\lambda}$。该算法如下：

1. 设序号 $n = 1$、$k = 1$ 以及 $\tilde{S}_0 = 0$
2. 生成 $\tilde{A}_n$，并令 $\tilde{S}_n = \tilde{S}_{n-1} + \tilde{A}_n$
3. 生成 $U \sim U(0,1)$
4. if $U \leqslant \lambda(\tilde{S}_n)/\tilde{\lambda}$ then
    a. $S_k = \tilde{S}_n$
    b. $A_k = S_k - S_{k-1}$
    c. $k = k - 1$

   End if
5. $n = n + 1$
6. 返回步骤（2）

若在此令 $N(t) = \max\{n \geqslant 0 : S_n \leqslant t\}$，则 Gerhardt 和 Nelson（2009）提出

112

$E(N(t)) = \Lambda(t) = \int_o^t \lambda(s)\,\mathrm{d}s$ 。这样，经稀释的 $\tilde{S}_n$ 便可将到达率为 $\tilde{\lambda} = \max_t \lambda t$ 的平衡更新过程到达时间转换为到达率为 $\lambda(t) = \mathrm{d}\Lambda(t)/\mathrm{d}t$ 的非稳态到达过程。虽然求逆和稀释均可生成基于相同时变到达率的到达过程，但它们通常无法得到概率意义上相同的过程（尽管它们在泊松到达过程上可以；见6.3.1.4节）。换句话说，求逆和稀释都是生成期望到达率的转换，但是就到达的其他方面而言仍存在很多不同，如截止时间 t 的到达数方差。

图 6.5 中，$o's$ 代表到达率为 10 的基础过程的到达时间，而水平轴中的 $\nabla's$ 代表在非平稳过程中的到达时间。

稀释是一种适用于 3.1 节中所述的停车场示例的方法。无论示例多么复杂，当 $\Lambda(t)$ 求逆难以计算时，稀释方法应用于任何具有有界到达率 $\lambda(t)$ 的情况，都具有明显优势。但是，若 $\tilde{\lambda}$ 大于大部分 $\lambda(t)$ 值，那么稀释速率也会减慢，由于在此过程中可生成很多潜在到达，但大多数被稀释了。图 6.5 所示为该方法的图解。

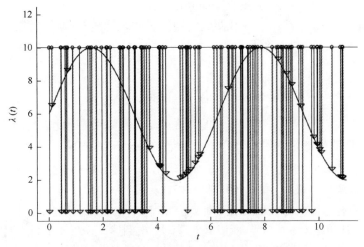

图 6.5 当 $\lambda(t) = 6 + 4\sin(t)$ 时的稀释法图解

6.3.1.3 基于到达数据估计 $\Lambda(t)$ 或 $\lambda(t)$

接下来，我们转到 $\Lambda(t)$ 或 $\lambda(t)$ 估计的问题。

假设可观测一个到达过程中的 k 个独立实现。特别地，观测 T_{ij}，即适用于 $j = 1, 2, \cdots, k$ 的第 j 次实现的第 i 次到达的时间。同时，我们有理由确信实现是独立同分布的。例如，我们进行 $k = 10$ 次从星期一上午 4 点（零时）到下午 10 点（T 时）的观测，以模拟在星期一电子邮件信息到达 mail. iems. north-western. edu 的过程。为了输入建模，我们希望根据到达计数过程 $N(t)$ 估计输入模型中的到达。在 $0 \leqslant t \leqslant T$ 的情况下，到达计数过程 $N(t)$ 有 $E(N(t)) = \Lambda(t)$ 。

令 $C_j(t)$ 为在第 j 次实现中截止时间 t 的累积到达次数，因此，完整数据集为

$$\{T_{ij}; i = 1, 2, \cdots, C_j(T)\}, \quad j = 1, 2, \cdots, k \tag{6.18}$$

$\Lambda(t)$ 的自然估计量为

$$\overline{\Lambda}(t) = \frac{1}{k} \sum_{j=1}^{k} C_j(t) \tag{6.19}$$

也就是在 k 个实现过程中截止时间 t 的平均到达次数。练习（13）要求人们证明，随着 $k \to \infty$, $\overline{\Lambda}(t) \xrightarrow{\text{a.s}} \Lambda(t)$，同时，对于任何固定的 $t \in [0, T]$，有 $E(\overline{\Lambda}(t)) = \Lambda(t)$。

但是，$\overline{\Lambda}(t)$ 并不是非常令人满意的估计量。令 $C = \sum_{j=1}^{k} C_j(T)$ 是观测到的到达总数，令 $T(1) \leqslant T(2) \leqslant \cdots \leqslant T(C)$ 是按照从小到大顺序排列的式（6.18）中的到达时间。需要注意的是，$\overline{\Lambda}(t)$ 是分段常数函数，该函数在每次到达时间 $T_{(i)}$ 时跳升 $1/k$。因此，若利用求逆法生成到达，则仅可生成到达时间 $T_{(i)}(i = 1, 2, \cdots, c)$，没有中间到达。

Leemis（1991）给出了在观测到的到达时间之间进行线性插值的方法。令 $T_{(0)} = 0$ 和 $T_{(C+1)} = T$，然后在 $i = 0, 1, \cdots, C$ 的情况下，当 $T_{(i)} < t \leqslant T_{(i+1)}$ 时，定义：

$$\hat{\Lambda}(t) = \left(\frac{C}{C+1} \right) \left\{ \frac{i}{k} + \frac{1}{k} \left(\frac{t - T_{(i)}}{T_{(i+1)} - T_{(i)}} \right) \right\} \tag{6.20}$$

因为当我们引入 $T_{(0)}$ 和 $T_{(C+1)}$ 时存在 $C + 1$ 个间隙，因此需要因子 $C/(C+1)$。像线性插值的经验累积分布函数一样，Leemis（1991）指出随着 $k \to \infty$，$\hat{\Lambda}(t) \to \Lambda(t)$，因此 $\hat{\Lambda}$ 填充了间隙但仍给出了 Λ 的一个一致估计量。

为通过两个（极）小示例的对估计量进行说明，假设我们观测在 $k = 2$ 个观测期内的到达过程，每个观测期时间 $T = 5\text{h}$。在第一个观测期内，到达事件发生于 $T_{11} = 1.2\text{h}$ 和 $T_{21} = 4.1\text{h}$，所以 $C_1(T) = 2$ 次到达。在第二个观测期内，只有 $C_2(T) = 1$ 次到达，发生在时间 $T_{12} = 2.4\text{h}$。因此，排序后的到达时间是 $T_{(1)} = 1.2\text{h}$、$T_{(2)} = 2.4\text{h}$ 和 $T_{(3)} = 4.1\text{h}$，以及 $C = C_1(T) + C_2(T) = 3$。

在每个到达时间 $T_{(1)} = 1.2\text{h}$，$T_{(2)} = 2.4\text{h}$ 和 $T_{(3)} = 4.1\text{h}$，自然估计量 $\overline{\Lambda}(t)$ 跳升 $1/k = 1/2$，并且在各时间点之间，该估计量是常数，即图 6.6 中所示的实曲线。插入的估计量 $\hat{\Lambda}(t)$ 在各到达时间处，按 $(C/(C+1))(1/k) = 3/8$ 增加，以线性方式插入求逆之间，在图 6.6 中显示为虚曲线。图 6.7 所示为更加符合现实的到达率积分函数：3 个星期一中观测 24h 内紧急呼入电话。

如下算法通过求逆法生成一个具有到达率积分函数 $\hat{\Lambda}$ 的过程的到达时间 S_n 和到达时间间隔 A_n。需要谨记的是 $\hat{S}_n$ 和 $\hat{A}_n$ 分别是平衡更新过程的到达时间和到达时间间隔，到达率为 1。该算法以 Leemis（1991）的方法为基础。

114

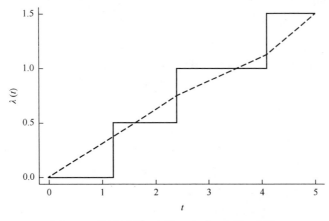

图 6.6　估计量 $\overline{\Lambda}$（实线）和 $\hat{\Lambda}$（虚线）图解

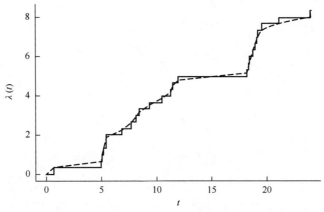

图 6.7　$\Lambda(t)$ 的估计量，即截止时间 t 具有 $\overline{\Lambda}$（实线）和 $\hat{\Lambda}$（虚线）的紧急呼叫电话期望值

---

1. 设 $n = 1$ 和 $A_0 = 0$

2. 生成 $\tilde{S}_1 \sim G_e$

3. While $\tilde{S}_n \leqslant C/k$ do

   a. $m = \left\lfloor \left(\dfrac{C+1}{C} \right) k\tilde{S}_n \right\rfloor$

   b. $S_n = T_{(m)} + \left(T_{(m+1)} - T_{(m)} \right) \left(\left(\dfrac{C+1}{C} \right) k\tilde{S}_n - m \right)$

   c. $A_n = S_n - S_{n-1}$

   d. $n = n + 1$

   e. 生成 $\tilde{A}_n \sim G$

   f. $\tilde{S}_n = \tilde{S}_{n-1} + \tilde{A}_n$

   Loop

需要注意的是，由于 $\tilde{S}_n = C/k$ 映射到时间 T 时的到达，因此需要条件 $\tilde{S}_n \leq C/k$ 成立，时间 T 是观测间隔的终点。

接下来，以直接估计到达率函数 $\lambda(t)$ 为例。标准的估计方法是假设 $\lambda(t)$ 是长度为 $\delta > 0$ 的区间内的分段常数，且 δ 足够小。然后 $\hat{\lambda}(t)$ 是根据在大小为 δ 的不相交区间内观测得出的平均到达数获得的分段恒速函数。

具体地说，假设 T/δ 是整数，那么

$$\hat{\lambda}(t) = \frac{1}{k\delta} \sum_{j=1}^{k} \left[C_j(\ell(t+\delta)) - C_j(\ell(t)) \right] \tag{6.21}$$

式中：$\ell(t) = \lfloor t/\delta \rfloor \delta$ 为该区间的开始，在该区间段内时间 t 呈下降趋势。这是一种表达简单思维的复杂方式：为估计在时间 $i\delta < t \leq (i+1)\delta$ 之间的到达率，首先应该计算在 k 个观测的该区间内产生的到达数的平均值，然后除以 δ，最终得出到达率。将结果 $\hat{\lambda}(t)$ 并入稀释算法中，或通过求逆法进行整合和使用。

为便于说明，再次使用前面的小例子，在 $k = 2$ 个观测期内观测一个到达过程，每个观测期时间 $T = 5\text{h}$。在第一个观测期内，到达发生在 $T_{11} = 1.2\text{h}$ 和 $T_{21} = 4.1\text{h}$ 时，而在第二个观测期内，仅在 $T_{12} = 2.4\text{h}$ 时候观测到一次到达。若设定 $\delta = 2.5\text{h}$，那么在 $t = 0 \times \delta = 0$ 和 $t = 1 \times \delta = 2.5$ 之间总共观测到两次到达，在 $t = 2.5$ 和 $t = 2\delta = 5$ 之间观测到一次到达。因此，估计的到达率如下：

$$\lambda(t) = \begin{cases} \dfrac{1}{k\delta}2 = \dfrac{2}{5}, & 0 < t \leq \delta = 2.5 \\ \dfrac{1}{k\delta}1 = \dfrac{1}{5}, & 2.5 < t \leq 2\delta = 5 \end{cases}$$

很明显，选择 δ 是一个相对复杂的过程：数值太小时，就可能有区间中存在很少或没有观测到的到达；数值太大时，非稳态行为可能就被掩盖了。Henderson（2003）证明，在 $\delta \to 0$ 的条件下，当 $k \to \infty$ 时，这一估计存在一致性特性。

例如，图 6.8 所示为基于 3 个星期一中 24h 内紧急呼叫电话到达数据构成的 $\hat{\lambda}(t)$，在这个过程中 $\delta = 1\text{h}$。需要注意的是一天内很多小时的稀疏数据结果的估计到达率为 0；虽然紧急呼叫电话到达率可能相当小，然而长期而言，其不可能为 0。但是，若取较大 δ 值，则将会损失日时间效果；以线性方式插入的估计量 $\Lambda(t)$ 可避免此类问题。在直接估计到达率过程中，拥有足够的数据是相当重要的。

在某些情况下，收集到达计数相对于收集到达时间而言更加方便。例如，记录每 30min 的客户到达计数。这使得其可自然地使用分段常数到达率函数（式 (6.21)），此时在该函数中 $\delta = 30$，它是用来设定收集数据的解析度。在其他所有条件不变的情况下，当实际到达时间可用时，建议使用 $\Lambda(t)$，而当所有数据都是计数时，建议使用 $\hat{\lambda}(t)$。

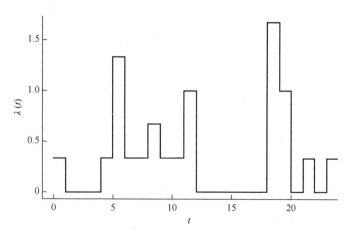

图 6.8　基于 $\hat{\lambda}$ 的 $\lambda(t)$ 估计量，即时间 t 时的紧急呼叫电话到达率

6.3.1.4　泊松还是非泊松

若更新过程到达间隔时间服从到达率为 $\hat{\lambda}$ 的指数分布，那么基础过程是泊松过程，同时，求逆或稀释都可以得到概率意义上完全相同的非稳态泊松过程（NSPP）。稳态和非稳态泊松过程是仿真实践中最广泛应用的过程。事实上，这两种过程是很多仿真语言的默认到达过程，原因在于其通常是来自大量潜在到达实体的代表性到达，这两种过程均可就是否到达或到达时间做出独立决策（见 6.2.1.1 节）。由于 $G_e(t) = G(t) = 1 - \mathrm{e}^{-\hat{\lambda}t}$ ，且 $t \geqslant 0$ ，因此二者均属于非常容易仿真的过程，这样，便可相对容易地通过逆累积分布函数法生成基础过程的到达时间间隔。

我们如何确认某个到达过程不能用 NSPP 很好地表达，以及，如果不能时，如何模拟该到达过程？以具有到达率积分函数 $\Lambda(t)$ 的 NSPP 为例。NSPP 的很多已知属性中的一个如下：

$$对于所有的 \ t \geqslant 0, \frac{\mathrm{Var}(N(t))}{E(N(t))} = 1 \tag{6.22}$$

换而言之，截止时间 t 的预计到达次数与到达数方差之比始终是 1，无论选择 $\Lambda(t)$ 还是 $\lambda(t)$ 。但是，相比而言，某些真实到达过程中会存在或多（如客户服务中心）或少（如生产订单）的偏差，这是一种识别和调整与泊松过程的偏差的方式。

Gerhardt 和 Nelson（2009）证明，若通过求逆法生成非平稳到达过程，则：

$$当 t \ 值较大时, \frac{\mathrm{Var}(N(t))}{E(N(t))} \approx \sigma_A^2 \tag{6.23}$$

其中 $\sigma_A^2 = \mathrm{Var}(\tilde{A}_2)$ ，即到达率为 1 的基础过程的稳态到达间隔时间方差。当基础过程呈指数分布时，那么 $\sigma_A^2 = 1$ 。这样，基础过程提供一种获取到达过程的方法，该基础到达过程相较于 NSPP 而言具有或多或少的变动性。

核心思想是比率 $\text{Var}(N(t))/E(N(t))$ 与 1 的偏差是过程与泊松过程偏差的度量，但是该偏差可通过使用合理的基础过程进行匹配。

假设拥有到达数据，设：

$$V(t) = \frac{1}{k-1}\sum_{j=1}^{k}(C_j(t) - \overline{\Lambda}(t))^2$$

是到时间 t 的估计到达数方差。若选择时间集合 $t_1 < t_2 < \cdots < t_m$，则估计函数为

$$\hat{\sigma}_A^2 = \frac{1}{m}\sum_{i=1}^{m}\frac{V(t_i)}{\overline{\Lambda}(t_i)}$$

当该数值明显与 1 存在偏差时，则其表示 NSPP 不适当；其还可提供平衡更新基础过程应有的方差估计值。在本章的习题中，我们提出了一些具有可控方差的基础过程，对于它们来讲，基于 G 和 Ge 生成数值并不困难。

表 6.1 所列为基于数据估计的 $\hat{\sigma}_A^2$ 值。需要注意的是，必须在计算 $\hat{\Lambda}(t)$、$V(t)$ 及其比率 $V(t)/\hat{\Lambda}(t)$ 之前将每小时记录数据转换为累积计数。该比率的平均值是 $\hat{\sigma}_A^2 = 0.59$，该比率说明相对于泊松过程而言，到达过程的变动性较小。因此，为了通过反演法生成到达，我们需要一个更新的基础过程，它相对于泊松过程具有较小变动性。

现在，在基础过程和到达过程方差之间不存在方便使用的关系式用于稀释操作，因此，仅推荐适用于生成 NSPP 的稀释法。

表 6.1　已知在 $k = 3$ 实现中每小时到达数据情况下的 $\hat{\sigma}_A^2$ 估计值
（#列表示每小时计数，$C_j(t)$ 表示累积计数）。

t	#	$C_1(t)$	#	$C_2(t)$	#	$C_3(t)$	$\overline{\Lambda}(t)$	$V(t)$	$V(t)/\overline{\Lambda}(t)$
8a. m ~ 9a. m	1	1	3	3	1	1	1.67	1.33	0.80
9a. m ~ 10a. m	5	6	7	10	4	5	7.00	7.00	1.00
10a. m ~ 11a. m.	14	20	8	18	11	16	18.00	4.00	0.22
11a. m ~ 12p. m	19	39	15	33	17	33	35.00	12.00	0.34
12p. m ~ 1p. m	22	61	20	53	18	51	55.00	28.00	0.51
1p. m ~ 2p. m	9	70	11	64	8	59	64.33	30.33	0.47
2p. m ~ 3p. m	4	74	1	65	2	61	66.67	44.33	0.67
3p. m ~ 4p. m	2	76	3	68	1	62	68.67	49.33	0.72
$\hat{\sigma}_A^2$									0.59

6.3.2　随机矢量

假设仿真要求生成随机矢量 $(X_1, X_2, \cdots, X_k)$，其中第 i 个分量具有累积分

布函数 $F_i = F_{x_i}$。设 $(U_1, U_2, \cdots, U_k)$ 为相关或不相关的 $U(0,1)$ 随机变量组成的矢量。然后根据 2.2.1 节中逆累积分布函数法生成如下转换：

$$\begin{pmatrix} X_1 \\ X_2 \\ \vdots \\ X_k \end{pmatrix} = \begin{pmatrix} F_1^{-1}(U_1) \\ F_2^{-1}(U_2) \\ \vdots \\ F_k^{-1}(U_k) \end{pmatrix}$$

该转换可生成包含正确边际分布的随机矢量，似乎合理的是矢量 $(X_1, X_2, \cdots, X_k)$ 承继部分 $(U_1, U_2, \cdots, U_k)$ 的相关性。因此，该方法的核心是查找相关矢量 $(U_1, U_2, \cdots, U_k)$，该矢量可在 $(X_1, X_2, \cdots, X_k)$ 中产生成预计的相关性。在此，通过相关矩阵 $\boldsymbol{R} = (\rho_{ij})$ 度量相关性，其中 $\rho_{ij} = \mathrm{Corr}(X_i, X_j)$

虽然存在很多构建基础矢量 $(U_1, U_2, \cdots, U_k)$ 的方法，但我们只对 Normal-to-anything（NORTA）法进行说明：

$$\begin{pmatrix} X_1 \\ X_2 \\ \vdots \\ X_k \end{pmatrix} = \begin{pmatrix} F_1^{-1}(U_1) \\ F_2^{-1}(U_2) \\ \vdots \\ F_k^{-1}(U_k) \end{pmatrix} = \begin{pmatrix} F_1^{-1}[\Phi(Z_k)] \\ F_2^{-1}[\Phi(Z_k)] \\ \vdots \\ F_k^{-1}[\Phi(Z_k)] \end{pmatrix} \tag{6.24}$$

式中：$(Z_1, Z_2, \cdots, Z_k)$ 具有关联矩阵为 $\boldsymbol{R}$ 的标准多变量正态分布，且每个分量的均值为 0 和方差为 1，Φ 是标准正态分布的累积分布函数。

NORTA 法以如下事实为基础：即若 Z 是标准正态分布，则 $U = \varphi(Z)$ 具有 $U(0,1)$ 分布，见练习（36）。我们有很多构建均匀联合分布 $(U_1, U_2, \cdots, U_k)$ 的方法，此类分布称为相关结构函数。正态相关结构函数是控制 $(X_1, X_2, \cdots, X_k)$ 关联性的良好函数，但是在某些应用中其他相关性指标也是可用的（见 Biller 和 Corlu（2012））。

为了使用 NORTA 法，首先选择或者拟合 k 个元随机变量的累积分布函数 $F_1, F_2, \cdots, F_k$，然后估计所要求的两两相关系数 $\boldsymbol{R} = (\rho_{ij})$。在已知 $(F_1, F_2, \cdots, F_k)$ 和 ρ_{ij} 的情况下，得出 $(Z_1, Z_2, \cdots, Z_k)$ 的相关矩阵 $\boldsymbol{R} = (r_{ij})$，它包含了经 NORTA 转换之后适用于 $(X_1, X_2, \cdots, X_k)$ 的目标相关矩阵 $\boldsymbol{R}$。变量的生成首先要生成具有相关矩阵 $\boldsymbol{R}$ 的标准多变量正态随机矢量 $(Z_1, Z_2, \cdots, Z_k)$，然后再应用式（6.24）的变换。

执行 NORTA 方法过程的复杂度明显高于此处所述的其他方法。我们在本章附录中对其进行了详细说明。为便于说明，我们使用相对简单且易于理解的示例，而不是同实际问题相关的示例。

假设我们需要二元随机矢量 (X_1, X_2)，其中 X_1 具有均值为 10 的指数分布，X_2 具有 $\{1, 2, \cdots, 10\}$ 上的离散均匀分布，同时，我们希望匹配 $\rho_{12} = \mathrm{Corr}(X_1, X_2)$。它们分别代表完成某事的时间和完成事件计数，因此它们呈自然相关。NORTA 转换如下：

$$\begin{pmatrix} X_1 \\ X_2 \end{pmatrix} = \begin{pmatrix} F_1^{-1}(U_1) \\ F_2^{-1}(U_2) \end{pmatrix} = \begin{pmatrix} -10\ln(1-U_1) \\ \lceil 10\,U_2 \rceil \end{pmatrix} = \begin{pmatrix} -10\ln[1-\Phi(Z_1)] \\ \lceil 10\,\Phi(Z_2) \rceil \end{pmatrix}$$

式中：(Z_1, Z_2) 包含相关性为 r_{12} 的标准二元正态分布。NORTA 法的核心是找到 r_{12}，这意味着转换之后 (X_1, X_2) 中包含相依函数 ρ_{12}。

可利用本章附录中所述的方法解答针对如下 n 个可能的 ρ_{12} 值的相关性匹配问题。需要注意的是，此关系并非线性关系。由于该问题中离散均匀分布的对称性，因此可利用基础相关性 $-r_{12}$ 获得 $-\rho_{12}$；这并非适用于所有边际分布对的案例。

ρ_{12}	r_{12}
-0.5	-0.578
0.5	0.578
0.7	0.813
0.8	0.950
0.85	0.991

图 6.9 所示为当相关系数 $\rho_{12} = 0.7$ 时的 200 对 (X_1, X_2) 散点分析。注意，X_1 的大数值如何同 X_2 的大数值同时出现。

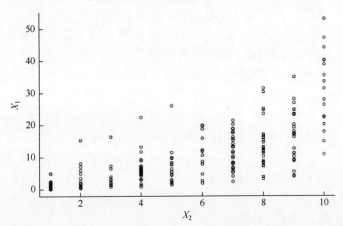

图 6.9　相关系数 $\rho_{12} = 0.7$ 的 200 对二元指数分布 (X_1) 和离散均匀分布 (X_2) 变量散点分析图

6.4　随机变量生成

2.2.1 节中介绍了由随机变量生成的逆累积分布函数法。理论上，这是我们需要的用以生成单变量输入的唯一方法。事实上，如第 8 章所讨论的，求逆

120

法通过 $X = F_X^{-1}(U)$ 将一个均匀值 U 单调映射为一个 X，这将有助于试验设计，因此，求逆法是首选方法。

但是，实际上，每种求逆法都要求解答关于 X 的求根问题，即

$$U = F_X(X) = \int_{-\infty}^{X} f_X(x)\,dx \tag{6.25}$$

若要求数值积分，则求根相对较慢。在离散分布的情况下，有必要对可数无穷数量的可能结果进行研究（如泊松分布）。因此，除求逆法外的其他方法在某些情况下更为实际。虽然如此，但是值得注意的是，即使当不存在适用于 F_X^{-1} 的闭型表达式时，若可在有效确保数值精度的情况下有效求解式（6.25），则求逆法仍为首选方法。

在数十年的发展过程中，随机变量生成始终是大主题。常用的通用参考文献是 Devroye（1986）以及在 Devroye（2006）中的改进。在求逆法之后，最通用的方法便是拒绝法，详见 6.4.1 节。而我们所需分布中随机变量的特殊属性可通过其他多种方法得到。6.4.2 节中提供了一些示例。

6.4.1　拒绝法

设 X 为我们关注的随机变量。当有如下表达式时，适用拒绝法：

$$\Pr\{X \leq x\} = \Pr\{V \leq x \mid \mathscr{A}\}$$

式中：V 表示另一个随机变量；$\mathscr{A}$ 表示某些"接受"事件（因此，该方法有时被称为"接受 – 拒绝"）。若易于生成 V，同时难以生成 X，那么表明可利用如下方法生成 X：

1. 生成 V
2. 若 $\mathscr{A}$ 发生，则返回 $X = V$
3. 否则，拒绝 V，进入步骤 1

若 V 的生成速度很快，且通常，在 A 事件发生之前，没必要拒绝太多的 V，则拒绝法可以是一种竞争性方法。

如何设置此类情境？假定 X 包含密度函数 f_X（和累计分布函数 F_X），并设 $m(x)$ 是用以"优化" f_X 的函数，即对所有 x 而言，$m(x) \geq f_X(x)$。除非其值相等，否则 $m(x)$ 不是密度函数（其积分将大于 1），但是：

$$g(x) = \frac{m(x)}{\int_{-\infty}^{\infty} m(y)\,dy} = \frac{m(x)}{c}$$

是密度函数。如下所示为通用拒绝算法：

1. 生成 $V \sim g$
2. 生成 $U \sim U(0,1)$
3. 若 $U \leq f_X(V)/m(V)$，则返回 $X = V$；否则进入步骤 1

此处的接受事件是 $\mathscr{A} = \{U \leqslant f_X(V)/m(V)\}$，同时，需要按照定义：

$$\Pr\{V \leqslant x, \mathscr{A}\} = \frac{\Pr\{V \leqslant x, \mathscr{A}\}}{\Pr\{\mathscr{A}\}}$$

证明

$$\Pr\{V \leqslant x \mid \mathscr{A}\} = F_X(x)$$

但是

$$
\begin{aligned}
\Pr\{\mathscr{A}\} &= \Pr\{U \leqslant f_X(V)/m(V)\} \\
&= \int_{-\infty}^{\infty} \Pr\{U \leqslant f_X(y)/m(y) \mid V = y\} g(y)\mathrm{d}y \\
&= \int_{-\infty}^{\infty} \frac{f_X(y)}{m(y)} \cdot \frac{m(y)}{c}\mathrm{d}y \\
&= \frac{1}{c}\int_{-\infty}^{\infty} f_X(y)\mathrm{d}y = \frac{1}{c}
\end{aligned}
\tag{6.26}
$$

在此可通过类似证明得出分子：

$$
\begin{aligned}
\Pr\left\{V \leqslant x, U \leqslant \frac{f_X(V)}{m(V)}\right\} &= \int_{-\infty}^{\infty} \Pr\{y \leqslant x, U \leqslant f_X(y)/m(y) \mid V = y\} g(y)\mathrm{d}y \\
&= \int_{-\infty}^{\infty} \Pr\{U \leqslant f_X(y)/m(y)\} g(y)\mathrm{d}y \\
&= \frac{1}{c}\int_{-\infty}^{\infty} f_X(y)\mathrm{d}y = \frac{1}{c}F_x(x)
\end{aligned}
\tag{6.27}
$$

结合式（6.27）和式（6.26）可证明该结果。

需要注意的是，式（6.26）是在任何实验中接受 V 的概率。由于实验是独立的，因此，它们具有几何分布，且用于生成一个 X 的实验的预期数量是 c。这样，c 越接近 1，该算法便越高效。还需要注意的是，拒绝法要求使用随机的多个 $U(0,1)$ 生成每个 X。

例如，当 $0 \leqslant x \leqslant 1$ 时，以具有如下概率分布函数的贝塔分布为例：

$$f_X(x) = \frac{x^{\alpha_1-1}(1-x)^{\alpha_2-1}}{\mathrm{B}(\alpha_1, \alpha_2)} \tag{6.28}$$

式中：$\alpha_1, \alpha_2 > 0$ 是形状参数，且

$$\mathrm{B}(\alpha_1, \alpha_2) = \int_0^1 u^{\alpha_1-1}(1-u)^{\alpha_2-1}\mathrm{d}u$$

贝塔分布不具有闭型逆累积分布函数。

当 $\alpha_1 > 1$ 和 $\alpha_2 > 1$ 时，贝塔分布的众数出现在 $x^* = (\alpha_1 - 1)/(\alpha_1 + \alpha_2 - 2)$ 处。这样，密度函数最高点是 $f^* = f_X(x^*)$，同时常函数：

$$m(x) = f^*, 0 \leqslant x \leqslant 1$$

对 f_X 进行了优化。这意味着当 $0 \leqslant x \leqslant 1$ 时，$g(x) = 1$，是（0，1）之间的均

122

匀分布，进而得出当 $\alpha_1 > 1$ 和 $\alpha_2 > 1$ 时，用以生成贝塔分布随机变量的如下拒绝算法：

1. 计算 $f^* = f_X\left(\dfrac{\alpha_1 - 1}{\alpha_1 + \alpha_2 - 2}\right)$
2. 生成 $V \sim g = U(0,1)$
3. 生成 $U \sim U(0,1)$
4. 若 $U \leqslant f_X(V)/m(V) = \left[V^{\alpha_1-1}(1 - V)^{\alpha_2-1}/B(\alpha_1,\alpha_2)\right]/f^*$，则返回 $X = V$，否则转至步骤2

拒绝算法的有效性取决于 α_1 和 α_2 的特定值。例如，当 $\alpha_1 = 4$ 和 $\alpha_2 = 3$ 时，那么 $c = 2.0736$，这意味着，生成每个贝塔分布变量所预期的实验数比2略大。根据现代标准，这并不是非常高效的拒绝算法。该特殊示例在图6.10中进行说明。

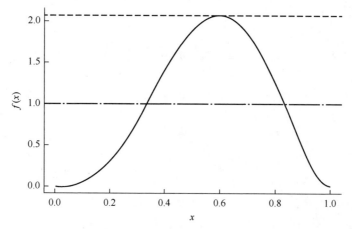

图 6.10　用于贝塔分布（实线）的拒绝法，具有优化函数 $m(x)$
（虚线）和相应的密度 $g(x)$（点画线）

最先进的算法使用很多技巧来提高效率。其中，一个方法是将密度函数 f_X 表示为多片段联合概率函数，从而便于各个片段进行更为精确的优化。

6.4.2　特殊属性

特殊属性指在促进变量生成的分布之间的关系。例如，若 $X_1 \sim \text{gamma}(\alpha_1,\beta)$，独立于 $X_2 \sim \text{gamma}(\alpha_2,\beta)$，那么 $X = X_1/(X_1 + X_2)$ 具有贝塔分布 (α_1,α_2)。这样，若我们有一个伽马随机变量生成算法，则可将其用于生成贝塔变量。

我们已提到过标准正态分布、正态分布和对数正态分布之间的关系：若 $Z \sim N(0,1)$，则 $X = \mu + \sigma Z$ 具有 $N(N,\sigma^2)$ 分布。此外，$Y = \exp(X)$ 具有对数正态分布。关于此类关系的有益参考是 Leemis 和 McQueston（2008）的文献。

尽管特殊属性通常可提供竞争性随机变量生成算法，但是通常仅可在其提供精确方法的情况下才能使用。这里的"精确"指的是，若拥有无限精度计算机算法和真正的 $U(0,1)$ 随机数源，那么 $\Pr\{X \leqslant x\} = F_X(x)$ 。有些特殊属性仅可导出近似法。例如，若 X 具有均值 λ 的泊松分布，且 λ 较大，则 $(X - \lambda)/\sqrt{\lambda}$ 是近似标准正态分布。这样，若拥有生成 $N(\lambda, \lambda)$ 随机变量的方法，则可对其进行四舍五入，进而获得近似的泊松分布变量。但是，由于存在精确且均匀快速的方法（例如，Hörmann（1993）的方法），因此，不必局限于该近似法。

近似法最为笨拙的示例就是通过如下设置生成 $N(0,1)$ 随机变量：

$$Z = \sum_{i=1}^{12} U_i - 6 \tag{6.29}$$

式中：$U_1, U_2, \cdots, U_{12}$ 为独立同分布的 $U(0,1)$ 。将其视为正态分布的依据是中心极限定理，通过简便地选择 12 得出方差为 1。在练习（24）中，要求人们探索该方法中存在的缺陷。

6.5　伪随机数生成

理论上，在随机仿真中的随机驱动源是取自 $U(0,1)$ 分布的独立同分布样本。但实际上，它们是伪随机数的确定性序列，这些伪随机数表现得似乎是随机的。如 2.2.2 节所述，一种可视化伪随机数的方法是将其视为一个大而有序的数列，即

$$u_1, u_2, u_3, \cdots, u_i, u_{i+1}, \cdots, u_{P-1}, u_P, u_1, u_2, u_3, \cdots$$

式中：P 表示周期。在此，使用小写字母 u 表示伪随机数，强调其确定性，而不是实际上的随机数。

并不是存储一个实际的数列，伪随机数总是通过被称为伪随机数生成器的递归算法生成。在本节中，提供了足够的伪随机数生成基础，以便更有效使用它们。值得说明的是，创造生成独立同分布 $U(0,1)$ 序列的算法难度较大。满足基本属性要求相对易于实现，例如，生成均值刚好为 1/2 且方差为 1/12 的数列，但是难以达到显性独立。例如，在已知维度 d 的情况下，数值 $(u_i + 1, u_i + 2, \cdots, u_i + d)$（$i = 1, 2, \cdots$）应在 d 维单位超立方体 $(0,1)^d$ 中均匀分布。随着 d 的增加，该属性难以实现，同时，低级生成器可生成相关结果，但此类结果在高维空间内看起来并不随机。在创建包含较长周期 P 和良好统计属性的伪随机数生成器的过程中，涉及数论、计算机科学和灵活测试等知识。一篇很易找到的参考文献是 L'Ecuyer（2006）的文章，读者可在其中找到一些技术细节，在此不做赘述。

我们所选用的伪随机数生成器可生成一个整数值序列，这些整数值被按比例缩放转换至 0~1 之间。在 VBASim 中的生成器从整数种子 $z_0 \in \{1, 2, \cdots, 2^{31} - 1\}$ 开始生成，然后通过递归法生成伪随机数：

$$\begin{cases} z_i = 630,360,016 \, z_{i-1} \bmod 2^{31} - 1 \\ u_i = \dfrac{z_i}{2^{31} - 1} \end{cases} \tag{6.30}$$

这是在 Marse 和 Roberts（1983）和 Law（2007）中所述算法的 VBA 实现。如前所述，"mod m" 指在除以 m 之后剩下的余数。例如，7 mod 3 = 1。该生成器是一个以如下形式表示的一类生成器的示例：

$$\begin{cases} z_i = a z_{i-1} \quad \bmod m \\ u_i = \dfrac{z_i}{m} \end{cases} \tag{6.31}$$

此式称为（线性）乘同余生成器（MCG）。MCG 已经广泛使用很多年。如下为关于 MCG 的一些重要的观测值。

（1）MCG 可返回的唯一可能取值是 $\{0, 1/m, 2/m, \cdots, (m-1)/m\}$。显而易见，从其生成 0 时开始，它将一直生成 0，所以不希望其一直返回 0[1]。这样，MCG 的最大周期是 $P = m - 1$，该周期由式（6.30）实现。

（2）希望 m 值足够大，以确保严密填充 0～1 之间的区间。这样，因为其是在 32 位计算机中具有代表性的最大整数，因此 $m = 2^{31} - 1$ 是自然的选择。但是，似乎生成随机数需要更长的周期。而不只是很长周期。在实现 $m = 2^{31} - 1$ 期间的全周期过程中，存在 53400 万 a 值，但是仅有一部分可生成具有良好统计属性的序列。

（3）必须谨慎计算 $z_i = a z_{i-1} \bmod m$。例如，若尝试整数运算，则乘法 $630360016 z_{i-1}$ 将频繁生成大于 $2^{31} - 1$ 的数值，进而导致溢出。

（4）练习（45）要求人们证明 $z_i = \alpha^i z_0 \bmod m$ 适用于 MCG。因此，可能跳过序列前部，原因在于

$$z_i = \alpha^i z_0 \bmod m = (\alpha^i \bmod m) z_0 \bmod m$$

这样，一个长周期的生成器可以充当若干虚拟生成器，每个虚拟生成器均从间隔较远的其独有的"种子" z_0 开始。式（6.30）中生成器的 VBASim 实现包含 100 个种子间隔为 100000 个伪随机数的虚拟生成器，这些虚拟生成器可通过编号为 1～100 的随机数流存取。例如，随机数流 1 对应 $z_0 = 1973272912$，而随机数流 2 对应 $z_0 = 281629770$。

尽管伪随机数生成器（式（6.30））对于了解随机仿真原理已经足够了，但它具有一个仅约 20 亿的随机数周期，这使得它并不适用于很多问题。考虑如下这个简单且非常现实的例子：我们希望估计某个系统的可靠性，由于其涉

---

[1] 通常，不希望伪随机数生成器生成 0 或者 1，原因在于此类数值同某些分布中的 ±∞ 对应，同时我们又希望基于此类分布生成随机变量。例如，均值为 1 的指数分布逆累积分布函数是 $F^{-1}(u) = -\ln(1 - u)$。

及人类生命安全，因此不希望出现系统故障。假设该仿真的每个重复要求获得100个随机数，且希望观测至少30个故障。若实际故障概率是百万分之一，则需要 $100 \times 30 \times 1000000 = 3000000000$ 个随机数，远远多于在随机数重复之前伪随机数生成器（式（6.30））能生成的数量。

但是，即使生成器的周期 P 足以适用于该应用，但是需谨记在这个周期内仍然会出现很多问题。L'Ecuyer 和 Simard（2001）证明对于很多标准生成器而言，如式（6.30）的生成器，若实际使用周期多于某部分周期（从 $P^{1/3}$ ~ $P^{1/2}$），则可通过统计实验检测出生成器的非随机行为。这意味着我们希望具有周期实际上比应用所需的周期更大的生成器。为完善我们对现代伪随机数生成器的理解，说明了两种通用方法，这两种方法可在很大程度上扩展 MCG 的周期，但关于选取能给出良好统计特性的具体常量的问题超出了本书的范畴。

6.5.1 多重递归生成器

递归随机数生成器可将之前状态映射成新的状态，因此，生成周期取决于其所采用的独特状态的数量。由于其状态是最近生成的整数 z_{i-1}，因此 MCG 的周期是有限的，它仅可呈现 m 个数值。K 阶的多重递归生成器（MRG）可将该状态扩展为包含最新的 K 个数值：

$$z_i = (\alpha_1 z_{i-1} + \alpha_2 z_{i-2} + \cdots + \alpha_k z_{i-k}) \mod m$$

$$u_i = \begin{cases} \dfrac{z_i}{m+1}, z_i > 0 \\ \dfrac{m}{m+1}, \text{其他} \end{cases} \quad\quad (6.32)$$

需要注意的是，$z_i = 0$ 对于 MRG 而言并不是致命性的，但是将其映射为 $m/(m+1)$，可免生成的 $u_i = 0$。由于该生成器的状态是 $(z_{i-K}, z_{i-K+1}, \cdots, z_{i-1})$，且每种状态均取得 m 个可能取值，因此最大周期是 $P = m^K - 1$，该周期可避免出现状态 $(0, 0, \cdots, 0)$。实现全周期的必要（但不充分）条件是 α_K 和至少另一个 α_j 非零。需要注意的是此类生成器的"种子"包括 K 个数值 $(z_0, z_1, \cdots, z_{K-1})$。

6.5.2 组合生成器

组合 MRG 是一种进一步增加生成器状态的方式。假设拥有以如下形式表示的 $j = 1, 2, \cdots, J$ 个形式如下的 MRG 生成器：

$$z_{i,j} = (\alpha_{1,j} z_{i-1,j} + \alpha_{2,j} z_{i-2,j} + \cdots + \alpha_{K,j} z_{i-K,j}) \mod m_j$$

这就是说，$z_{i,j}$ 是取自第 j 个 MRG 的第 i 个伪随机整数。这样，便可基于如下公式得出第 i 个伪随机数：

$$z_i = (\delta_1 z_{i,1} + \delta_2 z_{i,2} + \cdots + \delta_J z_{i,J}) \mod m_1$$

$$u_i = \begin{cases} \dfrac{z_i}{m_1 + 1}, z_i > 0 \\[2ex] \dfrac{m_1}{m_1 + 1}, \text{其他} \end{cases}$$

式中：$\delta_1, \delta_2, \cdots, \delta_J$ 为固定整数。总之，生成器中包含并行执行的 J 个 k 阶 MRG，它们的输出结合生成一个伪随机数。

若各分量 MRG 使用素数模量 m_j，且周期 $P_j = m_j^K - 1$，那么组合生成器的周期至少应为 $P = P_1 P_2 \cdots P_K / 2^{J-1}$。需要注意的是，适用于该生成器的初始化"种子"包含 $J \cdot K$ 个数值。

广泛应用的特殊示例是 MRG32k3a（L'Ecuyer 1999），其中包含 $J = 2$ 个 $k = 3$ 阶的 MRG：

$$z_{i,1} = (1403580 z_{i-2,1} - 810728 z_{i-3,1}) \mod 2^{32} - 209$$

$$z_{i,2} = (527612 z_{i-1,2} - 1370589 z_{i-3,2}) \mod 2^{32} - 22853$$

$$z_i = (z_{i,1} - z_{i,2}) \mod 2^{32} - 209$$

该生成器的生成周期是 $P \approx 2^{191} \approx 3 \times 10^{57}$，该周期相对较长：若人们能够每秒生成 20 亿个伪随机数（VBASim 生成器的全周期），那么穷尽 MRG32k3a 的周期花费的时间可能比宇宙年龄还长！

组合 MRG 可以生成一个具有良好统计属性和运行周期较长的生成器的原因很多，但是，无论怎样，必须谨慎制定具体决策，见 L'Ecuyer（2006）。如下结果说明，若第一个分量 $MRG_{z_{j,1}}$ 提供近乎均匀分布的整数，则组合生成器也将提供此类整数。这样，组合若干 MRG 将不会破坏第一个生成器的均匀性。当然，这将无法保证后续值的独立性。

定理 6.2（L'Ecuyer 1988） 假设 $Z_1, Z_2, \cdots, Z_J$ 是独立的整数值随机变量，Z_1 具有 $\{0, 1, \cdots, m_1 - 1\}$ 上的离散均匀分布。那么

$$Z = \sum_{j=1}^{J} Z_j \mod m_1$$

也具有 $\{0, 1, \cdots, m_1 - 1\}$ 上的离散均匀分布。

证明：设 $W = \sum_{j=2}^{J} Z_j \mod m_1$，需要注意的是 $Z_1 \mod m_1 = Z_1$。则

$$Z = (Z_1 \mod m_1 + \sum_{j=2}^{J} Z_j \mod m_1) \mod m_1$$

$$= (Z_1 + W) \mod m_1$$

然后，由于 W 仅可在 $\{0, 1, \cdots, m_1 - 1\}$ 中取值，因此在 $z = 0, 1, \cdots, m_1 - 1$ 的情况下，设定：

$$\Pr\{Z = z\} = \sum_{w=0}^{m_1-1} \Pr\{Z = z \mid W = w\} \Pr\{W = w\}$$

$$= \sum_{w=0}^{m_1-1} \Pr\{(Z_1 + W) \bmod m_1 = z \mid W = w\} \Pr\{W = w\}$$

$$= \sum_{w=0}^{m_1-1} \Pr\{(Z_1 + W) \bmod m_1 = z\} \Pr\{W = w\} \qquad (6.33)$$

$$= \sum_{w=0}^{m_1-1} \frac{1}{m_1} \Pr\{W = w\}$$

$$= \frac{1}{m_1}$$

这里可以得出（6.33）式，是由于有且仅有一个 Z_1 值将使得 $(Z_1 + w) \bmod m_1 = z$，且 Z_1 具有一个离散均匀分布，因此所有数值均同样地相似。

6.5.3 伪随机数生成器的合理使用

伪随机数生成器（如 VBASim 中的 lcgrand）的运行要确保在每次调用之后保留生成器状态内存。这样，生成器的每次调用可推进至序列中的下一个伪随机数，并近似于基于 U（0，1）分布的独立样本。这是可以将仿真重复视为独立重复的原因，正如我们不穷尽生成器周期 P 或错误地重置仿真重复之间的初始化种子一样。需要注意的是，由于不同的生成器状态可映射成相同的 z_i 数值，因此 MCG 将在每次调用中生成不同整数 z_i，而 MRG 或组合 MRG 可以（并且将会）在穷尽其周期之前多次生成相同的 z_i。

对经过良好测试的伪随机数生成器（如 MRG32k3a）使用特殊初始化种子并不存在明显优势。通常误区是，由于某部分序列相对于其他部分而言更具随机性，因此伪随机数生成器包含不同数流（初始化种子），或分配不同的数流可使不同的输入过程更加独立，但事实并非如此。良好的伪随机数生成器似乎可生成一系列独立同分布的 $U(0,1)$，因此无所谓其是否被以其自然顺序来使用或是否取自不同子序列。

当然，正如在真实随机过程中一样，意外事件也会出现在伪随机数列中。这就是有必要运行足够长或足够数量的仿真重复以控制随机中的突变问题的原因，以及通过标准误差或置信区间测量统计误差的原因。这些是良好实验设计和分析的目标，也是第 7 章和第 8 章的主题。

当通过仿真对备选情景进行比较时，随机数流可用来同步化不同情景随机数的使用。粗略地说，就是希望在各中情景中看到相同的随机性来源，以确保观测到的性能差异源自情景间结构的差异，而非源自不同的随机数。如第 8 章所讨论的，确保将每一个伪随机数以相同目的用于各备选情景仿真中可促进上述目标的实现。对不同输入过程赋值不同数流也有助于前述目标的实现。只有在模拟一个单独情景的情况下，使用哪个数流才是无关紧要的。

总之，在合理说明真实世界中发生的不确定性过程中，随机选择初始化种子 z_0 是至关重要的。在表面看起来正常的情况下，仍需谨记，如纸牌游戏或彩票一样，随机仿真的目标并不是生成随机结果，而是估计受不确定性影响的系统的潜在特性。无论初始化种子是固定的还是随机的，均应进行实验以控制随机效应和获得精确估计量。若信任伪随机数发生器，则通过使用固定种子或数据流获得的可重复性和精确对比的好处，将远胜于通过选择一个随机种子所带来的与实际不确定性弱相关的缺点。

附录 1　GLD 属性

如下结果可在 Karian 和 Dudewicz（2000）或 Lakhany 和 Mausser（2000）的文献中查阅。

GLD 在点 $x = Q(y)$ 处的概率密度函数如下：

$$f(x) = \frac{\lambda_2}{\lambda_3 \, y^{\lambda_3 - 1} + \lambda_4 \, (1 - y)^{\lambda_4 - 1}}$$

式中：Q 为逆累积分布函数，该表达式可用于绘制拟合的 GLD 分布。GLD 的支集取决于其参数 λ_3 和 λ_4，见表 6.1（Karian 和 Dudewicz，2000）。

表 6.1　λ_3、λ_4 与其支集

λ_3	λ_4	支集
$\lambda_3 > 0$	$\lambda_4 > 0$	$[\lambda_1 - 1/\lambda_2, \lambda_1 + 1/\lambda_2]$
$\lambda_3 > 0$	$\lambda_4 = 0$	$[\lambda_1, \lambda_1 + 1/\lambda_2]$
$\lambda_3 = 0$	$\lambda_4 > 0$	$[\lambda_1 - 1/\lambda_2, \lambda_1]$
$\lambda_3 < 0$	$\lambda_4 < 0$	$(-\infty, \infty)$
$\lambda_3 < 0$	$\lambda_4 = 0$	$(-\infty, \lambda_1 + 1/\lambda_2]$
$\lambda_3 = 0$	$\lambda_4 < 0$	$[\lambda_1 - 1/\lambda_2, \infty)$

为通过矩量法拟合 GLD，在 $\lambda_3 > -1/4$ 和 $\lambda_4 > -1/4$ 的条件下，应使用如下公式：

$$\mu = \lambda_1 + \frac{A}{\lambda_2}$$

$$\sigma^2 = \frac{B - A^2}{\lambda_2^2}$$

$$\alpha_3 = \frac{C - 3AB + 2A^3}{\lambda_2^3 \sigma^3}$$

$$\alpha_4 = \frac{D - 4AC + 6A^2B - 3A^4}{\lambda_2^4 \sigma^4}$$

其中：

$$A = \frac{1}{1 + \lambda_3} - \frac{1}{1 + \lambda_4}$$

$$B = \frac{1}{1 + 2\lambda_3} - \frac{1}{1 + 2\lambda_4} - 2\mathrm{B}(1 + \lambda_3, 1 + \lambda_4)$$

$$C = = \frac{1}{1 + 3\lambda_3} - \frac{1}{1 + 3\lambda_4} - 3\mathrm{B}(1 + 2\lambda_3, 1 + \lambda_4) + 3\mathrm{B}(1 + \lambda_3, 1 + 2\lambda_4)$$

$$D = \frac{1}{1 + 4\lambda_3} - \frac{1}{1 + 4\lambda_4} - 4\mathrm{B}(1 + 3\lambda_3, 1 + \lambda_4) + 6\mathrm{B}(1 + 2\lambda_3, 1 + 2\lambda_4) -$$

$$4\mathrm{B}(1 + \lambda_3, 1 + 3\lambda4)$$

和

$$\mathrm{B}(a, b) = \int_0^1 x^{a-1}(1 - x)^{b-1}\mathrm{d}x$$

软件可在 Karian 和 Dudewicz（2000）的文献中查找。

为便于通过最小二乘法进行拟合，需要 $E[Q(U_{(i)})]$，具体的 $E[Q(U_{(i)})]$ 值可利用如下公式计算：

$$E\left[U_{(i)}^{\lambda_3}\right] = \frac{\Gamma(m+1)\Gamma(i+\lambda_3)}{\Gamma(i)\Gamma(m+\lambda_3+1)}$$

$$E\left[(1 - U_{(i)})^{\lambda_4}\right] = \frac{\Gamma(m+1)\Gamma(m-i+\lambda_4+1)}{\Gamma(m-i+1)\Gamma(m+\lambda_4+1)}$$

附录 2　NORTA 法的实现

在本附录中，提供关于 NORTA 法实现的细节。我们假设以观测的输入数据开始，拟合 NORTA 输入模型，然后生成变量。

1. 拟合 NORTA 分量

假设已经有观测的输入数据，且确信该数据是独立同分布的矢量 $X_h = (X_{1h}, X_{2h}, \cdots, X_{kh})^{\mathrm{T}}$，$h = 1, 2, \cdots, m$。由于随机矢量是独立且同分布的，因此任何一个边际分布 i 的 $X_{i1}, X_{i2}, \cdots, X_{im}$ 也应是独立同分布的。这样，便可通过使用 6.2 节所述的任意方法对第 i 个边际分布进行拟合。将拟合的边际分布表示为 $\hat{F}_i$，$i = 1, 2, \cdots, k$。令：

$$\overline{X} = \frac{1}{m}\sum_{h=1}^m X_h$$

为样本均值矢量，并令

$$\hat{C} = \frac{1}{m-1} \sum_{h=1}^{m} (X_h - \overline{X})(X_h - \overline{X})^{\mathrm{T}} \tag{6.34}$$

为样本方差 – 协方差矩阵。则，样本相关度为 $\hat{\rho}_{ij} = \hat{C}_{ij} / \sqrt{\hat{C}_{ii}\hat{C}_{jj}}$。令 $\hat{R} = (\hat{\rho}_{ij})$ 为估计相关性矩阵。拟合的边际函数 $\hat{F}_i(i=1,2,\cdots,k)$ 和相关度 $\hat{\rho}_{ij}$ 是 NORTA 相关性匹配问题的输入。我们对如下一种解法进行说明。

根据如上所述设置，确定 $\hat{R}$ 是正半定矩阵，即一个合理的相关矩阵要求。不幸的是，若我们没有关于所有 k 个输入过程的 m 个完整的观测矢量，则无法保证 $\hat{R}$ 是正半定矩阵。例如，已经对 (X_1, X_2) 共同进行了 100 次观测，而另一项单独的研究对 (X_2, X_3) 进行了 87 次观测，但 (X_1, X_3) 从来没有被联合观测过，所以它们的相关度只能使用推测值。我们可基于这些数据分别估计 ρ_{12}、ρ_{13} 和 ρ_{23}，但是无法保证 $\hat{R}$ 将是正半定矩阵，需要采用某些补救措施。例如，若 $\hat{R}$ 不是正半定相关矩阵，那么在 ε 是 $\hat{R}$（将为负值）的最小特征值和 I 为 $k \times k$ 的单位矩阵情况下有：

$$\hat{R}' = \frac{\hat{R} - \varepsilon I}{1 - \varepsilon}$$

当前还存在很多其他补救措施（例如 Ghosh 和 Henderson（2002）文献中的方法）。

备注 6.1 需要注意的是，我们的方法将问题分解为分别拟合边际函数和相关性，然后解相关性匹配问题。Biller 和 Nelson（2005）对一种同时拟合边际函数和相关性结构的最小二乘法进行了说明。

2. 生成多变量正态矢量

NORTA 法的一个环节是生成具有相关矩阵 R 的标准多变量正态随机矢量。多变量正态分布由其边际函数均值和标准偏差以及所有分量对之间的相关性来完全表征（见 Johnson（1987））。

为便于说明如何生成变量，假设 $k=2$，这样，便需要具有相关度 $r = r_{12}$ 的二元正态随机矢量 (Z_1, Z_2)。若 (W_1, W_2) 是独立且同分布的 $N(0,1)$ 随机变量，则如下转换有效：

$$\begin{pmatrix} Z_1 \\ Z_2 \end{pmatrix} = \begin{pmatrix} 1 & 0 \\ r & \sqrt{1-r^2} \end{pmatrix} \begin{pmatrix} W_1 \\ W_2 \end{pmatrix} \tag{6.35}$$

需要注意的是，按照定义，Z_1 是 $N(0,1)$，同时，由于其是一个正态分布随机变量的线性组合，因此 Z_2 呈正态分布。另外，$\mathrm{Var}(Z_2) = r^2 + (\sqrt{1-r^2})^2 = 1$。练习（37）要求人们证明 $\mathrm{Corr}(Z_1, Z_2) = r$。

式（6.35）以如下事实为基础，即在已知 Z_1 的情况下，Z_2 的条件分布是

$N(rZ_1, 1-r^2)$。这便启发人们将 $k=2$ 扩展为 $k>2$：在已知 $Z_1, Z_2, \cdots Z_{h-1}$ 的情况下，Z_h 的条件分布呈正态分布（$h = 2,3,\cdots,k$）。如下算法相当于生成 Z_1，然后在已知 Z_1 的情况下，生成 Z_2，然后在已知 Z_1、Z_2 的情况下生成 Z_3，以此类推（Johnson，1987）：

（1）令 C 为相关矩阵 R 的柯列斯基分解，则 $C^{\mathrm{T}}C = R$；

（2）令 $W^{\mathrm{T}} = (W_1, W_2, \cdots W_k)$，其中 W_i 是独立且同分布的 $N(0,1)$；

（3）令 $Z = (Z_1, Z_2, \cdots Z_k)^{\mathrm{T}} = C^{\mathrm{T}}W$。

备注 6.2 尽管无需使用 NORTA 法，但另一个有用的事实是，若 $Z \sim N(0,1)$，则 $\mu + \sigma Z \sim N(\mu, \sigma^2)$。那么，这提供了一种生成具有任意均值、方差和相关性的多变量正态随机矢量的方法，该方法首先通过生成具有期望的相关性的 $Z_1, Z_2, \cdots, Z_k$，然后利用转换得到要求的均值和方差。

3. 求解相关性匹配问题

相关性匹配问题可通过两种观点进行简化，一种观点显而易见，另一种则不是。

（1）对于 NORTA 矢量而言，相关性 ρ_{ij} 是基础相关度 r_{ij} 的唯一函数。该推理为真的依据见如下公式：

$$\rho_{ij} = \mathrm{Corr}(X_i, X_j) = \mathrm{Corr}(F_i^{-1}[\Phi(Z_i)], F_j^{-1}[\Phi(Z_j)])$$

该式是仅包含 Z_i 和 Z_j 的函数。这样，相关性匹配问题可被分解为 $k(k-1)/2$ 个单独匹配问题。

（2）在适度条件下，$\mathrm{Corr}(F_i^{-1}[\Phi(Z_i)], F_j^{-1}[\Phi(Z_j)])$ 是 r_{ij} 的连续且不递减函数。这样，便可通过直接搜索查找 r_{ij}。

为完成搜索，需要针对任意给定的 r_{ij} 能够计算 $\mathrm{Corr}(F_i^{-1}[\Phi(Z_i)], F_j^{-1}[\Phi(Z_j)])$。在本质上，存在两种选择：数值法或仿真。在此，出于简单的原因，我们介绍仿真法，如需了解数值法，见 Cario 和 Nelson（1998）以及 Biller 和 Nelson（2003）的文献。

仿真法是一种简单明确的方法：在给定一对边际函数 F_i 和 F_j，一个要匹配的相关度 ρ_{ij} 和一个待检查的可行值 r_{ij} 的情况下，生成 $X_i = F_i^{-1}[\Phi(Z_i)]$ 和 $X_j = F_j^{-1}[\Phi(Z_j)]$ 的 m 个独立仿真重复，估计相关度 $\hat{\rho}$，然后调整 r_{ij}，直至 $\hat{\rho} \approx \rho_{ij}$。在下面的算法中，执行二分法搜索，并调用函数 rho 计算相关度估计量 $\hat{\rho}$。需要注意的是，必须指定仿真重复 m 和容差 $\epsilon > 0$ 的值，后文我们会针对此类选择给出评注。

经验的相关性匹配算法：

（1）生成 $W_1 = (W_{11}, W_{12}, \cdots, W_{1m})$ 和 $W_2 = (W_{21}, W_{22}, \cdots, W_{2m})$，均为独立同分布的 $N(0,1)$。

（2）如果 $\rho < 0$，则令 $\ell = -1$ 且 $u = 0$；

否则令 $\ell = 0$ 且 $u = 1$。

（3）令 $r = \rho_{ij}$。

（4）令 $\hat{\rho} = \text{rho}(r, W_1, W_2)$。

（5）当 $|\hat{\rho} - \rho_{ij}| > \varepsilon$ 时执行：

　　①如果 $\hat{\rho} > \rho_{ij}$，则令 $u = r$

　　　否则令 $\ell = r$

　　②令 $r = (\ell + u)/2$

　　③令 $\hat{\rho} = \text{rho}(r, W_1, W_2)$

（6）重复步骤（5）。

（7）返回 $r_{ij} = r$。

在已知 r 值的情况下，可通过如下函数计算相关度估计量。

函数 $\text{rho}(r, W_1, W_2)$：

（1）令 $Z_{1j} = W_{1j}$，　$j = 1, 2, \cdots, m$。

（2）令 $Z_{2j} = rZ_{1j} + \sqrt{1 - r^2}\, W_{2j}$，　$j = 1, 2, \cdots, m$。

（3）令 $X_{ij} = F_i^{-1}[\Phi(Z_{ij})]$，$i = 1, 2$；$j = 1, 2, \cdots, m$。

（4）返回 $\text{rho} = \dfrac{\sum\limits_{h=1}^{m}(X_{1h} - \overline{X}_1)(X_{2h} - \overline{X}_2)}{\sqrt{\left[\sum\limits_{h=1}^{m}(X_{1h} - \overline{X}_1)^2\right]\left[\sum\limits_{h=1}^{m}(X_{2h} - \overline{X}_2)^2\right]}}$。

显而易见，样本量 m 和容差 ε 的选择至关重要。我们建议 m 数值不小于 10000，ε 不大于 $0.05\,|\rho_{ij}|$，优选 $0.01\,|\rho_{ij}|$。Chen（2001）说明了，随着 m 值的增加和 ε 值减少，如何利用一系列实验控制误差。由于随着 k 值增大，质量不高的 **R** 估计可能成为非正定的，而正定性是使其成为合理的相关矩阵的条件，因此有必要对误差进行控制。

同样需要注意的是，仅需生成一组 W_1、W_2。

4. 累积分布函数和逆累积分布函数的评估

如上所述，NORTA 法需要具备如下 3 个能力：

（1）评价标准正态累积分布函数 $\Phi(\cdot)$ 的能力。

（2）评价目标边际分布的逆累积分布函数 $F_1^{-1}(\cdot), F_2^{-1}(\cdot), \cdots, F_k^{-1}(\cdot)$ 的能力。

（3）生成独立同分布的标准正态随机变量 W_{ij} 的能力。

很多数字图书馆中都包含用以评估 $\Phi(\cdot)$ 的有效方法的文献，同时，在 Bratley 等人（1987）的著作中还可找到计算机代码。NORTA 法对正态累积分布函数的精确评估非常敏感，同时若实施中不能以合理的方式对尾部进行处理，则可能导致经验相关性匹配无法收敛。

如 6.4 节所述，即使当 $F^{-1}(\cdot)$ 无法以闭型形式表达时，其仍可能以数值形式转换累积分布函数。在各种数字图书馆和 Bratley 等人（1987）的文献中可找到用以评估很多常用分布逆累积分布函数的数值法。

练　习

（1）假设 Z_1，Z_2，$\cdots$ 是独立同分布的，且 $X = \prod\limits_{i=1}^{n} Z_i$。令 $W = ln(X) = \sum\limits_{i=1}^{n} ln(Z_i)$，且假设 $E(\ln(Z_1)^2) < \infty$。利用中心极限定理和连续映射定理证明 X 呈渐近对数正态分布。

（2）证明在 $\alpha > 1$ 的情况下，适用于威布尔分布的风险函数增加，而 $\alpha < 1$ 时，减少，$\alpha = 1$ 时，为常数。

（3）导出当 $Y = a + (b - a)Y'$ 时，Y 和 Y' 的均值和方差之间的关系式。

（4）证明式（6.9）中的 X 和 X' 具有相同的偏斜度和峰态。

（5）若我们不求解式（6.10）中的最小二乘方程，而是尝试求解如下公式，会出现什么问题？

$$\hat{\theta}_U = \text{argmin}_\theta \sum_{i=1}^{m} w(i) \left(F(X_{(i)}; \theta) - \frac{i}{m} \right)^2$$

提示：假设 F 是无边界分布，如指数分布。

（6）假定希望通过指定最大值、最小值和平均值对三角分布进行参数化。在已知该信息的情况下，导出最可能取值 b。

（7）证明经验累积分布函数渐近一致地收敛于累积分布函数，即 $\hat{F}(x) \xrightarrow{\text{a.s}} F(x)$。

（8）假设 $\hat{X} \sim \hat{F}$，是 $X_1, X_2, \cdots, X_m$ 的经验累积分布函数，证明：

$$\text{Var}(\hat{X} \mid X_1, \cdots, X_m) = \frac{1}{m} \sum_{i=1}^{m} (X_i - \overline{X})^2$$

（9）就线性插值经验累积分布函数而言，证明通常 $E(\tilde{F}(x)) \neq F_X(x)$（给出一个示例即可）。

（10）假设 $\tilde{X} \sim \tilde{F}$ 是线性插值的经验累积分布函数。导出适用于 $E(\tilde{X} \mid X_1, \cdots, X_m)$ 的通式，证明其不等于 $\overline{X}$，$m \to \infty$ 的情况除外。

（11）请对球迷到达篮球比赛现场的事件，或者更普遍地说，对所有具有固定开始时间和总容量的事件的到达问题，给出建议的模拟方法。

（12）在本章中，主要关注 $\lambda(t)$ 或者 $\Lambda(t)$ 的非参数化估计量。但是，有一篇关于参数化模型的重要文献（Lee 等，1991），给出：

$$\lambda(t) = \exp\left\{ \sum_{i=0}^{p} \beta_i t^i + \eta \sin(\omega t + \phi) \right\}$$

式中：$\rho, \beta_i, \eta, \omega$ 和 ϕ 是基于到达数据估计的参数。该模型允许存在由 $\eta \sin(\omega t + \phi)$ 定义的循环行为和贯穿 $\sum_{i=0}^{p} \beta_i t^i$ 的长期趋势。使用该形式而不是看起来更简化的 $\lambda(t) = \sum_{i=0}^{p} \beta_i t^i + \eta \sin(\omega t + \phi)$ 的优点是什么？

（13）证明对于任意固定的 $t \in [0, T]$，有 $\overline{\Lambda}(t) \xrightarrow{\text{a. s.}} \Lambda(t)$ 和 $E(\overline{\Lambda}(t)) = \Lambda(t)$。

提示：对于任意固定的 t 值而言，$N_1(t), N_2(t), \cdots, N_k(t)$ 是独立且同分布的随机变量。

（14）针对以固定时间间隔 δ 中的到达计数为基础获得的到达率函数 $\hat{\lambda}(t)$，导出对应的到达率积分函数。

（15）可在本书网站上的 FaxCounts. xls 文件中找到包含一个月（31 天）内按小时计算的传真到达数据。使用这些数据估计具有分段常数、非稳态的到达过程的到达率。

（16）事实上，对于第 4 章练习（16）中的客户服务中心而言，到达率并非是稳定的 60/h，其在全天中的不同时间段各有不同。可在本书网站中的 FaxCounts. xls 文件中找到包含一个月（31 天）内依小时计算的呼叫量数据。使用这些数据估计具有分段常数、非稳态泊松到达过程的到达率。请在客户中心仿真中执行该到达过程。这会对人们的建议产生影响吗？

（17）以前面习题中的呼叫到达数据为例。设 $N(t)$ 为到时间 t 时的累积次数。若该过程是非稳态泊松过程，则 $\mathrm{Var}(N(t))/E(N(t)) = 1$，该公式适用于所有 t 值，或换句话说，在 $\beta = 1$ 的情况下，$\mathrm{Var}(N(t)) = \beta E(N(t))$。在这种情况下，已经获得到达计数数据，因此，可估计 $t = 1, 2, \cdots, 8(\mathrm{h})$ 时的 $\mathrm{Var}(N(t))$ 和 $E(N(t))$。利用这些数据拟合该回归模型 $\mathrm{Var}(N(t_i)) = \beta E(N(t_i))$，确定 β 的估计值是否支持非稳态泊松到达过程的判断。提示：这是通过原点的回归。同样地，需谨记的是，$N(t_i)$ 代表到时间 t_i 时的到达总数。

（18）每个夏天，汽车经销商都会进行 40h 的促销。可在本书网站中的 ArrivatTimes. xls 文件中找到两次促销的客户到达时间（依小时计算）。使用这些数据构造一个线性插值的整体到达率函数 $\Lambda(t)$，然后利用 $\Lambda(t)$ 生成基于非稳态泊松到达过程的一天内客户到达时间。

（19）为以式（6.4）为累积分布函数的威布尔分布导出逆累积分布函数，该可逆累积分布函数应采用有利于随机变量生成的形式。

（20）导出三角分布（式（6.15））的累积分布函数，然后以有利于随机变量生成的形式导出其逆累积分布函数。

（21）证明线性插值的累积分布函数的逆累积分布函数为

$$\tilde{X} = X_{(i)} + (m-1)(X_{(i+1)} - X_{(i)})\left(U - \frac{i-1}{m-1}\right)$$

式中：$i = \lceil (m-1)U \rceil$。

（22）简单的医生办公室模型是一个单服务队列。假设按照计划，病患每隔15min到达办公室，但是病患不按照计划时间到达，到达偏离时间可模拟为正态分布，其中，均值为5min，标准偏差是1min。如何为此类队列生成到达过程？

（23）我们声明以下算法来实现生成均值为λ的泊松随机变量的逆累积分布函数法；也就是说，在$x = 0,1,2,\cdots$的情况下，$\Pr\{X = x\} = e^{-\lambda}\lambda^x/x!$：

① 令$c = d = e^{-\lambda}$且$X = 0$。

② 生成$U \sim U(0,1)$。

③ Until $U \leqslant c$ do

$X = X + 1$

$d = d\lambda/x$

$c = c + d$

Loop

④ 返回X。

首先证明该算法如声明那样可行。然后导出期望的为生成每个随机变量执行循环的次数。需要注意的是，该算法是λ的递增函数，因此该算法将随着λ的增加而逐渐降低效率。提示：当$x \geqslant 1$时，有$\Pr\{X = x\} = \lambda\Pr\{X = x-1\}/x$。

（24）通过式（6.29）的方法近似一个正态分布随机变量的效果如何？

（25）证明在$G(t) = 1 - e^{-\lambda t}$的情况下，$\lambda\int_0^t (1 - G(s))\mathrm{d}s = G(t)$。然后证明在通常情况下，$G_e \neq G$。

（26）证明若对$\overline{\Lambda}(t)$使用求逆法，则在这种情况下，（a）仅可生成观测到的到达时间$T_{(i)}, i = 0,1,\cdots,C$，（b）很可能生成在相同到达时间的多次到达。

（27）使用$\overline{\Lambda}(t)$的缺点是需要存储所有到达时间$T_{(i)}(i = 1,2,\cdots,C)$。作为补充，假定仅存储$\overline{\Lambda}(\delta),\overline{\Lambda}(2\delta),\cdots,\overline{\Lambda}(m\delta)$，其中$\delta = T/m$。并根据这些数据提出一个$\Lambda(t)$的插值估计，进而为其导出变量生成算法。

（28）对于适用于$\hat{\Lambda}(t)$的求逆法而言，证明$\tilde{S}_n = C/k$映射到时间T时的一次到达。

（29）假设以正随机变量Z和$E(Z) = 1$为条件，根据具有到达率积分函数$Z\lambda(t)$的NSPP过程生成到达。换句话说，为模拟该过程，首先生成Z值，然后利用求逆法或稀释法生成具有到达率$Z\lambda(t)$的NSPP过程的到达。导出适用于此过程的$E(N(t))$和$\mathrm{Var}(N(t))/E(N(t))$，并对导出结果和对一个更新过程求逆的结果进行对比。该到达过程称为双重随机泊松过程，其广泛应用于模拟客户服务中心到达过程。

（30）设置 X 为离散值随机变量，X 取值为 $x_0 < x_1 < \cdots < x_n$，概率分别为 $p_0, p_1, \cdots, p_n$。导出和证明拒绝算法的正确性，该方法首先利用离散均匀分布生成一个序号 $I \in \{0, 1, \cdots, n\}$。在生成一个 X 的算法中，预计需进行多少次实验？提示：可使用如下简单算法，但效率较低：① 生成 $W \sim U(0, 1)$，设置 $I = \lceil (n+1)W \rceil - 1$；② 生成 $U \sim U(0, 1)$；③ 若 $U \leqslant p_I$，则返回 $X = x_I$；否则，重复第③步。首先证明该算法可行，且其预计实验次数是 $n+1$。然后通过应用连续情况下使用的优化函数概念导出更好的算法。

（31）应用练习（30）的答案，生成一个基于 n 次实验（成功概率为 $0 < p < 1$）的二项分布的拒绝算法。也即如下算法：

$$\mathrm{Px}(i) = \Pr\{X = i\} = \binom{n}{i} p^i (1-p)^{n-i}, i = 0, 1, 2, \cdots, n$$

提示：二项分布的模式是 $i^* = \lfloor (n+1)p \rfloor$ 或者 $i^* = \lfloor (n+1)p \rfloor - 1$。

（32）在拒绝法中，为什么必须对各实验中的 U 和 Y 重新取样？如下算法是否满足要求？

① 生成 $U \sim U(0, 1)$；

② 生成 $V \sim g$；

③ 若 $U \leqslant f_X(V)/m(V)$，则返回 $X = V$；否则进入第②步。

（33）考虑利用如下算法（$S_0 = 0$）生成一个具有到达率 $\lambda(t)$ 的 NSPP 过程：

$$S_{n+1} = S_n - \ln(1 - U_{n+1})/\lambda(S_n)$$

式中：$U_1, U_2, \cdots$ 是独立且同分布的 $U(0, 1)$。换句话说，利用在最近的到达时间内生效的到达率生成一个指数分布的到达时间间隔。证明该方法无法保证生成具有到达率 $\lambda(t)$ 的到达过程。提示：考虑到达率 $\lambda(t)$ 在某些时间间隔内为 0。

（34）用于生成非稳态到达过程的反演法要求使用平衡基础过程，该过程中的到达率为 1，方差为 σ_A^2。当 $\sigma_A^2 > 1$ 时，Gerhardt 和 Nelson（2009）建议使用平衡超指数分布，这便意味着 $\tilde{A}$ 是基于到达率 λ_1 的指数分布的概率为 p，以及基于到达率 λ_2 的指数分布的概率为 $1 - p$。"平衡"意味着 $p/\lambda_1 = (1 - p)/\lambda_2$。这样，便仅存在两个自由参数 p 和 λ_1。请证明，可实现期望的到达率和方差，但前提是：

$$P = \frac{1}{2}\left(1 + \sqrt{\frac{\sigma_A^2 - 1}{\sigma_A^2 + 1}}\right), \lambda_1 = 2p$$

（35）用于生成非稳态到达过程的求逆法需要平衡基础过程，该基础过程的到达率 1 和方差 σ_A^2。当 $\sigma_A^2 < 1$ 时，Gerhardt 和 Nelson（2009）建议使用常规次序的混合厄兰分布。首先，查找整数 k，这样 $1/k \leqslant \sigma_A^2 < 1/(k-1)$。然后，在

概率为 p 的情况下，$\tilde{A}$ 呈阶段为 $k-1$，均值为 $k-1/\lambda$ 的厄兰分布，同时，在概率为 $1-p$ 的情况下，其呈阶段为 k，均值为 k/λ 的厄兰分布。在这种情况下，存在两个自由参数 p 和 λ。证明我们可实现期望的到达率和方差，但前提是：

$$p = \frac{1}{1+\sigma_A^2}(k\sigma_A^2 - \sqrt{k(1+\sigma_A^2) - k^2\sigma_A^2})$$

$$\lambda = k - p$$

（36）假设 Y 是具有严格递增累积分布函数 F 的连续数值随机变量，证明 $U = F(Y)$ 具有 $U(0,1)$ 分布（称为概率 – 积分变换）。

（37）证明式（6.35）意味着 $\text{Corr}(Z_1, Z_2) = r$。提示：由于已经证明 Var（Z_1）$= \text{Var}$（Z_2）$= 1$，因此 $\text{Corr}(Z_1, Z_2) = \text{Cov}(Z_1, Z_1)$。

（38）作为笔记本电脑组装过程的一部分，可将多个批次的计算机装入台架中，并将软件复制到它们硬盘驱动器中。从向台架中装计算机的时间取决于该批次中有多少台计算机，但针对该时间的预测是不充分的。对于笔记本电脑的组装的仿真而言，需使用输入模型，在已知一个批次的大小的情况下，输入模型可生成装载的时间。设计一个合理的输入建模和变量生成算法，并仔细调整所用方法。可使用下表的数据：

表 6.2 练习 3 的数据

批次大小	装载时间（分钟）	批次大小	装载时间（分钟）
5	9.9	5	9.9
10	15.2	5	9.4
15	20.2	10	15.8
20	24.4	15	20.1
10	14.4	20	25.7
10	14.8	5	10.5
15	20.8	10	15.6
5	10.0	10	15.2
5	9.0	5	10.2
15	19.5	20	24.5

（39）对于具有如下密度函数的随机变量 X：

$$f(x)\begin{cases} 0, & x < -1 \\ \dfrac{x+1}{2}, & -1 \leq x \leq 1 \\ 0, & x > 1 \end{cases}$$

请提供两种变量生成算法：一种使用逆累积分布函数生成算法；另一种使用拒绝算法。

（40）在已知关于 $[0, T]$ 的到达时间观测值的情况下，线性插值的到达率积分函数如下：

$$\hat{\Lambda}(t) = \left(\frac{C}{C+1}\right)\left[\frac{i}{k} + \frac{1}{k}\left(\frac{t-T_{(i)}}{T_{(i-1)}-T_{(i)}}\right)\right]$$

式中：$T_i < t \leqslant T_{(i+1)}$，$T_{(0)} = 0$，$T_{(C+1)} = T$ 同时 $T_{(i)}$ 是按顺序排列的到达时间。假设希望通过稀释法而不是求逆法生成具有该到达率积分函数的到达。这样，便需要到达率函数 $\hat{\lambda}(t)$。首先，给出用 $\overline{\Lambda}(t)$ 表达的该到达率函数表达式，然后给出适用于稀释法的最大到达率 $\tilde{\lambda}$ 的表达式。

（41）实现 6.3.2 节中所述的随机矢量示例，并比较所得结果和本书所述结果（本书结果设 $m = 10000$ 和 $\varepsilon = 0.01|\rho_{12}|$）。尝试拟合各类边际分布，在这些边际分布中，使用了该逆累积分布函数（Excel、Matleb、R 和其他软件应用中将很多分布的逆累积分布函数作为内置函数，也包括正态分布的累积分布函数）。

（42）广泛使用的全周期 MCG 是 $z_i = 16807\, z_{i-1} \bmod 2^{31} - 1$。实现本生成算法，使用双精度浮点数运算，以避免溢出问题。

（43）以 $z_0 = 1$ 开始，生成 10 个附加起点种子，距离练习（42）中的生成器 100000 个值之外。

（44）证明一个 K 阶 MRG 可以表达为

$$z_i = A\, z_{i-1} \quad \bmod m$$

式中：$z_i = (z_{i-K+1}, z_{i-K}, \cdots, z_i)^{\mathrm{T}}$ 且

$$A = \begin{pmatrix} 0 & 1 & \cdots & 0 \\ \vdots & & \ddots & 0 \\ 0 & 0 & \cdots & 1 \\ \alpha_k & \alpha_{k-1} & \cdots & \alpha_1 \end{pmatrix}$$

同样证明，可利用如下关系式向前跳过 q 个值：

$$z_{i+q} = A^q z_{i-1} \bmod m = (A^q \bmod m) z_{i-1} \bmod m$$

（45）对于 MCG 而言，证明 $z_i = \alpha^i z_0 \bmod m$。提示：若 b_1，b_2，m 是整数，且 $r_i = b_i \bmod m$，则 $(r_1 r_2 \bmod m) = (b_1 b_2 \bmod m)$。

（46）对于如下 L'Ecuyer 类的联合线性同余生成函数而言：

$$Z_i = (Z_{i,1} - Z_{i,2}) \quad \bmod 15$$

$$U_i = \begin{cases} \dfrac{Z_i}{16}, Z_i > 0 \\[2mm] \dfrac{15}{16}, Z_i = 0 \end{cases}$$

其中两个生成函数为

$$Z_{i,1} = (11\, Z_{i-1,1}) \bmod 16, Z_{0,1} = 1$$
$$Z_{i,2} = (2\, Z_{i-1,2}) \bmod 13, Z_{0,2} = 1$$

请手动生成 U_1 和 U_2，然后实现该生成器。

第7章 仿真输出

本章主要介绍仿真输出分析，特别是均值、概率和分位数的估计以及这些估计的误差度量的问题，并着重介绍风险和误差之间的区别以及用以驱动仿真的输入过程的不确定性的影响。

7.1 性能指标、风险和误差

图7.1所示为1000次仿真重复的时间柱状图和经验累计分布函数（ecdf），这1000次仿真重复时间是用于3.4节中所述的项目完成随机活动网络（SAN）规划，并在4.4节进行了仿真的数据。令随机变量 Y 为完成具有累积

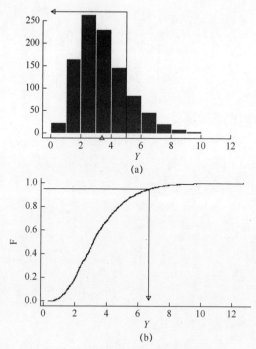

(a)

(b)

图7.1 完成随机活动网络的1000次仿真重复的时间柱状图（a）和经验累积分布图（b）

柱状图：箭头表示项目竣工时间不大于5；圆圈表示样本均值；经验累积分布函数：箭头表示 Y (950)

分布函数 F_Y 的该项目的时间；$Y_1, Y_2, \cdots, Y_{1000}$ 为基于 1000 次独立且同分布仿真重复得出的结果；$Y_{(1)} \leqslant Y_{(2)} \leqslant \cdots \leqslant Y_{(1000)}$ 为排序值（称为排序统计量）；$\hat{F}$ 为经验累积分布函数。我们可根据该图假设若干系统性能指标的估计值：

- 项目完成时间的期望值（均值）$\mu = E(Y)$，可通过样本均值 $\overline{Y} = \sum_{i=1}^{n} Y_i/n$ 估计该数值。

- 项目在不多于 5 天时间内完成的概率值 $\theta = F_Y(5)$，可通过 $\hat{F}(5) = \#\{Y_i \leqslant 5\}/1000$ 估计。

- 0.95 分位数的项目完成时间 $\vartheta = F_Y^{-1}(0.95)$，可通过 $\hat{F}^{-1}(0.95) = Y_{0.95}$ 估计。0.95 分位数是一个时间 ϑ，在该时间之前或至该时间，完成项目的概率是 0.95。

本节内容根据仿真输出结果估计和解释这些性能指标。

对于 SAN 而言，与均值 μ 相比，概率 θ 和分数位 ϑ 是更加相关的性能指标。无论任何人申请该项目，θ 均表示在规定日期内完成项目的概率。无论任何人执行项目，ϑ 均表示基于可满足的已知概率承诺的竣工日期。在此关于项目完成平均时间的信息较少：假设项目仅可运行一次，柱状图显示项目可能的竣工时间接近平均值，但是仍无法完全确定。

作为对比，就 3.2 节所述和 4.3 节中模拟的医院候诊示例而言，我们关注 μ 值，即病患或访客的长运行平均等待时间。由于该平均值是在非常大量的病患和访客随时间到达医院的数据上进行的平均，反映着系统的综合性能，因此它的重要性显而易见。难以确定的是，哪些指标同 3.5 节所述并在 4.5 节模拟的亚式期权最相关。虽然其似乎类似于 SAN 示例，但由于我们只可能购买或出售此类期权一次，金融理论证实，在关于市场的特定假设下，期权价格是在特定概率模型中的期望支付；例如，Glasserman（2004，1.2 节）所述。因此，利用期望值 v 定价期权非常有意义。

在本章中特别强调的一点是，一些性能指标在刻画系统长期运行特征中非常有用，如均值 μ 等，其中"长期运行"也就意味着大量触发事件。其他指标，如概率 θ 或分数位 ϑ 可作为风险指标，用以量化在"下一次"可能出现的情况，而不是"长期"出现的情况。当然，必须估计所有的 μ、θ 和 ϑ 值，并且估计值应以样本误差为准。样本误差的度量是本章的另一个主题。通过样本误差度量可确定我们是否进行了充分的仿真（如获取足够多的仿真重复），进而确定是否可信任我们已获得的性能估计值。本章主要介绍估计值的误差测量，这些估计值是基于交叉仿真重复得出的独立且同分布数据的函数；然后我们将在第 8 章中讨论取自单个稳态仿真重复中的非独立数据的结果。

7.1.1　点估计量和误差测量

我们已在 5.2 节中对作为样本均值或样本均值函数的点估计量进行了分析。通过图 7.1 中统计数据的检查和回忆，若我们希望根据具有有限方差 σ^2 的独立且同分布的观测值估算 $\mu = E(Y)$，则自然无偏估计量是样本均值 $\overline{Y}$，它包含标准差 $\mathrm{se}(\overline{Y}) = \sigma/\sqrt{n}$。对于较大 n 值而言，中心极限定理可证明适用于 μ 的 $(1 - \alpha)100\%$ 置信区间（CI）：

$$\overline{Y} \pm Z_{1-\alpha/2} \frac{S}{\sqrt{n}} \tag{7.1}$$

是合理的。式中：S 为样本标准偏差，该偏差可根据样本方差开方根计算得出，即

$$S^2 = \frac{1}{n-1} \sum_{i=1}^{n} (Y_i - \overline{Y})^2 \tag{7.2}$$

$$= \frac{1}{n-1} \Big[\sum_{i=1}^{n} Y_i^2 - \frac{1}{n} \big(\sum_{j=1}^{n} Y_j \big)^2 \Big] \tag{7.3}$$

由于式（7.3）能够一步通过数据计算出 S^2 数值，但式（7.2）则需要两步计算，因此式（7.3）是最常用的公式。

对于图 7.1 中的数据而言，适用于 μ 的一个 95% 的置信区间是 3.46 ± 0.11。±0.11 是平均项目竣工时间 3.46 天的点估计量的误差测量值。若增加仿真重复次数，那么置信区间的宽度有望降至 $1/\sqrt{n}$。

由于在 y 的任意固定值下计算的经验累积分布函数是指标函数的平均值，因此概率估计量如 $\theta = \mathrm{Pr}\,\{Y \leqslant y\}$，可被视为样本平均值，则

$$\hat{F}(y) = \frac{1}{n} \sum_{i=1}^{n} I(Y_i \leqslant y) \tag{7.4}$$

这样，对于较大 n 值而言，仍适用式（7.1），同时，反复的代数计算证明：

$$S^2 = \Big(\frac{n}{n-1} \Big) \hat{F}(y)(1 - \hat{F}(y)) \tag{7.5}$$

当 n 值较大时，$n/(n-1)$ 通常视为 1。

对于图 7.1 中的数据而言，适用于 θ 的 95% 置信区间是 0.17 ± 0.02。同样，±0.02 是项目在 5 天以内或少于 5 天内竣工概率 0.17 的点估计量的误差测量值。在该案例中，实际上知道 $\theta = 0.165329707$，属于误差度量范围内。

概率估计量 $\hat{\theta}$ 的标准差为

$$\mathrm{se}(\hat{\theta}) = \sqrt{\frac{\theta(1 - \theta)}{n}}$$

该标准差在 $\theta = 1/2$ 时取最大值。但是，对于概率而言，相对误差更加

明显：

$$\frac{\mathrm{se}(\hat{\theta})}{\theta} = \sqrt{\frac{1-\theta}{n\theta}}$$

随着 $\theta \to 0$，相对于我们所估计的概率而言，估计误差的范围会发生显著性的增加。换句话说，事件越稀少，精确估计概率的难度便越大。

备注 7.1 在上述讨论中，假设 $\theta \neq 0$。对于在所有仿真实验中我们所关注的事件未发生的情况可参见 Lewis（1981）的文章。

假设 Y 的经验累积分布函数 F_Y 严格递增，且具有密度函数 f_Y。分数位是数值 ϑ，这样 $F_Y(\vartheta) = q$，或相等地 $\vartheta = F_Y^{-1}(q)$。显而易见，自然估计量 $\hat{\vartheta} = \hat{F}^{-1}(q) = Y_{(\lceil nq \rceil)}$ 不是样本平均值，因此其分布属性更为复杂。然而，可以证明 $\hat{\vartheta}$ 满足中心极限定理：

$$\sqrt{n}\,(\hat{\vartheta} - \vartheta) \xrightarrow{D} N\left(0, \frac{q(1-q)}{[f_Y(\vartheta)]^2}\right) \tag{7.6}$$

随着 $n \to \infty$，假设 $f_Y(\vartheta) > 0$。[1] 这样，标准差的较大 n 近似值如下：

$$\mathrm{se}(\hat{\vartheta}) \approx \sqrt{\frac{q(1-q)}{n\,[f_Y(\vartheta)]^2}}$$

但是，即使 $\hat{\vartheta}$ 的标准差减小为 $1/\sqrt{n}$，正如样本平均值的情况那样，但是由于其包含基于未知分数位 ϑ 估计的未知密度函数 f_Y，因此该结果并不易于使用。但是，该结果有助于确定 q 对标准差的影响，正如下示例所示的那样。

假设 $f_Y(y) = \mathrm{e}^{-y}, y \geq 0$，是均值为 1 的指数分布，那么 $\vartheta = -\ln(1-q)$，于是：

$$\mathrm{se}(\hat{\vartheta}) \approx \sqrt{\frac{q(1-q)}{n\,[\exp(\ln(1-q))]^2}} = \sqrt{\frac{q}{n(1-q)}}$$

这样，作为一个 q 分位数的估计量，$\hat{\vartheta} = Y_{(\lceil nq \rceil)}$ 的标准差将随着 $q \to 1$ 而发生显著性的增加，这意味分数位将大大偏离右尾。例如，当 Y 呈指数分布时，对于相同的 n，用于估计 0.99 分位数的 $\hat{\vartheta}$ 的标准差大约为用于估计 0.5 分位数（中值）的标准差的 10 倍。因此，分位数越极端，估计难度也越大。

幸运的是，有一种分位数置信区间并非以中心极限定理为基础。需要注意的是，由于 $\Pr\{Y_{(i)} \leq \vartheta\} = q$，且观测量 Y_i 是独立同分布的，则有

$$\#\{Y_i \leq \vartheta\} \sim \mathrm{Binomial}(n, q)$$

这意味着若我们获得整数 $0 \leq \ell < u \leq n$，使得

1　该中心极限定理可通过如下方式获得，首先注意：$\Pr\{\sqrt{n}(\hat{\vartheta} - \vartheta) \leq y\} = \Pr\{\hat{\vartheta} \leq \vartheta + y/\sqrt{n}\} = \Pr\{\hat{F}(\vartheta + y/\sqrt{n}) > q\}$，然后使用平均值中心极限定理适用于 $\hat{F}$ 的事实。

$$\Pr\left\{Y_{(\ell)} \leqslant \vartheta < Y_{(u)}\right\} = \sum_{i=\ell}^{u-1} \binom{n}{i} q^i (1-q)^{n-i} \approx 1 - \alpha$$

那么 $[Y_{(\ell)}, Y_{(u)}]$ 构成适用于 ϑ 的一个大约 $(1-\alpha)$ 100% 的置信区间。换而言之就是，找到 (ℓ, u)，使得，至少有 $n - u + 1$ 个最大的 Y_i 大于 ϑ 和最少有 ℓ 个最小的 Y_i 小于或等于 ϑ 的概率大约为 $1 - \alpha$。

当 n 值较大且 nq 或 $n(1-q)$ 都不小时，二元分布的正态近似值可给出 ℓ 和 u 的简单近似：

$$\begin{cases} \hat{\ell} = \lfloor nq - z_{1-\alpha/2}\sqrt{nq(1-q)} \rfloor \\ \hat{u} = \lceil nq + z_{1-\alpha/2}\sqrt{nq(1-q)} \rceil \end{cases} \tag{7.7}$$

例如，在已知 $q = 0.95$，$n = 1000$ 和 $z_{0.975} = 1.96$ 的情况下，可利用 $[Y_{(936)}, Y_{(964)}]$ 给出一个适用于 0.95 分位数的约 95% 的置信区间。需要注意的是，数值 $\ell = 936$ 和 $u = 964$ 独立于实际输出。对于图 7.1 中的数据而言，点估计值是 6.71 天，该天数的 95% 置信区间是 $[6.43, 7.05]$。

7.1.2 风险和误差指标

仿真输出分析中风险与误差的区别是很重要的，常被人们错误理解。

• 风险指标直接帮助制定决策。$F_Y(5)$ 表示在 5 天内或少于 5 天内完成 SAN 项目的概率，若 $F_Y(5)$ 数值太小，那么可据此决定是否放弃该项目或利用其他资源确保项目按时完工。类似地，若 0.95 分位数的竣工时间 $F_Y^{-1}(0.95)$ 需要很多天，那么将放弃该项目投标。由于其可量化实际的项目完工时间与其均值的平均偏差，因此，项目完工时间的标准差 σ 也是一个风险指标。

• 误差指标可直接用于实验设计。此类指标可以告诉我们，我们是否付出了足够的仿真努力（如仿真重复），来使我们对系统性能的估计充满信心。

图 7.2 所示为基于图 7.1 的前 100 次 SAN 仿真重复的风险和误差度量 (MORE) 图。MORE 图在柱状图中增加了中心箭头和两个其他箭头，中心箭头表示样本平均值，两个其他箭头表示 0.05 和 0.95 分位数估计值（也可使用其他分位数）。这样，柱状图中的方框包含 90% 的仿真输出，这些仿真输出更居中，因此，方框内区域表示"可能"，方框外区域表示"不太可能"，"不太可能"事件可能出现，但出现概率很低。

当然，样本均值和样本分位数仅仅是真实均值和分位数的估计值，因此，MORE 图还包含置信区间，这些置信区间表示为箭头下方的间隔。例如，图 7.2 显示真实的 0.95 分位数可能包含大量误差，据此所做的决策应慎重。

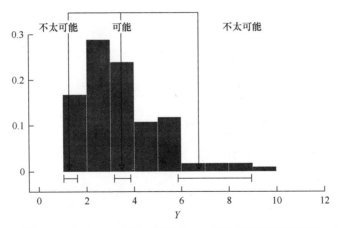

图7.2 完成 SAN 项目时间的前 100 次仿真重复 MORE 图

图7.3 所示为从 $n=100$ 至 $n=500$ 再到 $n=1000$ 次仿真重复的一系列 SAN 数据 MORE 图。需要注意的是，虽然均值和分位数估计值的误差逐步减少，但是风险仍在，这说明可通过仿真排除误差，但无法排除风险。该图有助于通过直观的方式说明风险和误差。如需了解更多关于 MORE 图的细节，请参见 Nelson（2008）的文献。

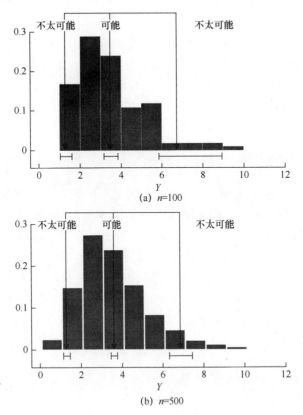

(a) $n=100$

(b) $n=500$

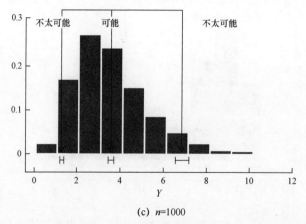

(c) n=1000

图 7.3　n = 100，500，1000 次仿真重复时的 SAN 仿真 MORE 图

7.2　输入不确定性和输出分析

在 7.1 节中的输出分析法中假定仿真模型中的性能参数（例如，仿真出的完成项目的时间的 0.95 分位数）也是我们感兴趣的真实世界系统的性能参数（例如真实世界项目），因此，仅仅测量估计误差。

在 5.1 节中说明了在仿真建模和分析中产生的其他误差来源，包括输入不确定性，它是指仿真模型中使用的输入模型和用于对真实世界系统进行最佳特征化的输入模型之间的未知差异。如 6.1 ~ 6.3 节所述，我们关注的是输入模型是从真实世界数据中推导出来的情况。在此我们将首先说明输入不确定性可能很重要，然后提供一种捕捉输入不确定性的方式。

7.2.1　输入不确定性：是什么

当到达率不随时间改变，而是每单位时间取恒定的 λ 个顾客，这是 3.1 节中所述的停车场问题的一种特殊情况，我们以 $M/M/\infty$ 队列来表达。在此使用 τ 表示平均服务时间。关于此队列，我们已经了解很多，特别是，若 Y 表示系统中稳态客户人数，则 Y 服从均值为 $\lambda\tau$ 的泊松分布。

假定 λ 和 τ 未知，因此观察取自真实世界的 m 个独立同分布的到达间隔时间 A_1，A_2，$\cdots$，A_m 和 m 个独立同分布的服务时间 X_1，X_2，$\cdots$，X_m，并利用这些数据拟合输入模型。特别地，可通过如下公式估计 λ 值：

$$\hat{\lambda} = \left(\frac{1}{m}\sum_{i=1}^{m} A_i\right)^{-1}$$

同时，利用如下公式估计 τ 值：

$$\hat{\tau} = \frac{1}{m} \sum_{i=1}^{m} X_i$$

这就是说，将到达率用到达间隔时间的样本均值的倒数进行估算，同时，利用样本平均服务时间估计平均服务时间。假设确信 A 和 X 呈指数分布，但是参数值不确定。

为便于分析，假设当仿真该队列时，我们对 n 次重复中的每一个，只记录一个单一的稳态观测值 Y（队列中的顾客数），即 Y_1，Y_2，$\cdots$，Y_n（通常，我们会观察某段时间内的 $Y(t)$，并取其平均值）。然后利用该样本均值估算队列中顾客的稳态平均数，即

$$\hat{Y} = \frac{1}{n} \sum_{i=1}^{m} Y_i$$

显而易见，$E(\overline{Y}|\hat{\lambda},\hat{\tau}) = \hat{\lambda}\hat{\tau}$ 和 $\mathrm{Var}(\overline{Y}|\hat{\lambda},\hat{\tau}) = \hat{\lambda}\hat{\tau}/n$。那么究竟是什么原因呢？因为以 $\hat{\lambda}$ 和 $\hat{\tau}$ 为条件，每个观测值 Y 是均值为 $\hat{\lambda}\hat{\tau}$ 的泊松分布，同时，该均值等于一个泊松随机变量的方差。但是，由于输入参数是估计值，因此，我们几乎必然确信 $\hat{\lambda} \neq \lambda$ 且 $\hat{\tau} \neq \tau$。这就是说，参数估计值不是真实世界值。那么输入不确定性的影响是什么？

在本章附录中，证明了：

$$E(\overline{Y}) = \frac{m}{m-1}\lambda\tau \tag{7.8}$$

$$\mathrm{Var}(\overline{Y}) = \frac{m}{n(m-1)}\lambda\tau + \frac{m(2m-1)(\lambda\tau)^2}{(m-1)^2(m-2)} \approx \frac{\lambda\tau}{n} + \frac{2(\lambda\tau)^2}{m} \tag{7.9}$$

其中，平均值和方差是关于 $\hat{\lambda}$ 和 $\hat{\tau}$ 的分布（输入不确定性）和仿真输出的泊松分布（估计误差）。从式（7.8）~式（7.9）中可以看出 $\overline{Y}$ 中存在偏差。同时，其方差中包含两个分量：一个常见分量取决于仿真重复次数 n；一个不常见分量取决于"拟合"输入过程中使用的真实世界数据数量 m。在该示例中，偏差较小，即使使用较合适的输入数据样本（若拥有 $m = 100$ 次真实世界观测数据，则偏差约为 1%）。然而，因为输入不确定性原因（式（7.9）等号右边第二项），该方差可以轻易地主导仿真方差。更糟糕的是，从数学角度出发，在解决实际问题过程中，无法推导该方差的致因。在下一节中，将提供简单的方法，以便于粗略估计由输入不确定性导致的方差。

7.2.2 输入不确定性：怎么办

估计误差是可通过仿真努力控制的因素（如仿真重复次数 n）。而另一方面，输入不确定性取决于我们所拥有的真实世界数据数量，而获取更多这些数据可能是不可能或不可行的。因此我们的目标是估计输入不确定性同估计误差

的相关性有多大。在使用仿真结果的过程中，若二者之间的关联性越大，那么就应更加谨慎。在前节示例中，特别是式（7.9）的方差分解，我们希望了解 $2(\lambda\tau)^2/m$（表示输入的不确定性）是否同 $\lambda\tau/n$（表示仿真误差）具有较大相关性。

为简化该说明，假设目前我们的仿真模型包含一个单一的输入分布 F_X，可从其中获得独立且同分布的真实世界数据样本 X_1，X_2，$\cdots$，X_m。通过 $\hat{F}$（一个这些数据的函数），估计真实输入分布 F_X，该分布可能是经验分布或一个未知参数的参数化分布，正如前一节中的 $M/M/\infty$ 的示例一样。

现将关于仿真重复 j 的仿真输出表示如下，该仿真利用估计的输入分布 $\hat{F}$ 运行：

$$Y_j = \mu(\hat{F}) + \varepsilon_j \tag{7.10}$$

式中：ε_1，ε_2，$\cdots$，ε_n 是独立且同分布的，该分布的均值是 0 和方差是 σ_s^2，其代表在仿真过程中仿真重复之间的自然变化性；均值 $\mu(\hat{F})$ 取决于在仿真中实际使用的是什么样的输入模型。

例如，在 $M/M/\infty$ 示例中，当真正想要的是均值为 τ 的指数分布时，将服务时间模拟为均值为 $\hat{\tau}$ 的指数分布。同时，当其到达率为 λ 时，我们将到达过程模拟为到达率为 $\hat{\lambda}$ 的泊松过程。因此，对于示例 $\mu(\hat{F}) = \hat{\lambda}\hat{\tau}$ 而言，其取决于真实世界数据的随机抽样。

假设有 b 个独立样本，$X_{i1}, X_{i2}, \cdots, X_{im}$（$i = 1, 2, \cdots, b$），取代一个真实世界数据样本，并根据第 i 个样本，估计一个输入模型 $\hat{F}_i$。然后设想利用各个输入模型模拟 n 次仿真重复，最后得出如下输出：

$$Y_{ij} = \mu(\hat{F}_i) + \varepsilon_{ij} \tag{7.11}$$

式中：$i = 1, 2, \cdots, b$；$j = 1, 2, \cdots, n$。

由于均值项 $\mu(\hat{F}_i)$ 是随机的，在本例中它取决于我们碰巧用于估计 F_X 的特殊样本 $X_{i1}, X_{i2}, \cdots, X_{im}$，因此式（7.11）称为随机效应模型（见 Montgomery，2009）。输入不确定性可以用值 $\sigma_I^2 = \mathrm{Var}[\mu(\hat{F}_i)]$ 来刻画，它类似于式（7.9）中的第二项。我们所做的一个较大的简化近似估计量，就是仿真输出方差 σ_s^2，它并不取决于我们所拥有的 $\hat{F}_i$。此类近似几乎都不是精准正确的，但是可用于粗略地估计输入不确定性所产生的影响。

对于模型（7.11）而言，σ_I^2 的一个估计量为

$$\hat{\sigma}_I^2 = \frac{\hat{\sigma}_T^2 - \hat{\sigma}_S^2}{n} \tag{7.12}$$

其中

148

$$\hat{\sigma}_T^2 = \frac{n}{b-1} \sum_{i=1}^{b} (\overline{Y}_{i\cdot} - \overline{Y}_{\cdot\cdot})^2$$

$$\hat{\sigma}_S^2 = \frac{1}{b(n-1)} \sum_{i=1}^{b} \sum_{j=1}^{n} (Y_{ij} - \overline{Y}_{i\cdot})^2$$

式中："." 下标表示在该索引上求平均值。直观地，$\hat{\sigma}_T^2$ 用于测量输入和仿真的变化性，因此，通过减去仿真的变化性，我们可得到因输入不确定性产生的方差。在练习（17）中，要求人们证明在模型（7.11）中 $E(\hat{\sigma}_I^2) = \hat{\sigma}_I^2$。比值 $\hat{\sigma}_I^2/(\hat{\sigma}_S^2/n)$ 是输入不确定性同估计误差关联程度的指标值。

该建议中存在的实际问题是需要多个真实世界样本。假设实际上我们持有额外的这些数据，则我们几乎必然会使用所有 mb 个观测值以更好地估计 F_X。但是，一种被称为 bootstrap 的统计技术允许模拟拥有多个真实世界样本的影响，即便我们只拥有一个样本（关于 bootstrap 方法的一般参考数目，参见 Efron 和 Tibshirani，1993）。

此外，设 $\{X_1, X_2, \cdots, X_m\}$ 是数据的一个真实世界样本。为执行上述程序，从 $\{X_1, X_2, \cdots, X_m\}$ 中进行 m 次有替换抽样，生成了 b 个 bootstrap 样本，每个样本的大小是 m。由于其是来自 bootstrap 方法的特有样本，因此，将第 i 个 bootstrap 样本表示为 $X_{i1}^*, X_{i2}^*, \cdots, X_{im}^*$。然后利用在真实世界样本中使用的相同方法拟合该 bootstrap 样本输入分布 $\hat{F}_i^*$，并通过设定 $\hat{F}_i^*$ 替代 $\hat{F}_i$ 来执行上述程序。在多于一个输入模型的问题中，如包含两个模型的 $M/M/\infty$，可以分别对各个分布使用 bootstrap 方法。需要注意的是，这并不要求我们拥有相同数量的各输入模型的真实世界观测值。

该程序的算法形式如下：

（1）已知真实世界数据 $\{X_1, X_2, \cdots, X_m\}$ 的情况下，执行以下步骤：

（2）对于 i 而言，从 1 到 b：

① 通过进行 m 次取样生成 bootstrap 样本 $X_{i1}^*, X_{i2}^*, \cdots, X_{im}^*$，替换 $\{X_1, X_2, \cdots, X_m\}$。

② 用 $X_{i1}^*, X_{i2}^*, \cdots, X_{im}^*$ 拟合 $\hat{F}_i^*$（若存在多个输入模型，则针对各个模型进行第①和②步）。

③ 使用输入模型 $\hat{F}_i^*$ 模拟 n 次仿真重复 Y_{ij} $(j=1, 2, \cdots, n)$。

（3）利用式（7.12）估计 $\hat{\sigma}_I^2$。

b 数值至少应为 10。若未对输入不确定性进行评估，则仿真重复次数 n 应当对所仿真的问题是合理的。

例如，以上面所述的 $M/M/\infty$ 队列为例。若每分钟 $\lambda = 5$ 名客户，$\tau = 1\mathrm{min}$，则观测 $m = 100$ 个真实世界到达时间间隔和 $m = 100$ 次真实世界服务时

间，同时，进行 $n = 10$ 次仿真重复，则可通过式（7.9）导出

$$\mathrm{Var}(\overline{Y}) \approx \frac{\lambda\mu}{n} + \frac{2(\lambda\tau)^2}{m} = \frac{5}{10} + \frac{50}{100} \approx \frac{\sigma_S^2}{n} + \sigma_I^2$$

式中：在随机效应模型近似于正确的情况下保留最后一个"$\approx$"。用 $b = 100$ 个 bootstrap 样本运行该程序，得出 $\hat{\sigma}_S^2 = 5.321$ 以及 $\hat{\sigma}_I^2 = 0.546$，两个数值都分别接近于正确值 5 和 0.5。由于 $\frac{\hat{\sigma}_S^2}{10} = 0.5321$，因此，我们认为输入不确定性与估计误差近似一样大。由于总误差大约是该误差的 2 倍，因此，是否需要关注这一问题取决于标准差 $\sqrt{0.5321} = 0.729$ 对于该问题来说是被认为大还是小。

备注 7.2 由于通过减去式（7.12）估算 $\hat{\sigma}_I^2$，因此，即使方差为正，但是估算值仍可为负数。负数 $\hat{\sigma}_I^2$ 应被视为因输入不确定性导致的变化性与仿真误差的相关性较小。更多的讨论以及一种关于确认哪些输入模型导致最大输入不确定性的方法，请参见 Ankenman 和 Nelson（2012）的文献。

附录　$M/M/\infty$ 队列的输入不确定性

在此，我们推导式（7.8）和式（7.9）。我们将反重复使用如下结果：假设 $E_1, E_2, \cdots, E_m$ 是独立且指数同分布的，每个到达率是 v（均值 $1/v$），并设 $G = \sum\limits_{i=1}^{m} E_i$。则，$G$ 具有一个厄兰分布（伽马分布的一个特殊情况），同时，$G^{-1} = 1/G$ 具有一个逆伽马分布。这样，$m\hat{\tau}$ 具有一个厄兰分布，而 $\hat{\lambda}m$ 具有一个逆伽马分布。对于这些分布而言，以下是已知的：

$$E(G) = \frac{m}{v}$$

$$\mathrm{Var}(G) = \frac{m}{v^2}$$

当 $m > 1$ 时，$E(G^{-1}) = \frac{v}{m-1}$

当 $m > 2$ 时，$\mathrm{Var}(G^{-1}) = \frac{v^2}{(m-1)^2(m-2)}$

该结果意味着，$E(G^2) = \mathrm{Var}(G) + E^2(G) = (m+1)/(mv^2)$ 和 $E(G^{-2}) = \mathrm{Var}(G^{-1}) + E^2(G^{-1}) = v^2/((m-1)(m-2))$。因此，该点估计量的期望值为

$$E(\overline{Y}) = E[E(\overline{Y} \mid \hat{\lambda}, \hat{\tau})]$$
$$= E[\hat{\lambda}\hat{\tau}]$$
$$= E[\hat{\lambda}]E[\hat{\tau}]$$

$$= E\left[\frac{m}{\sum_{i=1}^{m} A_i}\right] \times \tau$$

$$\tag{7.13}$$

$$= \frac{m}{m-1}\lambda\tau$$

需要注意的是，在式（7.13）中，内部期望值是对仿真输出分布取平均值的结果，而外部期望值是对可能的真实世界样本取平均值的结果。该结果显示，当必须估计输入模型时，点估计量通常存在偏差。

为导出方差，使用该方差分解：

$$\mathrm{Var}(\overline{Y}) = E[\mathrm{Var}(\overline{Y}\mid\hat{\lambda},\hat{\tau})] + \mathrm{Var}[E(\overline{Y}\mid\hat{\lambda},\hat{\tau})]$$

如前所述，$E(\overline{Y}\mid\hat{\lambda},\hat{\tau}) = \hat{\lambda}\hat{\tau}$ 和 $\mathrm{Var}(\overline{Y}\mid\hat{\lambda},\hat{\tau}) = \hat{\lambda}\hat{\tau}/n$。这样，我们可利用之前的均值结果导出：

$$E[\mathrm{Var}(\overline{Y}\mid\hat{\lambda},\hat{\tau})] = E\left[\frac{\hat{\lambda}\hat{\tau}}{n}\right] = \frac{m}{n(m-1)}\lambda\tau$$

第二项为：

$$\mathrm{Var}[E(\overline{Y}\mid\hat{\lambda},\hat{\tau})] = \mathrm{Var}[\hat{\lambda}\hat{\tau}]$$

$$= E[(\hat{\lambda}\hat{\tau})^2] - E[\hat{\lambda}\hat{\tau}]^2$$

$$= E[\hat{\lambda}^2]E[\hat{\tau}^2] - \left(\frac{m}{m-1}\right)^2(\lambda\tau)^2$$

$$= \frac{m^2\lambda^2}{(m-1)(m-2)}\cdot\frac{(m+1)\tau^2}{m} - \left(\frac{m}{m-1}\right)^2(\lambda\tau)^2$$

该结果之后紧跟结合项。

练　习

（1）证明给出概率估计量样本方差的式（7.5）是正确的。

（2）假设我们观测独立且同分布的仿真输出 Y_1，Y_2，$\cdots$，Y_n，各输出均值 $\mu < \infty$ 和方差 $\sigma^2 < \infty$。我们的目标是利用式（7.2）中给出的常用样本方差 S^2 估计 σ^2。另外，假设 $E(Y^k) < \infty$，$k = 3,4$，请证明 S^2 满足中心极限定理。

提示：这并不是一个简单的问题，因此，可以从较为简单的问题入手，证明：

$$\tilde{S}^2 = \frac{1}{n}\sum_{i=1}^{n}(Y_i - \mu)^2$$

满足中心极限定理，然后将 S^2 表示为 $\tilde{S}^2$ 的函数。在该过程中，需要用到

5.2.4 节中所述的工具。

（3）针对基于 n 个观测值 Y_1，Y_2，$\cdots$，Y_n 得出的经验累积分布函数 $\hat{F}$，证明：在 $0 < q \le 1$ 的情况下，$\hat{F}^{-1}(q) = Y_{(\lceil nq \rceil)}$。

（4）导出（也或许是改进）用于为一个分位数构造一个置信区间的正态近似值（式（7.7））。

（5）回顾 4.4 节中所述的随机活动网络仿真。估计用于完成项目时间的 0.95 分位数并为其设定一个 90% 的置信区间。使用至少 1000 次仿真重复。

（6）回顾 4.5 节中所述的亚式期权仿真。估计其价值的 0.05 分位数，并为其设定一个 90% 的置信区间，至少使用 10000 次仿真重复。

（7）回顾 4.5 节中所述的亚式期权，其中易变性是 $\sigma^2 = (0.3)^2$。在其他参数未变的情况下，检查 当 $\sigma^2 = 0.1$，0.2，0.3，0.4，0.5 时，易变性对期权价值的影响。在相对误差在 1% 的范围内，估计该价值。

（8）除 3.5 节中所述并在 4.5 节中模拟的亚式期权外，还存在很多类期权。回望看涨期权包含一定的收益，即

$$X(T) - \min_{0 \le t \le T} X(t)$$

它可被视为同时在 $0 \sim T$ 期间以最低价格购买资产并在时间 T 时以最终价格出售资产获得的收益。这样，其价值便为

$$E\left[e^{-rT} \left(X(T) - \min_{0 \le t \le T} X(t) \right) \right]$$

使用与亚式期权相同的资产模型，在相对误差为 1% 以内估计该期权的价值，其中 $T = 1$，$X(0) = 50$ 美元，$r = 0.05$ 和 $\sigma^2 = (0.3)^2$。需要注意的是，$\min_{0 \le t \le T} X(t)$ 必须使用离散近似值，其步长取值 $\Delta t = T/m$。分别使用 $m = 8$，16，32，64，128 个步长，通过实验确定其如何影响估计的价值，并为所看到的影响提供直观的表达形式。

（9）除 3.5 节中所述并在 4.5 节中模拟的亚式期权外，还有很多类型的期权。具有壁垒 B 和敲定价格 K 的向下敲出看涨期权是有收益的，即

$$I\left\{ \min_{0 \le t \le T} X(t) > B \right\} (X(T) - K)^+$$

这意味着，若资产价值在期权成熟之前降低至 B 美元以下，则该期权一文不值。这样，其价值为

$$E\left[e^{-rT} I\left\{ \min_{0 \le t \le T} X(t) > B \right\} (X(T) - K)^+ \right]$$

使用与亚式期权相同的资产模型，在相对误差为 1% 以内估计该期权的价值，其中 $T = 1$，$X(0) = 50$ 美元，$K = 55$ 美元，$r = 0.05$ 和 $\sigma^2 = (0.3)^2$。需要注意的是，$\min_{0 \le t \le T} X(t)$ 必须使用离散近似值，其步长大小 $\Delta t = T/m$。分别使用 $m = 8$，16，32，64，128 步骤和壁垒 $B = 30$，35，40，45，通过实验确定其如何影响估计的价值，并为所看到的影响提供直观表达形式。

（10）某小型仓库供应纸制品。卡车到达进料台，驾驶员出示订单，然后等待仓库工人使用叉车收集订单货品。当前有 4 个进料台，当进料台全满时，来客卡车在靠近仓库的停车场等待。

仓库从上午 7 点到下午 4 点开放。卡车全天到达。仓库聘有两名叉车驾驶员，每人每次一个订单按照先到先服务的原则按订单捡料。卡车驾驶员应在整单捡料完成之后装载自己的货物（出于安全原因），然后离开装货码头。只要叉车司机捡完卡车订料，若仍有一台卡车在进料台等待，则可开始对另一台卡车捡料（即他们无需等至司机装载物料）。

仓储公司希望了解他们通过如下 3 种改变会多大程度地提高效率：①增加叉车和驾驶员；②增加额外进料台；③二者皆有。最经济的选择是①，但是若可获得足够的价值，其愿意采用②或③。

"效率"可由每日在停车场等待的卡车平均数、卡车在停车场等待花费的平均时间、卡车进入进料台之后等待叉车的平均时间、进料台和叉车的利用率以及在下午 4 点时仍在停车场等待的卡车数量（下午 4 点之前到达的卡车将均可享受服务，而若在下午 4 点时仍有大量卡车等待，则表示公司必须支付高额的加班费）来度量。

根据泊松到达过程，卡车应按照 18min 的平均到达间隔时间到达。叉车驾驶员的捡料时间被模拟为厄兰分布，平均时间 40min，包含 4 个阶段；驾驶员装料的时间被模拟为厄兰分布，平均时间为 12min，包含 3 个阶段。

模拟该系统以评估相对于当前设置而言，通过 3 个选择可得到的效率提高（因此还需模拟当前系统）。确定一个仿真重复的次数，以确保各项估计的相对误差不大于 5%。下午 4 点时停止各仿真重复，同时除了记下仍在停车场的卡车数之外，无需担心截止至当时系统中等待的卡车。

（11）练习（10）中的仓库到达并不是稳定的。在本书网站的 TruckCounts. xls 文件中，可查到 30 天内每小时的到达计数。利用这些数据估算分段常数的非稳态泊松到达过程到达率。在仓库仿真中执行该到达过程，返回各个情境（当前系统、一台叉车、一个进料台以及同时一台叉车和一个进料台），并报告结果。

（12）以前述问题中的卡车到达数据为例。设 $N(t)$ 为时间 t 时的累积到达数量。若该过程是非稳态泊松过程，则 $\mathrm{Var}(N(t))/E(N(t)) = 1$，该公式适用于所有 t 值，或换句话说，当 $\beta = 1$ 时，$\mathrm{Var}(N(t)) = \beta E(N(t))$。由于我们拥有到达计数数据，因此可估计 $t = 1, 2, \cdots, 9\mathrm{h}$ 时的 $\mathrm{Var}(N(t))$ 和 $E(N(t))$ 值。利用这些数据拟合回归模型 $\mathrm{Var}(N(t_i)) = \beta E(N(t_i))$，并确认 β 估计值是否支持非稳态泊松到达过程的选择。提示：这是一个穿过原点的回归。同样地，需要谨记的是 $N(t_i)$ 代表截止至时间 t_i 时候的到达总数。

（13）FirstTreatment 有限公司计划在美国全境开设一家盈利性连锁医疗诊

所。你的工作是协助 FirstTreatment 有限公司估计针对不同病患负荷运行此类设施的成本，其将成为其商业计划的一部分。医疗诊所的主要连续成本是人员配置，这将是你关注的焦点。在整个过程中，人们要求接受及时的治疗，但是配置比实际需求更多的工作人员和设备使得设施运行成本较高。本练习以 Kelton 等（2011）的示例为基础。FirstTreatment 的设施设计包含 5 个站点：签到/分诊、登记、检查、创伤和治疗。这 5 个站点需单独配置人员。

所有病患进入签到/分诊站点，在此工作人员快速评估其状况。伤势或病情较为严重的病患送往创伤站点，待其情况稳定之后，送到治疗站点，然后出所或送至医院。

问题相对较轻的病患从签到/分诊站点进至登记站点，然后送至检查站点，接收评估。评估之后，约 40% 的病患会离开诊所，其他病患在离开诊所之前会进入治疗站点。选择如下分布代表病患接待时间：

- 签到/分诊：均值为 3min 的指数分布。
- 登记：均值为 5min 和方差为 2min 的对数正态分布。
- 检查：均值为 16min 和方差为 3min 的正态分布。
- 创伤：均值为 90min 的指数分布。
- 治疗：对于创伤病患而言，均值为 30min 且方差为 4min 的对数正态分布；对于非创伤病患而言，均值为 13.3mim 和方差为 2mim 的对数正态分布。

病患到达被模拟为泊松到达过程，两个位置之间病患活动相当简短，将视为 0。

显而易见，各岗位中的人员配置水平取决于病患负荷、创伤病患百分比以及病患服务水平要求。FirstTreatment 要求你查看某个范围的患者负荷和创伤病患百分比（这些是不同的情境，而不是随机数量）。创伤病患的百分比在很大程度上取决于医疗设施的位置，创伤病患的人数可能低至 8%，或者高至 12%。对于病患负荷而言，人们估计每日平均负荷最少为 75 名和最多 225 名病患。FirstTreatment 诊所将于上午 6 点至晚上 12 点开放（18h）。午夜关闭之后，将继续完成当前病患的治疗，但是新到达的病患将被送至地方医院。

显而易见，最重要的需求是快速稳定创伤病患。FirstTreatment 规定签到/分诊应"快速"完成，等待看创伤医生的平均时间应少于 5min。诊所其他科室可接受平均 15~20min 的延迟。

模拟该医疗诊所，并向 FirstTreatment 提供满足诊所病患负荷范围的人员配置。进行足够的仿真重复，以确保有信心满足服务水平要求。进一步了解略微降低服务要求是否可以减少人员成本。

（14）练习（13）中的诊所到达并不是稳定的过程。人们可在本书网站的 ClinicCounts.xls 文件中找到诊所 30 天内每小时到达计数，预计每天平均 225 名病患。利用此数据估计分段常数非稳态泊松到达过程的到达率。在诊所仿真中，使用你所发现的满足诊所病患负荷的人员配置执行该到达过程，该人员配置水平在更现实的到达过程中作用如何？

（15）以练习（13）和练习（14）中的诊所到达数据为例。设 $N(t)$ 表示截至时间 t 时的累积到达次数。若该过程是非稳态泊松过程，则 $\mathrm{Var}(N(t))/E(N(t))=1$，该公式适用于所有 t 值，或换句话说，在 $\beta=1$ 的情况下，$\mathrm{Var}(N(t))=\beta E(N(t))$。由于你拥有到达计数数据，因此可估计在 $t=1\sim18\mathrm{h}$ 时的 $\mathrm{Var}(N(t))$ 和 $E(N(t))$ 值。利用这些数据拟合回归模型 $\mathrm{Var}(N(t_i))=\beta E(N(t_i))$，并确定 β 的估计值是否支持非稳态泊松到达过程的选择。提示：这是通过原点的回归。同样地，需谨记 $N(t_i)$ 表示时间 t_i 时的到达总数。

（16）以 7.2.1 节中 $M/M/\infty$ 示例为例，该示例用于证明输入不确定性影响。假设通过如下备选方式估计泊松到达过程的到达率：观测一个时间区间 $[0,T]$ 并用下式估计 λ：

$$\tilde{\lambda}=\frac{N(T)}{T}$$

式中：$N(t)$ 是到时间 t 时的到达次数。

若到达过程真的是泊松过程，则其是 λ 的一个无偏极大似然估计量。利用 λ 的该备选估计量，导出 7.2.1 节中所述的仿真估计量的均值和方差。

（17）证明在模型（7.11）条件下，$E(\hat{\sigma}_I^2)=\sigma_I^2$。

（18）以随机活动网络为例，其中项目完工时间为

$$Y=\max\{X_1+X_4,X_1+X_3+X_5,X_2+X_5\}$$

关于类似活动的活动持续时间的数据样本可在本书网站上的 SANData. xls 文件中找到。我们确信这些数据呈指数分布，但不同的活动具有不同的均值，可通过这些数据估计均值。目标是通过 30 次仿真重复估计项目完工时间期望值 $E(Y)$，通过一个实验也估计一下因输入不确定性导致的额外方差 σ_I^2。

（19）以林德利方程式所表达的单独服务队列中第 i 名客户等待时间为例：

$$Y_i=\max\{0,Y_{i-1}+X_{i-1}-A_i\}$$

式中：$Y_0=X_0=0$。可在本书网站上的 MG1Data. xls 文件中查找到达间隔时间和服务时间的数据样本。到达间隔时间 A 呈指数分布，服务时间 X 呈对数正态分布，这些分布的参数可基于该数据估算。目标是通过 30 次仿真重复估计前 10 名客户的服务时间期望值 $E\left(\sum_{i=1}^{10}Y_i\right)$。通过一个实验也估计一下因输入不确定性导致的额外方差 σ_I^2。

第 8 章　实验设计和分析

在本书中，仿真的目的是通过计算机仿真模型的统计实验，估计随机系统性能度量的值。本章介绍实验设计和分析的原理及方法。

以若干不同的性能指标为例，包括平均值、概率和分数位，此类指标可用于自然时间范围系统，也可用于稳态系统（随着时间推移直至无穷）。在初始概述中，$\theta(x)$ 表示用于情景 x 的通用性能度量指标。一个"情景"定义了一个更一般化系统的一个特定的实例。例如，情景变量 x 可以是一个重要数值组成的矢量（如 $x^{\mathrm{T}} = (15,9,6,3)$，在 4.6 节传真服务中心仿真案例中，它表示中午前后分别安排的传真接待员和专家的人数）或标称值（例如，$x = 2$ 表示 4.3 节中使用电子自助服务终端的医院接待系统设计方案，$x = 1$ 表示当前的使用人工接待员的设计方案）。我们有时会将情景变量称为决策变量，当认为需要对比情景变量以回答如下问题时，该决策变量便是有用，如：当我们使用一个工作人员配置方案 $x^{\mathrm{T}} = (15,9,6,3)$ 时，在少于 10min 时间内输入特殊传真的概率是多少？

仿真实验的目的是生成 $\theta(x)$ 的估计值，由 $\hat{\theta}(x;T,n,U)$ 表示，其中 x 的函数，最多包含 3 个额外变量。

停止时间 T：停止时间指仿真重复结束时的仿真时钟时间，其可以是固定时间（从上午 8 点到下午 4 点进行 8h 仿真），也可以是随机时间（进行仿真直至随机活动网络完成或进行仿真直至系统故障）。在本书中某些地方，T 称为运行周期。

仿真重复 n 的数量：独立且同分布的仿真重复数量是固定的（$n = 30$）或者随机的（进行仿真直至 $\theta(x)$ 的置信区间宽度小于 3min）。

（伪）随机数 U：由于将 U 视为随机数，因此估计值 $\hat{\theta}(x;T,n,U)$ 是随机变量。当然，实际上，我们会使用伪随机数，因此，也会将 U 视为固定数组，该数组称为 u_1，可通过固定开始种子或数流重新使用。

实验设计包含选择仿真情景 x，控制获取的仿真重复次数 n，赋值伪随机数 U 以驱动仿真，同时，在稳态仿真中，设置停止时间 T。

需要注意的是，T 是否是实验设计的一部分取决于估计值。在性能指标 $\theta(x)$ 定义停止时间 $T \to \infty$ 时，此时，T 的选择相当于仿真对有限时间 T 的使用要求。否则，T 通常是仿真重复定义的一部分，而不是设计选择。以如下示例。

停车场（$M(t)/M/\infty$队列，4.2 节）：在此只有一个单独的情景，因此不需

要 x。一个感兴趣的性能度量指标为

$$Q = E\left[\max_{0 \leqslant t \leqslant 24} N(t)\right]$$

该指标表示一天内停车场中停放的最多车辆数量期望值。这样，停止时间 $T = 24h$ 是问题定义的一部分，而主要设计决策在于选择仿真重复次数 n。

医院接待（$M/G/1$ 队列）：在此存在两种情景，当前人工接待员 $x = 1$，电子自助服务终端 $x = 2$。性能指标为

$$\theta = E[Y(\boldsymbol{x})]$$

式中：$Y(\boldsymbol{x})$ 表示在情景 x 中服务前稳态等待时间。

在本例中，T 和 n 是设计变量，我们甚至希望在设计中指定 $n = 1$ 且 T 取值非常大，如 $T = 10^6$ 个顾客。[1] 此外，如果对期望等待时间的差值 $\theta(2) - \theta(1)$ 有兴趣，那么正如 8.4.1 节中所述，为两个仿真设定相同的伪随机数数组 u_1，具有统计学上的优势。这样，可以将该差值的估计值表示为

$$\hat{\theta}(\boldsymbol{x} = 2; T = 10^6, n = 1, U = u_1) - \hat{\theta}(\boldsymbol{x} = 1; T = 10^6, n = 1, U = u_1)$$

传真中心：在此可按照中午前后的普通服务人员和特殊服务人员数量定义该情景，因此 $\boldsymbol{x}^{\mathrm{T}} = (x_1, x_2, x_3, x_4)$，同时还存在很多可能的组合。若 $\boldsymbol{c}^{\mathrm{T}} = (c_1, c_2, c_3, c_4)$ 是各类成本/座席的矢量，则仿真目标为

$$\min \quad \boldsymbol{c}^{\mathrm{T}}\boldsymbol{x}$$

服从

$$\theta_1(\boldsymbol{x}) \geqslant 0.96$$
$$\theta_2(\boldsymbol{x}) \geqslant 0.80$$

式中：$\theta_1(\boldsymbol{x})$ 和 $\theta_2(\boldsymbol{x})$ 分别表示在服务人员配置为 x 的情况下，在 10min 接待时间内接收的正常和特殊传真的概率。停止时间 T 表示处理完下午 4 点之前到达的最后一份传真的时间。仿真重复次数 n 的选择必须适应于评估人员要求的可变性。

尽管不可能完全割裂开，但我们还是在本章各节中对多个主题进行了讨论，8.1 节介绍了仿真重复次数 n 的设置；8.2 节解决了在稳态仿真中停止时间 T 的选择；8.3 节考虑了对哪些情景 x 实施仿真以及伪随机数 U 的分配；8.5 节主要讨论一个不同但相关的主题，即估计值 $\hat{\theta}$ 的选择。

备注 8.1 尽管对于系统设计和分析的理解而言并非关键，但是我们用"Stopping Time"一词从正式意义上代表一个随机过程中的一个停止时间（见 Karlin 和 Taylor（1975）等的文章）。而从非正式意义上来说，停止时间是仿真进程中的一个时间节点，可以通过一组条件对其进行定义，当时间点到达时

---

[1] 在此我们已经选择通过服务顾客数量度量"时间"，而不是通过仿真时钟时间。同样地，我们将 T 设置为服务 10^6 个顾客所需的仿真时间。

能够识别这些条件而无需考虑该时间节点之后的未来情况。"10h 的仿真时间仿真"定义了停止时间，正如"进行仿真直至服务完 1000 名顾客"或"进行仿真直至第一份传真接收时间多于 10min"。但是由于必须模拟完整的 24h，以确保最大停车数量的出现，因此"进行仿真直至达到车库所允许停放的最大车辆数量"并不是停止时间。

8.1　通过仿真重复控制误差

典型统计分析实施的意图在于基于小样本量推断群体特性（如在英格兰生活的成人收入）以及基于昂贵的或耗时的科学实验推断的物理实体或过程特征（如每英亩杂交作物产量）。例如，见 Stigler（1986）的特殊历史统计。在上述仿真中，数据获得过程成本较高或较为耗时，因此，自然地考虑观测值基于其更小的样本量、更为稳定而且通过一次性研究便可获得。由此引出工具和方法的重要性，此处所述的工具用于从小数据中尽可能多的提取信息，所述方法用于测量残留估计误差。

换句话说，仿真重复通常可通过快速且廉价的方式获得，同时，由于在计算机中进行实验，因此，其同样可通过多次循序方式获得，而不是通过一次试验。在这种情况下，便需要对实验进行设计，以控制误差，而不只是对其进行测量。我们在此对该方法进行讨论。

本节目标是估算一个单独的情景的性能指标，因此会降低对 x 的依赖，并用 θ 表示参数。此外，假设通过该问题对 T 进行定义，同时，当对情景进行对比时，伪随机数赋值是唯一的设计决策，在这种情况下也可降低对 U 和 T 的依赖。因此，目标是估算 $\theta = E[\hat{\theta}(n)]$。此外，还会考虑在 n 次仿真重复中的平均估计值，因此，为强调这一点，用 $\bar{\theta}(n)$ 替换 $\hat{\theta}(n)$：

$$\bar{\theta}(n) = \frac{1}{n} \sum_{j=1}^{n} \hat{\theta}_j$$

式中：$\hat{\theta}_j$ 为取自第 j 次独立且同分布仿真重复的 θ 的无偏差估计值。

作为例证，以 4.2 节中停车场模型为例，其中：

$$\theta = E\left[\max_{0 \leqslant t \leqslant 24} N(t)\right]$$

式中：$\hat{\theta}_j$ 表示在进行第 j 次仿真重复的 24h 期间在停车场观察的最多停车数量。

当 n 表示固定数量的仿真重复时，适用于 θ 的正态理论 $(1 - \alpha)$ 100% 置信区间如下：

$$\bar{\theta}(n) \pm t_{1-\frac{\alpha}{2}, n-1} \frac{S(n)}{\sqrt{n}} \tag{8.1}$$

其中：

$$S^2(n) = \frac{1}{n-1} \sum_{j=1}^{n} (\hat{\theta}_j - \bar{\theta}(n))^2$$

是仿真重复估计值的样本方差。即使当 $\hat{\theta}_1, \hat{\theta}_2, \cdots, \hat{\theta}_n$ 未呈正态分布，但是由于 $\sqrt{n}(\bar{\theta}(n) - \theta)$ 随着 $n \to \infty$ 呈渐近正态相关，所以适用于平均值的中心极限理论便可为大多数仿真重复 n 提供依据（见 5.2.2 节）。当对停车场进行 $n = 1000$ 次仿真重复时，便可得到以 95% 置信区间分布的（237.2±0.7）辆车。

一种方式是考虑置信区间的作用，其可提供关于 $|\bar{\theta}(n) - \theta|$（具有较高的可信性）的误差范围，特别是：

$$\Pr\left\{ |\bar{\theta}(n) - \theta| \leqslant t_{1-\frac{\alpha}{2}, n-1} \frac{S(n)}{\sqrt{n}} \right\} \approx 1 - \alpha$$

但是，相对于仅仅测量误差而言，控制误差效果更佳，特别是手动将其降低至可接受的门限值以下。这不同于通过界限的控制，即通过选择 $1 - \alpha$ 提高结果的置信水平，而是通过 n 的选择收紧界限范围。

可至少通过两种方法说明可接受的误差范围：绝对误差指的为

$$|\bar{\theta}(n) - \theta| \leqslant \varepsilon \tag{8.2}$$

式中：ε 已知，同时，相对误差为

$$|\bar{\theta}(n) - \theta| \leqslant \kappa |\theta| \tag{8.3}$$

式中：$0 < \kappa < 1$ 已知。绝对误差是同性能指标 θ 相同的计量单位（如分钟、美元、车辆）。在停车场仿真中，考虑了 $\varepsilon = 1$ 辆车时的绝对误差。换句话说，κ 是 θ 的分数。相对误差通常被描述为百分比。如 $\kappa = 0.01$ 是 "1% 的相关误差"。在停车场仿真中，1% 的相对误差约等于 2.4 辆车。

在实现已知绝对误差过程中，较为直观且吸引人的方法是进行 N 次仿真重复，其中：

$$N = \min\{n : t_{1-\frac{\alpha}{2}, n-1} S(n) / \sqrt{n} \leqslant \varepsilon\} \tag{8.4}$$

类似地，为实现已知相对误差，应进行 N 次仿真重复，其中：

$$N = \min\{n : t_{1-\frac{\alpha}{2}, n-1} S(n) / \sqrt{n} \leqslant \kappa |\bar{\theta}(n)|\} \tag{8.5}$$

需要注意的是，在上述案例中，N 是随机变量，因此，适用于平均值的常用中心极限定理无法证明该方法的正确性。相反地，基于中心极限定理，当 $\varepsilon \to 0$ 和 $\kappa \to 0$ 时，$\sqrt{N}(\bar{\theta}(N) - \theta)$ 适用。典型的参考文献是 Chow 和 Robbins（1965）以及 Nadas（1969）。Glynn and Whitt（1992）在一篇论文中对仿真设置进行了特别说明，同样地见 Alexopoulos（2006）。直观地说，因为可使绝对误差 ε 或相对误差 $\kappa \to 0$，同时使得 $N \to \infty$，因此该方法有效，但是实际证明结果更加微妙。

然而，理解如下内容是至关重要的，不同于 t 分布置信区间（式（8.1）），即使当 $\hat{\theta}_1, \hat{\theta}_2, \cdots$ 呈正态分布时，式（8.2）和式（8.3）仍无法保证当以这种方式选择 N 时，可保持概率 $1 - \alpha$。作为替代，在我们的要求变得更为严苛（接受越来越小的误差）的情况下，此类停止规则仍然有效，即

$$\bar{\theta}(n) = \bar{\theta}(n-1) + \frac{\hat{\theta}_n - \bar{\theta}(n-1)}{n} \tag{8.6}$$

$$\sum_{j=1}^{n} (\hat{\theta}_j - \bar{\theta}(n))^2 = \sum_{j=1}^{n-1} (\hat{\theta}_j - \bar{\theta}(n-1))^2 + (\hat{\theta}_n - \bar{\theta}(n))(\hat{\theta}_n - \bar{\theta}(n-1)) \tag{8.7}$$

根据 Knuth（1998），如下算法可完成此类递归。

（1）$n = 0$，平均值 0 和总数 0。

（2）获得仿真重复结果 $\hat{\theta}_{n+1}$：

①$n = n + 1$；

②diff = $\hat{\theta}_n$ - mean；

③diff = mean + diff/n；

④sum = sum + diff * ($\hat{\theta}_n$ - mean)；

⑤若 $n > 1$，则 $\bar{\theta}(n)$ = mean 和 $S^2(n)$ = sum/$(n-1)$。

（3）进入下一次仿真重复。

可在第 2 步中插入特殊停止实验（式（8.4）或式（8.5）），N 是其满足的第一个 n。但是，在执行该算法的过程中，无需完整的使用该方法。

但是，在 N 有机会成为较大值之前，过早的停止会对诸如式（8.4）或式（8.5）的规则产生影响。这是因为样本方差 $S^2(N)$ 相对于较小值 n 而言可变性较大，这意味着其可能远远小于真实方差，从而导致仿真重复过早终止和置信区间过短。除非仿真重复过程非常耗时，否则如下的抽样准则将十分有用。在适用第一次停止实验之前进行至少 10 次仿真重复，60 次仿真重复更佳。其进一步优势是可在 $n = 60$ 时启动，这样，当 $n \geqslant 60$ 时，t 分数位 $t_{1-\alpha/2, n-1} \approx z_{1-\alpha/2}$，因此无需获得 t 值。

图 8.1 所示为适用于停车场问题的仿真重复次数置信区间的半宽图，适用相对误差为 1% 的停止规则，可在 $n = 11$ 次仿真重复时初次计算置信区间。仿真在 $N = 72$ 次仿真重复之后停止，置信区间为（236.306 ± 2.363）辆车。这样，估算的相对误差是 2.363/236.306 ≈ 1%。需要注意的是，由于取样变异性原因，半宽不会简单地减少，同时还可能出现过早停止的变异性。

一种不能完全适用于该机制的性能度量就是分位数。如 7.1.1 节所讨论的，连续值随机变量 Y 的 q 分位数是 $\vartheta = F_Y^{-1}(q)$，标准估计值是 $\hat{\vartheta} = Y_{(\lceil nq \rceil)}$，其中，$Y_{(1)} \leqslant Y_{(2)} \leqslant \cdots \leqslant Y_{(n)}$ 是取自 n 次仿真重复的排序值。因此，需要从 n 次仿真重复中获得结果，以形成单独的分位数估计值。上述方法也适用于根据样本方差估算 Var(Y)。

160

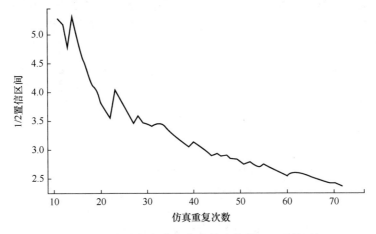

图 8.1　作为停车场仿真重复次数函数的 1/2 置信区间，
适用相对误差为 1% 的停止规则

因为通常有条件进行很多次的仿真重复，所以可将本节中所述方法应用于各种性能度量，例如，在分位数和方差上使用批处理的方法。我们的想法是重新定义基于 b 次单独仿真重复计算的第 j 次统计数值输出。该统计可以是次序统计量、样本方差或其他感兴趣的统计量：

$$\underbrace{Y_1, \cdots, Y_b}_{\hat{\theta}_1}, \underbrace{Y_{b+1}, \cdots, Y_{2b}}_{\hat{\theta}_2}, \cdots, \underbrace{Y_{(n-1)b+1}, \cdots, Y_{nb}}_{\hat{\theta}_n}$$

调整后，本节所述方法可直接适用于批次统计。但是，需要选择批次规模 b，在估算分数位的过程中，由于分数位估算量存在偏差，且该偏差随着 b 的增大而减小，所以 b 的选择尤其重要。因此，b 值的选取不能太小。

8.2　稳态仿真设计和分析

在本节中，主要解决稳态仿真中存在的难题。为促进问题解决，将考虑单独情景仿真，因此，会从计数法中减少情景变量 x 和随机数赋值 U。因此，由于仿真重复次数 n 和运行周期 T 是设计选择，所以该目标是估算稳态参数 θ 和估计值 $\hat{\theta}(T,n)$。另外，我们还将引入一个设计判断准则，它只与稳态仿真有关，是一个要删除的数据的总量 d。

根据离散时间输出系列 $Y_1, Y_2, \cdots, Y_m$ 在本节的大多数内容中讨论估算稳态平均值 μ 的问题，因此，运行周期是观测数 $T = m$，同时，估计值将是样本平均值。因此，将在本节使用下面定义的计数法：

$$\hat{\theta}(T,n) = \bar{Y}(n,m,d)$$

将 $M/G/1$ 队列（见 3.2 节）作为稳态仿真示例，其中，希望估算的数量定义为仿真运行周期在极限情况下趋于无穷大。这表明对于 $M/G/1$ 队列而言，需要运行较长时间的仿真（大量顾客 m），并利用观测等待时间 $Y_1, Y_2, \cdots, Y_m$ 的平均值估算所谓的稳态平均等待时间 μ。我们注意到，由于队列开始为空，因此运行前期等待时间小于 μ，这便导致 $\bar{Y}(m)$ 中存在较小偏差。为降低此类影响，建议在开始将数据实际纳入样本平均值中之前，让仿真程序先生成一段时间的等待时间（d 个）。这就是说，使用了截尾样本平均值：

$$\bar{Y}(m,d) = \frac{1}{m-d} \sum_{i=d+1}^{m} Y_i \qquad (8.8)$$

我们还可选择进行 n 次仿真重复，生成 n 个独立且同分布的平均值 $\bar{Y}_1(m, d), \bar{Y}_2(m,d), \cdots, \bar{Y}_n(m,d)$，给出总平均值：

$$\bar{Y}(n,m,d) = \frac{1}{n} \sum_{j=1}^{n} \bar{Y}_j(m,d) \qquad (8.9)$$

当然，其中包含 $n=1$ 次仿真重复情况下的特殊案例。稳态仿真实验设计和分析主要关注 n、m 和 d 的选择，现在给出关于"稳态仿真问题"的精确说明。两个问题均无法在实践中直接解决，但是了解哪个问题能够最好地表征想要达到的目标将有助于确定你将使用的方法。

固定精度问题：已知 $\varepsilon > 0$ 或者 $0 < \kappa \lhd$ 的情况下，选择 n, m 和 d，这样，$\sqrt{\mathrm{MSE}(\bar{Y}(n,m,d))} \leqslant \varepsilon$（绝对误差），或者 $\sqrt{\mathrm{MSE}(\bar{Y}(n,m,d))}/\mu \leqslant \kappa$（相对误差）。这就是说，在选择 n, m 和 d 的情况下，可实现固定精度。该问题说明有助于通过较大 d 值有效估算偏差，以及进行 $n > 1$ 仿真重复使其更易于通过所谓的置信区间量化误差。

固定样本量问题：在给定 N 次观察样本量的情况下，选择 n、m 和 d 使得在满足 $nm \leqslant N$ 和 $d < m$ 的条件下，使得 $\mathrm{MSE}(\bar{Y}(n,m,d))$ 值最小。这就是说，以一种可最小化 MSE 的方式耗费固定数量的仿真工作量。下面的渐近 MSE （式 (8.11)）或 AR (1) 的结果（式 (8.12)）使得问题立刻明了，即该公式特别适用于 $n=1$ 次仿真重复且 $m = N$ 的解决方案。

需要注意的是，上述两个公式主要关注 $\mathrm{MSE}(\bar{Y}(n,m,d))$，并将其作为估计值质量的度量指标，由于偏差是稳态仿真的特征，更具意义。8.2.1 节和8.2.2 节提供解决这些问题的方法，但为了确保方法更有效果，需要对估计值的属性有更深的了解。

根据 5.2.3 节中所讨论的内容，假设要使稳态有意义，我们应通过如下公式粗略估计一次较长仿真重复中样本平均值的平均方差：

$$\mathrm{MSE}(\bar{Y}(1,m,0)) \approx \frac{\beta^2}{m^2} + \frac{\gamma^2}{m} \qquad (8.10)$$

式中：β 为渐近偏差；γ^2 为渐近方差。我们会参考作为渐近 MSE 的数量。我们也会讨论，在 m 值较大且 d 值小于 m 值的情况下：

$$\text{MSE}(\overline{Y}(1,m,d)) \approx \frac{\beta(d)^2}{(m-d)^2} + \frac{\gamma^2}{m-d}$$

式中：$\beta(0) = \beta$。

为什么渐近偏差是删除数据总数的函数 d？根据前面的讨论，有

$$\beta = \sum_{i=1}^{\infty}(E(Y_i) - \mu)$$

可视为 $0 \sim \infty$ 之间的偏差曲线区域，或总累积偏差。同时，由于偏差随着 $1/m \to 0$，因此会对随 β/m 变化的 $\overline{Y}(1,m,0)$ 的偏差进行粗略估计。类似地，设

$$\beta(d) = \sum_{i=d+1}^{\infty}(E(Y_i) - \mu)$$

是 $d+1 \sim \infty$ 的总累积偏差，因此 $\overline{Y}(1,m,0)$ 的偏差约为 $\beta(d)/(m-d)$。因为我们预计在仿真重复前期存在的偏差最大，所以调整删除渐近偏差至关重要。

最后，对于仿真重复总数 n 而言，有

$$\text{MSE}(\overline{Y}(n,m,d)) \approx \frac{\beta(d)^2}{(m-d)^2} + \frac{\gamma^2}{m-d} \tag{8.11}$$

预计方差随着 $1/n$ 减少。偏差不会受如下公式结果的影响：

$$E(\overline{Y}(n,m,d) - \mu) = \frac{1}{n}\sum_{j=1}^{n}E(\;) - \mu = E(\overline{Y}_j(m,d)) - \mu = E(\overline{Y}_1(m,d)) - \mu$$

在稳态仿真中，仿真重复可减少方差，而不是偏差。

作为特殊示例，练习（2）要求人们证明 AR（1）替代过程中的渐近 MSE 如下：

$$\text{MSE}(\overline{Y}(n,m,d)) \approx \frac{(y_0 - \mu)^2 \varphi^{2d+2}}{(m-d)^2(1-\varphi)^2} + \frac{\sigma^2}{n(m-d)(1-\varphi)^2} \tag{8.12}$$

并进一步证明，当 $\varphi > 0$ 时，且 m 值足够大的情况下，渐近方差（式（8.12）等号右边第一项）中的 d 值减少。显而易见，方差 $\sigma^2/n(m-d)(1-\varphi)^2$ 中的 d 值增加。这样，便会要求在稳态仿真中选取删除点 d 以进行偏差—方差权衡。

式（8.12）说明影响 MSE 的稳态仿真问题特征：在非稳态条件下开始仿真（正如 $(y_0 - \mu)^2$ 取较大值一样）或缓慢减少偏差的情况（如 $|\varphi| \to 0$ 一样）使偏差成为 MSE 的主要特征，建议删除此类情况。较大数值的输出方差（如 σ^2 较大值一样）使方差具有支配力，建议运行较长时间的 m 或进行多次仿真重复 n。

8.2.1 固定精度问题

当仿真次数不是约束条件时，固定精度设置便会非常有意义。一般情况

下，这意味着仿真模型运行较快，并且得到所需结果的时间可以足够长，此时可以承受得起"仿真直到得出结论"。在实践中情况通常是这样，这意味着不设置固定精度而强制任意仿真运行达到根本无法达到的样本量是毫无意义的。

我们用以解决该问题的方法包含两个步骤。

（1）确定运行周期 m 和删点 $\hat{d}$，这样实际上，偏差 $\beta(\hat{d})/(m-\hat{d})=0$。利用该删点取得（实际上）无偏差的截位平均值。

（2）通过置信区间或标准误差度量残留统计误差，同时增加运行周期或仿真重复次数直至实现预期精度。

适用于实现步骤（1）和步骤（2）的特殊方法取决于我们是否计划进行 $n=1$ 或 $n>1$ 次仿真重复。在此，主要关注 $n>1$ 的案例。可利用 8.2.2 节中所述的适用于固定样本量的方法通过设置批次来替换仿真重复，进而从一次运行中获得固定精度。

导致稳态仿真难以实施的重要特征是乖离率 $\beta(d)/(m-d)$ 并不像方差一样可以直接估计。但是，$\beta(d)/(m-d)\approx0$ 的充分条件是对于所有 $i>d$ 的情况下 $E(Y_i)-\mu\approx0$，同时，若 $E(Y_i)$ 在 $i>d$ 的情况下基本不变，则其为真。尽管无法估算乖离率，但是若有能力进行仿真重复，则可估算作为 i 函数的 $E(Y_i)$ 变更。因此，可以通过估算 $E(Y_i)$ 和 i 曲线对比和观测停止变更位置对步骤（1）求解。

8.2.1.1 估计删点

（1）获取输出数据 $Y_{ij}(i=1,2,\cdots m;j=1,2,\cdots n)$。例如，在 $M/G/1$ 仿真中，$Y_{3,8}$ 是第 8 次仿真重复中第 3 位顾客的等待时间。运行周期 m 最初是一个猜测值，同时，仿真重复次数 n 应至少为 10。

（2）在所有 n 次仿真重复中对第 i 次观测值求平均值：

$$\overline{Y}_i = \frac{1}{n}\sum_{j=1}^{n}Y_{ij}$$

式中：$i=1,2,\cdots,m$。

例如，在 $M/G/1$ 队列中，$\overline{Y}_3$ 是在多个仿真中的第 n 次仿真重复中第 3 位到达顾客的平均等待时间。

（3）检查或绘制 $\overline{Y}_i$ 和 i 对比，或许是一个修匀版对比图。

①若因数据变异性太大而无法预测趋势，则应增加仿真重复次数 n。

②若绘图趋势仍为向上或向下，则可增加运行周期 m。

③若存在观测值 $\hat{d}$，以致在观测值范围外的绘图似乎总是在固定中心值周围变化，则应选择 $\overline{Y}_3$ 作为删点。

若成功，已经选择 $\hat{d}$，这样：

$$\mathrm{MSE}(\overline{Y}_j(m,\hat{d})) \approx 0 + \frac{\gamma^2}{m-\hat{d}}$$

同时，因此：

$$\mathrm{MSE}(\overline{Y}(n,m,\hat{d})) \approx \mathrm{Var}(\overline{Y}(n,m,\hat{d})) \approx \frac{\gamma^2}{m-\hat{d}}$$

为便于对步骤（2）求解，为 μ 构建置信区间：

$$\overline{Y}(n,m,\hat{d}) \pm t_{1-\frac{\alpha}{2},n-1}\frac{S(n,m,\hat{d})}{\sqrt{n}}$$

其中，

$$S^2(n,m,\hat{d}) = \frac{1}{n-1}\sum_{j=1}^{n}(\overline{Y}_j(m,\hat{d}) - \overline{Y}(n,m,\hat{d}))^2$$

是仿真重复平均值的样本方差。8.2.2 节中所述的自由度分析表明，若置信区间不够短难以满足精度要求，则有必要在 $n < 30$ 的情况下增加仿真重复次数，或以其他方式增加运行周期 m。但是，固定 m 值和只在置信区间足够短之前增加仿真重复次数，通常，这是较为便捷的方式。若采用该方法，则应确保 m 值大于 d，即 $m \approx 10d$。

为实现固定绝对误差，通常增加仿真重复次数直至如下公式成立：

$$t_{1-\alpha,n-1}S(n,m,\hat{d})/\sqrt{n} \leqslant \varepsilon$$

类似地，为实现固定相对误差，增加仿真重复次数，如下公式成立：

$$\frac{t_{1-\alpha,n-1}S(n,m,\hat{d})/\sqrt{n}}{\overline{Y}(n,m,\hat{d})} \leqslant K$$

以 4.3 节中所述的 $M/G/1$ 队列仿真为例说明此类概念，目标是估算队列中的稳态平均顾客等待时间。假设我们期望该估计的相对误差不大于 3%。

图 8.2 所示为在 $n = 100$ 次仿真重复过程中，基于顾客人数求得的平均等待时间，在图中具体为前 $m = 1000$ 名顾客的平均等待时间。由于开始仿真时队列为空，因此偏差显而易见。大约 100 名顾客的平均等待时间似乎围绕中心值变化，因此，取值 $\hat{d} = 100$。然而这仅仅是主观判断，其他仿真重复或修匀绘图有助于确认该选择的正确性，而当其使得 $\hat{d}$ 取值过大时，无需进行补偿（计算时间除外）。

已知 $\hat{d} = 100$ 的情况下，运行周期 m 的便捷选择是 1100 名顾客（至少是10 倍），这样，每次仿真重复都将生成适用于前 $m = 1100$ 名顾客的等待时间，并报告最后的 $m - \hat{d} = 1000$ 名顾客的平均等待时间。由于其给出了如下公式，猜想 $n = 500$ 次仿真重复将满足相对误差要求。

$$\frac{t_{0.975,499}S(500,1100,100)/\sqrt{500}}{\overline{Y}(500,1100,100)} \approx \frac{0.053}{2.154} \approx 0.025 < 0.03$$

备注 8.2　$M/G/1$ 队列代表医院接待，其并非阻塞系统，因此要求删除的数据量较小。适合作为本书示例，但是不得将其视为所有仿真的代表，或甚至所有队列仿真的代表。实际上，严重阻塞队列系统可要求删除更多的数据。

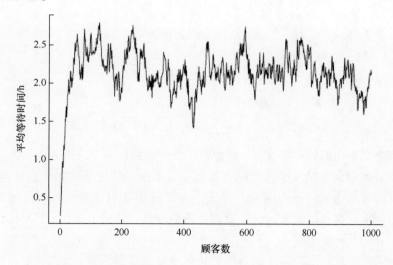

图 8.2　基于顾客数量的平均值图，对 $n = 100$ 次仿真重复的 $M/G/1$ 队列求的平均值

8.2.1　固定样本量问题

当拥有 N 个观测值的固定样本量时，且在其多少无影响的情况下，自然实验设计可通过进行单独仿真重复（$n = 1, m = N$）提供消除乖离率的最佳机会。我们拥有两个步骤：选择删点 d 和估算点估计值中的残留误差。

8.2.2.1　基于固定样本量的删除

考虑通过以下 3 种方式选择删点 d。

无删除：如式（8.10）所示，MSE 的偏差分量随 $1/m$ 减少，与此同时，方差仅随着 $1/m$ 减少。在不存在关于偏差的直接信息情况下，可选择不删除数据。

使用系统知识：尽管可将稳态仿真视为抽象的统计问题，但是在实际应用中，可模拟真实或概念系统，我们对此类系统良好理解足以对其进行模拟。深刻理解真实系统"热身"要花费的时间，该时间可用于设置删点。若工厂开始为空，那么需要多少小时或天的生产确保上升至正常操作水平？若供应链中所有层次均存储满，那么此类订购、运输和库存需花费多少周以开始正常运转？回答这些问题便可提供删点。

数据 – 驱动删点：我们可根据输出数据为删点选择拟定多种方式。具体包括如下内容。需要注意的是前两种方法尝试消除偏差，与此同时，第 3 种方法尝试减少结果估计值中的 MSE。

166

标绘累积样本均值：尽管无法在仿真重复过程中求平均值，进而说明偏差趋势，但是可针对 t 标绘当 $t = 1, 2, \cdots, m$ 时的 $\sum_{i=1}^{t} Y_i / t$，并寻找中心值附近的稳定点。由于其易于操作，因此经常这样做，但是由于累积均值保留了所有包含最大偏差的观测值，因此该操作倾向于删除更多的观测值。在固定预算设置中，由于其会导致在估计值方差中的对应补偿，因此对偏差的过度保守通常并不是一个好主意。

Schruben（1982）提出了单次仿真重复绘图，其对偏差更为敏感，但是在确定删点的过程中，其很难直接发挥作用。

偏差实验：若根据系统知识选择删点 d，或甚至猜测删点 d，则应进行统计实验，在该实验中，假设 $H_0 : E(Y_{d+1}) = \cdots = E(Y_m)$。（见 Schruben 等（1983））。可在 Cash 等（1992）中查找实验描述和性能评估。

估计 MSE 最佳删点：尽管无法直接估计作为 d 的函数的 MSE，但是边际标准误差规则（MSER，White 1997）可最小化统计数值，其期望值同 MSE 成渐近比例（Pasupathy 和 Schmeiser，2010）。由于其对问题进行了直接说明且易于执行，因此我们会在下面对 MSER 进行更详细说明。

MSER(d) 统计式如下：

$$\text{MSER}(d) = \frac{1}{(m-d)^2} \sum_{i=d+1}^{m} (Y_i - \bar{Y}(m,d))^2 \qquad (8.13)$$

并选择估计删点以最小化 MSER(d)。具体规则包括：

$$\hat{d} = \text{argmin}_{d=0,\cdots,\lfloor \frac{m}{2} \rfloor}, \text{MSER}(d) \qquad (8.14)$$

和

$$\tilde{d} = \min\{d : \text{MSER}(d) \leqslant \min[\text{MSER}(d-1), \text{MSER}(d+1)]\} \quad (8.15)$$

通过 $\hat{d}$ 的选择最小化 MSER 的值局限于针对输出序列的前半段，此时，$\tilde{d}$ 生成 MSER 的第一个局部最小值。这两个选择确认当 $d \to \infty m$ 值时 MSER 统计值具有较大的变化范围，同时，考虑到输出的变化性，应尽量避免选择过大的 d 值。

显而易见，输出 $Y_1, Y_2, \cdots, Y_m$ 的偏差和方差会影响 MSER 的数值，但是最小化的 MSER 如何同最小化的 MSE 关联关系并不非常明显。直观地，序列 $Y_1, Y_2, \cdots, Y_m$ 均值中的强趋势（表明删除量较大）或大量边际方差 Var(Y_i)（表明删除量较小）会导致式（8.13）中结果数值较大，因此，求 MSER 的最小值可平衡此类分布。Pasupathy and Schmeiser（2010）证明在通常条件下，当 $d = 0, 1, 2, \cdots$:

$$\lim_{m \to \infty} \frac{\text{MSE}(\bar{Y}(m,d))}{E(\text{MSER}(d))} = c$$

式中：c 为取决于输出过程的常数。这就是说，对于较大值 m 而言，MSE 与 MSER 预计呈比例关系，MSER 期望值的最小值等于 MSE 的最小值。当然，假设 MSER 的期望值未知，因此，将取而代之求统计量的最小值。

练习（5）要求人们证明：

$$\sum_{i=d+1}^{m} (Y_i - \overline{Y}(m,d))^2 = \sum_{i=d+1}^{m} Y_i^2 - \frac{1}{m-d} \Big(\sum_{i=d+1}^{m} Y_i \Big)^2$$

利用上式，从序列结尾开始逆向运算至序列起点，以一次性遍历数据的方法计算 MSER 统计值。

（1）设置 $s = 0, q = 0$。

（2）当 $d = m - 1$ 至 0 时：

① $s = s + Y_{d+1}$；

② $q = q + Y_{d+1}^2$；

③ $\mathrm{MSER}(d) = (q - s^2)/(m - d)/(m - d)^2$。

（3）下一个 d。

图 8.3 所示为基于 4.3 节所述的一次 $M/G/1$ 仿真重复的 MSER（d）统计。

在该案例中，$\hat{d} = \tilde{d} = 88$，这表明通过对最后的 $500 - 88 = 412$ 数值求平均值的方式估算的稳态等待时间是估计值 MSE 的最小值。

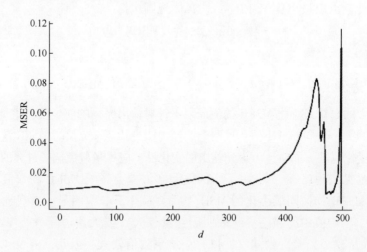

图 8.3　运行周期 $m = 500$ 名顾客的 $M/G/1$ 示例 MSER(d)

统计（在该示例中，$\hat{d} = \tilde{d} = 88$）

168

8.2.2.2 固定预算的误差估计

当进行 n 次仿真重复时，充分利用：

$$\mathrm{Var}(\bar{Y}(n,m,d)) = \frac{\mathrm{Var}(\bar{Y}(1,m,d))}{n})$$

因为仿真重复允许估计 $\mathrm{Var}(\bar{Y}(1,m,d))$。样本均值方差和分量仿真重复方差之间的关系式是所有统计值中最重要的一个。

当仅拥有一次单独的仿真重复 $Y_1,Y_2,\cdots,Y_m$（或许是某些删除之后）时，便可利用类似的关系，但是前提是 m 值足够大：设 $Y_{(m)}$ 是总样本均值（减少 d 和 n 以简化记号法），然后得出 $\mathrm{Var}(\bar{Y}(m)) \approx \gamma^2/m$。此处的主要观点是，当 $b < m$，但是仍相对较大时，$\mathrm{Var}(\bar{Y}(n)) \approx \gamma^2/b$。因此，若 m 和 b 数值较大，则：

$$\mathrm{Var}(\bar{Y}(m)) \approx \frac{b}{m}\mathrm{Var}(\bar{Y}(b)) \tag{8.16}$$

但是，除进行仿真重复外，还可以通过组成如下的 $k = m/b$ 个批次的均值估计 $\mathrm{Var}(\bar{Y}(b))$：

$$\underbrace{Y,\cdots,Y}_{\text{deleted}},\underbrace{Y_1,\cdots,Y_b}_{\bar{Y}_1(b)},\underbrace{Y_{b+1},\cdots,Y_{2b}}_{\bar{Y}_2(b)},\cdots,\underbrace{Y_{(k-1)b+1},\cdots,Y_{kb}}_{\bar{Y}_k(b)}$$

现设 b 为批次规模，k 为批次数量，$\mathrm{Var}(\bar{Y}(b))$ 的自然估计值为批均值的样本方差：

$$S^2(k) = \frac{1}{k-1}\sum_{j=1}^{k}(\bar{Y}_j(b) - \bar{Y}(m))^2$$

生成批均值方差估计值 $\mathrm{Var}\bar{Y}(m) = (b/m)S^2(k))$，或者相当于渐近方差常数 $\hat{\lambda}^2 = bS^2(k)$ 的批均值估计值。最后，μ 的近似置信区间为

$$\bar{Y}(m) \pm t_{1-\frac{\alpha}{2},k-1}\frac{\hat{\gamma}}{\sqrt{m}}$$

用代数方法求解，即

$$\bar{Y}(m) \pm t_{1-\frac{\alpha}{2},k-1}\frac{S(k)}{\sqrt{k}} \tag{8.17}$$

上述求解中使用了大量"$\approx$"参数。那么，什么时候的取值才是最接近取值呢？由式（5.5）便可确定：

$$\gamma^2 = \sigma^2\left(1 + 2\sum_{i=1}^{\infty}\rho_i\right)$$

由于该关系式可对现有 γ^2 求和，因此希望通过自相关作用随 i 值降低，同时，当 $i > b*$ 和针对某些 $b*$ 时，有效值为0。因此，$\sigma^2\left(1 + 2\sum_{i=1}^{b*}\rho_i\right)$ 是 γ^2 的

真正近似值。若批次大小 $b \geq b^*$（当然这也意味着 $m > b^*$），那么保留式（8.16）。这样，批次大小需要捕获输出过程中的相关结构。

渐近有效的置信区间（式（8.17））要求会多一点：当样本量 m 随着大量的固定批次数量 $k \to \infty$（以确保批次大小随之增加）时，批均值 $\bar{Y}_1(b)$，$\bar{Y}_2(b),\cdots,\bar{Y}_k(b)$ 称为独立的正态分布，结果证明在相对宽泛条件下其是真实的（如 Steiger 和 Wilson，2001）。

难以解决的问题是，什么时候取得的 b 值是足够大的。显而易见，较大的 b 值更可能是保留的式（8.16）。已经公布了用于选择批次规模的大量数据驱动算法，其目标是在结束时交付有效的置信区间或标准误差估计。某些算法还可以控制运行周期以达到固定的精度，与此同时，在其他算法中假设运行周期已知。关于更多文献的示例是 Tafazzoli 和 Wilson（2011）。

数据驱动的批处理算法有时较为复杂，这意味着该算法的执行需付出大量的成本。若仿真预算 N 实际上是固定的，且无法扩充，则如下程序较为敏感或者相对易于适用。

（1）进行长度为 $m = N$ 的单次仿真重复。

（2）应用 MSER 获取删点 d（或针对更为简单的程序设置 $d = 0$）。

（3）将剩余的 $m - d$ 各观测值分成 $10 \leq k \leq 30$ 个批次，查找一个 k 值，并将其近乎均匀的分成 $m - d$（若存在余数，则应从起点开始删除）。

（4）计算样本均值，并形成批均值置信区间（式（8.17））。

该方法中隐含的假设是 $m = N$ 数值很大，足以利用其精确估算 μ 值，并形成近似有效的置信区间（且尽可能足够大以至于无需删除数据）。此种情况下，Schmeiser（1982）中的分析证明，使用相对小的批次数 $10 \leq k \leq 30$ 损失会较小，换句话说，若批次数 k 值过大从而致使批的大小 $b < b^*$（过小），则存在风险。

原因在于，若可通过观察批次数对式（8.17）的影响理解 $k \geq 10$ 的情况，则损失较小。需要注意的是，置信区间取决于渐近方差常数 λ^2 的估计值 $\hat{\gamma}^2$，且在 k 值足够小以致 $b > b^*$ 的情况下，批均值方差估计值通常对 k 值有效。

那么为什么取 $k = 2$ 呢？如表 8.1 所列，以 $t_{-\alpha/2,k-1} | z_{1-\alpha/2} = t_{1-\alpha/2,\infty}$ 的速率为例。若 k 值很大，那么 $k = 2$ 时 $t_{-\alpha/2,k-1} | z_{1-\alpha/2}$ 的取值便是 k 取最大值时的 6.5 倍。但是 $k = 10$ 时的取值是 k 取最大值时的 1.15 倍，当降至 1.04 倍时，$k = 30$ 个批次。由于无效置信区间的风险随着 k 值的增加而增加，因此，$10 \leq k \leq 30$ 是良好的取值范围。

表 8.1　批次数 k 对 t 分布的 0.975 分数位的相对影响

k	$\dfrac{t_{0.975,k-1}}{z_{0.975}}$
2	6.48
5	1.42
10	1.15
20	1.07
30	1.04
60	1.02
∞	1.00

此处所述的适用于估计值 γ^2 的方法通常称为不重叠批均值法，这是拟定的很多方法之一。在 Goldsman 和 Nelson（2006）中可找到相关综述。

我们应为 4.3 节中所述的 $M/G/1$ 仿真进行一次仿真重复，在该仿真重复中 $m = 30000$ 次顾客等待时间。$\hat{d} = \tilde{d} = 0$ 时，$\mathrm{MSER}(d)$ 数值最小，在这种情况下，运行周期较长的系统几乎不会存在偏差并不奇怪：显而易见，从基于 30000 次观测减少的（小）偏差取得的优势无法从本质上增加删除数据相关的方差。然后将数据分成 $k = 30$ 批进行处理，批次大小 $b = 1000$ 个等待时间，同时基于每个批次计算样本均值。利用（8.17）生成 95% 置信区间为（2.24 ± 0.22）min。

假设误差 ± 0.22min 被认为过大该怎么办？理想的情况是，增加运行周期，同时将数据重新分批为 $10 \leqslant k \leqslant 30$ 个批次。若未保留原始数据，则应在增大 k 值的情况下，生成相同批次大小 b 的其他批次。

8.2.3　批次统计

8.2.2 节内容介绍了基于离散时间输出数据估计稳态仿真输出过程均值。但是，诸如队列长度和库存量之类的性能指标是连续时间输出 $Y(t) \leftarrow (0 \leqslant t \leqslant T)$。在固定计算量、单次仿真重复设置条件下，可使用批转换方法将连续时间输出转换为离散时间输出：

$$Y_i = \frac{1}{\Delta t}\int_{(i-1)\Delta t}^{i\Delta t} Y(t)\,\mathrm{d}t \tag{8.18}$$

式中：$m = \lfloor T/\Delta t \rfloor$；$\Delta t > 0$ 是时间间隔。

例如，若 $Y(t)$ 是队列长度，时间 $t = 0$ 对应上午 8 点，$\Delta t = 15\mathrm{min}$，然后 Y_7 是从上午 9：30（时间 90min）至上午 9：45（时间 105min）之间的平均队

列长度。然后将诸如 MSER 和批均值的工具适用于 $Y_1, Y_2, \cdots, Y_m$。重要的是，Δt 足够大，以确保 $Y_{(t)}$ 在区间内进行一次或多次变化；否则 $Y_1, Y_2, \cdots, Y_m$ 可能表现出和连续出现两次或多次的相同数值的极强正相关。

如 8.1 节结尾部分，交叉仿真重复数据的批处理概念适用于性能指标，而不是平均值，同时，该情况还适用于单独长期的稳态仿真重复，但前提是在该情况下可始终通过平稳但相关数据函数统计量 $\hat\theta$ 估算得出。可将仿真重复的基本输出分成 k 批、每批 b 个单独观测值，应计算第 j 个批次的 $\hat\theta_j(b)$ 统计量：

$$\underbrace{Y, \cdots, Y}_{\text{deleted}}, \underbrace{Y_1, \cdots, Y_b}_{\hat\theta_1(b)}, \underbrace{Y_{b+1}, \cdots, Y_{2b}}_{\hat\theta_2(b)}, \cdots, \underbrace{Y_{(k-1)b+1}, \cdots, Y_{kb}}_{\hat\theta_k(b)}$$

利用如下平均值估算性能指标 θ：

$$\bar\theta(k) = \frac{1}{k} \sum_{j=1}^{k} \hat\theta_j(b)$$

而不是在完整数据组中应用 $\hat\theta$。在批均值中，批均值的平均值等于总平均值，但是对于其他统计量而言其并不是真实的。

例如，假设希望估计边际方差 $\sigma^2 = \text{Var}(Y)$。若 $Y_1, Y_2, \cdots, Y_m$ 为平稳但可能相关的输出过程（所谓删除后），且 $\text{Var}(Y_i) = \sigma^2$，则证明在宽泛条件下，当 $m \to \infty$ 时：

$$\frac{1}{m-1} \sum_{i=1}^{m} (Y_i - \bar Y(m))^2 \xrightarrow{\text{a. s.}} \sigma^2$$

这就是说，即使输出数据是相关的，但其仍为相容估计值。为应用批处理法，该批量统计应为

$$\hat\theta_j(b) = \frac{1}{b-1} \sum_{i=(j-1)b+1}^{jb} (Y_i - \bar Y_j(b))^2, \quad j = 1, 2, \cdots, k$$

也就是取自每批次内观测值的样本方差。

边际方差 σ^2 可通过如下公式计算：

$$\bar\theta(k) = \frac{1}{k} \sum_{j=1}^{k} \hat\theta_j(b)$$

也就是批次统计的平均值估算，并利用如下方差估计值形成式（8.17）中所示的置信区间，即

$$S^2(k) = \frac{1}{k-1} \sum_{j=1}^{k} (\hat\theta_j(b) - \bar\theta(k))^2$$

8.2.4 稳态仿真：附言

我们有信心解决稳态仿真中存在的如下两类问题：难以解决的问题和需通过很多尝试才可解决的问题。由于此类工具易于适用，且说明了我们确信的重要概念，因此选择 8.2.3 节中所述的工具。但是，还可能存在其他具有明显优

172

势的工具和定期提出的新方法。研究过去和现在的问题求解方法的最佳方法就是通过访问冬季仿真大会论文集的网址 http：//www. wintersim. org/获取相关文档。

在任何情况下，重要概念如下。

（1）如 MSE 所体现的，在偏差和方差以及二者之间以进行权衡。

（2）随着运行周期的增加，偏差减少的速度快于方差，但是其无法随着仿真重复次数的增加而减少。因此，仿真重复中不会包含大量的短期仿真重复。

（3）人们解决稳态仿真问题的方法取决于人们是否有能力（通常在有时间的情况下）将其视为固定精度或固定预算问题。当数据较为廉价（如快速）时，利用固定精度法便会造成数据浪费，但是其可更加确保人们得到他们想要的数据。

8.3　仿真优化

目前，主要关注从一个可行情景集合中找到一个良好或者甚至是最好的情景 x。主要考虑如下公式：

$$\min_{x \in C} \theta(x) \tag{8.19}$$

式中：$\theta(x)$ 为所关注的性能指标；C 为适用于 d 维情景变量 x 的可行域或可行集。可行域 C 通常可通过一组关于 x 的约束条件定义，但是也可能只是一系列选项。正是由于需要利用仿真估算值 $\hat{\theta}(x;T,n,U)$ 估计情景性能指标 $\theta(x)$ 使得仿真优化（SO）成为一个关键问题。在 8.4.6 节中对该情况进行了讨论，在该情况下，必须估计是否满足约束条件 $x \in C$。但是到目前为止，假设可行性中不存在误差。若更为自然地将该问题演化为最大化问题，则可通过将其表示为 $\min - \theta(X)$ 的方式将其转换成式（8.19）。

设置 $X*$ 为优化情景，最初假设该情景是唯一的。为简化记号法，当无需明确考虑其他实验设计分量 T、n 和 U 时，便可设 $\hat{\theta}(x) = \hat{\theta}(x;T,n,U)$。

如何求解式（8.19）取决于很多情况，包括可行域 C 的类型（如离散或连续）、C 中可行情景的数量（有限、可数无限、不可数无限）以及关于 $\theta(x)$ 和 $\hat{\theta}(x)$ 的情况。同时，SO 算法将模拟 K 个情景 $x_1, x_2, \cdots, x_k$（其中 k 是随机的），并挑选最优值：

$$\hat{x}* = \mathrm{argmin}_{i=1,2,\cdots,K}\hat{\theta}(x_i)$$

换句话说，可通过该算法求得所有仿真情景中包含最佳性能样本的情景，且选定情景的目标函数估计值是 $\hat{\theta}(\hat{x}*)$。模拟的可行情景数量将始终是有限的，原因在于最终必须停止仿真。在某些情景中，K 可能耗尽 C 值，因此选择模拟所有可行情景，同时，在其他情景中，$x_1, x_2, \cdots, x_K$ 是通过某些搜索生成的

C 的子集。

作为特殊示例，以 3.4 节和 4.4 节中模拟的随机活动网络（SAN）可变性为例。该问题的 SO 版本以 Henderson 和 Nelson（2006）为基础。

对于 SAN 而言：

$$Y = \max\{A_1 + A_4, A_1 + A_3 + A_5, A_2 + A_5\}$$

是用于完成项目的总时间，其中 A_j 是用于活动 j 的时间（之前使用 X_j 表示活动时间，但是在此使用 A_j 表示，以避免同情景变量混淆）。假设活动 j 是标准均值为 τ_j 的指数分布，但是在成本为 $c_j(\tau_j - x_j)$ 的情况下可将均值减少至 x_j。换句话说，c_j 是活动 j 平均时间的单位减少成本。因此，作为情景 $\boldsymbol{x} = (x_1, x_2, x_3, x_4, x_5)$ 的函数的项目竣工时间如下：

$$Y(\boldsymbol{x}) = \max\{A_1(x_1) + A_4(x_4), A_1(x_1) + A_3(x_3) + A_5(x_5), A_2(x_2) + A_5(x_5)\}$$

式中：$A_j(x_j)$ 是均值为 x_j 的指数分布。

设置 $\theta(x_1, x_2, \cdots, x_5) = E(Y(\boldsymbol{x}))$，完成项目的期望时间值。若针对此项目的固定总预算是 b，则 SO 问题为

$$\min\theta(x_1, x_2, \cdots, x_5) \tag{8.20}$$

$$\sum_{j=1}^{5} c_j(\tau_j - x_j) \leqslant b$$

$$x_j \geqslant l_j, j = 1, 2, 3, 4, 5$$

式中：l_j 为 j 的最小可完成平均活动时间。

需要注意的是，在该公式中，实际上可通过对某些活动设置 $x_i > \tau_i$。

情景 $\boldsymbol{x}_i = (x_{i1}, x_{i2}, \cdots, x_{i5})$ 的自然目标函数估计值为

$$\hat{\theta}(x_i) = \frac{1}{n_i}\sum_{j=1}^{n_i} Y_j(x_i)$$

式中：$Y_1(x_i)$、$Y_2(x_i)$ 为情景 x_i 中完成项目相互独立且服从同一分布的仿真时间重复。

预算 b 的规模和我们在将平均活动时间减少至 x_i 过程中使用的方式的不同将导致如下迥然不同的问题。

若通过在活动中分配额外工人的方式减少活动 i 的平均值，且预算过紧而致使我们仅有能力在最多一项或两项活动中最多增加一名工人，那么可行域的数量便会较小，且需要模拟所有的可行域。

若相对于单独工人成本而言，b 值较大，且分配至活动 i 的工人会进一步减少完成该活动的平均时间，则可能存在很多可行域，尽管数量是有限，但无法模拟所有可行域，因此，SO 将要求进行一次搜索。

若平均活动时间的减少并非源自工人分配，而是由于某种容量或电力的分布，那么可将 x_i 视为连续值，这意味着可能存在无数可行域。

无论使用哪些算法搜索和模拟可行域 $x_1, x_2, \cdots, x_K$ 集合，都会在 SO 问题中

出现 3 种基础类型的误差：

（1）无法模拟最佳情景，这意味着：

$$\boldsymbol{x}^* \notin \{x_1, x_2, \cdots, x_K\}$$

这也是确定性非线性优化问题中存在的情况，当可行域未搜索完全时我们不应当期望随机仿真优化变得更加容易。

（2）无法选择最佳模拟情景，这意味着：

$$\hat{x}^* \neq x_B = \operatorname{argmin}_{i=1,2,\cdots,K} \theta(x_i)$$

由于 $\hat{\theta}(x_i)$ 仅可估算 $\theta(x_i)$，因此模拟的最佳情景不可能拥有最佳估计函数值，且导致我们选择一个次级情景。确定性优化问题中绝对不会出现此类误差。

（3）选定情景的估计目标函数值并不是非常准确，这意味着 $|\hat{\theta}(\hat{x}^* - \theta(\hat{x}^*))|$ 较大。

由于我们选择包含最小估计值的情景，因此，情景中存在自然偏差，情景估计性能优于（小于）真实的预期性能。因此，我们倾向于乐观估计选定情景的实际性能。这就是说，倾向如下关系式：

$$\hat{\theta}(\hat{x}^*) < \theta(\hat{x}^*)$$

回顾在 SAN 优化问题（8.20）中的误差，包含：

（1）SO 算法无法发现和模拟平均活动时间 $\boldsymbol{x}^* = (x_1^*, x_2^*, \cdots, x_5^*)$ 的最佳可行集。

（2）实际模拟的最佳可行集 x_B，未包含在 $\hat{\theta}(x_i)(i=1,2,\cdots,k)$ 中的估计最短平均项目竣工时间。

（3）选定情景 $\hat{\theta}(\hat{x}^*)$ 的样本平均活动时间不是很接近于其真实的平均项目竣工时间 $\theta(\hat{x}^*)$。

显而易见，我们可控制、测量和减少误差 1～3。在确保渐近收敛（见8.3.1 节）是主要方式的情况下，可对 SO 算法进行设计，以解决误差 1。通过正确选择保证解决误差 2 和误差 3 的问题详见 8.3.2 节。

8.3.1　收敛

收敛是指在允许 SO 算法永远运行的情况下会发生的最终结果什么。"永远运行"通常指探索越来越多的可行性情景，并对其进行更加彻底的仿真。我们关注两个特殊的收敛定义，如需了解关于收敛的更广泛的讨论，见 Andradóttir（2006a）。

典型的 SO 算法是迭代算法，在第 r 次算法中，报告了估计的最佳情景 $\hat{x}_r^*$（$r=1,2,\cdots$）。迭代通常包含模拟新的可行情景或优化已经模拟的情景估计，或二者皆有。需要注意的是，SO 算法可能经常重访已经模拟的情景，以便更好地估计目标函数值，该特征使得确定性优化毫无意义。因此，其并不需要 $K = r$

（不同情景的模拟次数无需同该算法的迭代次数相同），通常 $K \ll r$，则

$$\Pr\{\lim_{r \to \infty} \hat{x}_r^* = x^*\} = 1 \tag{8.21}$$

具有该性质的算法依概率 1 进行全局收敛。当前存在全局收敛仿真优化算法，特别是在 C 包含有限（即使极大）数量的可行情景的情况。当可行情景数量有限时，收敛通常可通过确定每个可行情景都可在极限情况下进行无限模拟的方式得以证明。即使良好的全局收敛算法积极主动地追求情景改善，但是该算法仍有助于确保全局收敛。尽管在实际应用中，不会出现类似于全局收敛的情况，但其能够确保人们在寻找极限情况下的优化情景中获知该算法。

以局部收敛为例。为实现局部收敛，需要相邻可行域 x 的概念，以 $N(x)$ 表示此概念。相邻可行域 x 是可行域的集合（因此 $N(x) \subset C$），在某些程度上，该可行域集合接近于 x。例如，若分量 x 是整数（如产品库存 d 的初始水平），那么一个领域定义便是情景，其不同于分量中误差为 ±1 的 x。这就是说，所有形式情景 $x \pm (0, 0, \cdots, 0, 1, 0, \cdots, 0)$ 也是可行的。若如下公式成立，则情景 x' 实现局部优化。

$$\theta(x') \leqslant \theta(x), \quad x \in N(x')$$

这就是说，相对于相邻情景而言，x' 的性能更佳（更小），或同相邻情景性能相同。当然，可对情景进行局部优化，但是无法实现整体优化。

设 $L \subset C$ 是局部优化情景集。然后局部优化收敛于 L。一个定义为

$$\Pr\{\hat{x}_r^* \notin L \text{ 无穷可微}\} = 0 \tag{8.22}$$

这意味着在概率为 1 的情况存在迭代 R，这样，当所有迭代 $r \geqslant R$ 时，估计优化情景 $\hat{x}_r^*$ 是局部优化情景。局部收敛相对于全局收敛而言满意程度较低，但是其同样无法要求模拟所有可行情景，即使在极限情况下。

当收敛保证，特别是全局收敛保证，是明显合乎要求的性质时，收敛算法直到其最终满足 $k \to \infty$ 情况下，能够返回一个带有最佳模拟值的全局收敛。在 8.3.2 节中，将介绍如何正确选择与 K 个仿真情景相关的保证。当同局部收敛算法结合时，正确的选择可提供最佳的统计保证。

8.3.2　正确选择

"正确选择" 主要用以解决误差 2。设 $x_B = \text{argmini}_{i=1,2,\cdots,k} \theta(x_i)$ 为利用 SO 算法模拟实际模拟情景中的最佳情景。只有在该算法实际模拟 x^* 且 x_B 并非局部优化的情况下，$x_B = x^*$。但是，SO 算法停止之后，则应将 x_B 作为其可完成的最佳优化选择。

以正确选择事件为例：

$$\text{CS} = \{\text{select } x_B\}$$

$$= \{\hat{\theta}(x_B) < \hat{\theta}(x_i), i = 1, 2, \cdots, K, i \neq B\}$$

$$= \bigcap_{i=1, i \neq B}^{K} \{\hat{\theta}(x_B) < \hat{\theta}(x_i)\} \qquad (8.23)$$

CS 要求当优化算法终止时，仿真已具备最佳估计性能，并且也是真实情景的最佳模拟。当该情况发生时，我们将做出正确选择，并希望保证 Pr{CS} 较高。但是，此类保证受多重性影响，具体指 K 对 CS 之类事件概率的影响。

独立性：假定事件 $\{\hat{\theta}(x_B) < \{\hat{\theta}(x_i)\}$ 是独立的。那么：

$$\Pr\{CS\} = \prod_{i=1, i \neq B}^{K} \Pr\{\hat{\theta}(x_B) < \hat{\theta}(x_i)\}$$

这样，我们探索的可行情景 x_i 越多，选择正确情景的概率便越低。例如，若所有事件的概率是 $1 - \alpha$，则 $\Pr\{CS\} = (1 - \alpha)^{K-1}$。但是探索过程大大增加了获得最佳情景 $x*$ 的机会。

一般但未知的依赖性：由于事件 $\{\hat{\theta}(x_B) < \{\hat{\theta}(x_i)\}$ 完全取决于相同的 $\hat{\theta}(x_B)$，因此认为事件始终独立是不现实的。当事件相互依赖，且我们所了解情况相对较少时，可以说最好的情况为

$$\Pr\{CS\} \geq \sum_{i=1, i \neq B}^{K} \Pr\{\hat{\theta}(x_B) \geq \hat{\theta}(x_i)\}$$

由于在 K 值较大的情况下，下限可能是负数（且因此是无意义的），[1] 例如邦弗罗尼不等式，那么相对于独立情况而言，其结果甚至更加不令人满意。

$$\Pr\{\hat{\theta}(x_B) \geq \hat{\theta}(x_i)\}$$

因为统计误差累积，因此多重性意味着难以通过广泛探索（较大 K 值）做出正确的选择。有两种方式可减缓该问题并降低错误概率 $\Pr\{\hat{\theta}(x_B) \geq \{\hat{\theta}(x_i)\}$。

假设我们可设计 SO 算法以确保在 $x_i \neq x_B$ 的情况下：

$$\Pr\{\hat{\theta}(x_B) \geq \hat{\theta}(x_i)\} \leq \frac{\alpha}{K-1}$$

$$\Pr\{\hat{\theta}(x_B) \geq \hat{\theta}(x_i)\} \leq \frac{0.05}{1000} = 0.00005$$

这意味着每次对比中的误差机会较小。那么邦弗罗尼不等式确保 $\Pr\{CS\} \geq 1 - (K-1)\alpha/(K-1) = 1 - \alpha$。例如，若通过仿真优化探索 $K = 1001$ 个可行情景，且希望我们所选择的最佳模拟情景包含 95% 的置信区间，那么在各备选情景 x_i 中，$\Pr\{\hat{\theta}(x_B) \geq \{\hat{\theta}(x_i)\} \leq \frac{0.05}{1000} = 0.00005$ 的情况下，便可实现前述假设。同时不出人意料的是，取得较小误差通常要求耗费极大的仿真工

---

1 有很多邦弗罗尼不等式的表达式，但是在此使用的是 $\Pr\{\bigcap_{i=1}^{k} E_i\} \geq 1 - \sum_{i=1}^{k} \Pr\{E_i^c\}$，其中，$E_i$ 表示事件，E_i^c 表示补数。

作量（仿真重复或运行周期），因此，该方法只有在 K 值较小时才可行。

假设我们将性能估计值表示为

$$\hat{\theta}(x_i; U_i) = \theta(x_i) + \varepsilon(U_i)$$

式中：$\varepsilon(U_i)$ 为零均值随机变量，考虑仿真输出的随机性。需要注意的是，在该固定表示法中，仿真噪声 ε 并不取决于情景 x_i。因此，若为各情景 $U_1 = \cdots = U_K = U$ 使用相同的伪随机数，那么：

$$\begin{aligned} \Pr\{\hat{\theta}(x_B; U) \geqslant \hat{\theta}(x_i; U)\} &= \Pr\{\theta(x_B) + \varepsilon(U) \geqslant \theta(x_i) + \varepsilon(U)\} \\ &= \Pr\{\theta(x_B) \geqslant \hat{\theta}(x_i)\} = 0 \end{aligned}$$

这样，无论 K 值多大，都不会出现错误！

我们并未期望就此说明仿真噪声是独立的情景或独立的运行周期 T_i 或仿真重复次数 n_i。但是该分析表明若 K 个情景的运转类似于随机数，那么通过对所有情景赋值相同随机数的方法减少选择误差概率。该技术是使用常用的随机数，将在 8.4.1 节中对其进行更充分的说明。

如何将正确选择概率同收敛关联？当 SO 算法是全局收敛，但我们未完全利用可行域 C 时（始终当 x 是连续值时），那么正确选择保证仅可提供关于实际模拟情景 $x_1, x_2, \cdots, x_K$ 的推断。也就是说，无法确保整体最优性。对于局部收敛算法而言，若模拟所有领域 $N(\hat{x}^*)$，则正确选择保证可提供证据证明 $\hat{x}^*$ 确实是局部最优化选择。由于在 $N(\hat{x}^*)$ 中的情景数量通常小于 C 中的情景数量，但是通常可模拟所有领域。但是，推断仅针对局部最优性，而不是全局。只有当可行情景数量足够小，以致可模拟每个 $x \in C$，进而使正确选择同整体最优性关联。

SO 算法不能穷尽可行情景集合 C，所以它们通常在结束时无法保证得到正确的选择。但是，很多（通常较少）附加的仿真 $x_1, x_2, \cdots, x_K$ 可用来提高这种保证，并控制误差3，它的出现是由于 $\theta(\hat{x}^*)$ 的估计不准确所致。该策略称为 SO 算法之后的"清理"，下面会介绍一种专门的"清理"方式。也可见 Boesel 等（2003）的文章。

8.4 仿真优化实验设计

在确定 SO 目标的情况下，当前主要致力于实验设计。回顾前文，通过 $\hat{\theta}(x_i) = \hat{\theta}(x_i; T_i; n_i; U_i)$ 估计目标函数 $\theta(x)$。实验设计包含选择情景以模拟 x_i（$i = 1, 2, \cdots, K$），仿真工作量的分配（n_i, T_i）和对情景 x_i 赋值随机数 U_i。从随机数赋值开始说起。

8.4.1 随机数赋值

在 8.3.2 节中对正确选择问题的讨论，说明了为什么备选情景仿真中随机数的分配应当作为实验设计的一部分。在此，首先通过关联正确选择和方差缩减对该想法进行更深刻的钻研；然后说明如何通过随机数赋值减少方差。

若 $i \neq h$，则两组随机数 U_i 和 U_h 是独立的。事实上，我们知道 U_i 是一组确定的伪随机数 $u_i = (u_{i1}, u_{i2}, \cdots, u_{is})$。假设 s 是足够大，以致若出于某些目的赋值 u_i，那么绝不会在该组中使用所有的 s 伪随机数。我们将随机数 U_i 和 U_k 视为独立随机数，原因在于其实际上对应非重叠伪随机数列 U_i 和 U_k。这便允许我们将情景"赋值"常用随机数组或不同随机数组，但是在赋值是真正随机数的情况下，这是矛盾的。该赋值可通过说明 6.5.3 节中所述的种子或数流的方式完成。

在 8.3.2 节中，我们主要关注 $\Pr\{\hat{\theta}(x_B) \geq \hat{\theta}(x_i)\}$，即模拟的最佳情景估计目标函数值，该函数值大于实际次级情景的估计目标函数值。由于我们将函数值减少到最小，并选择了看起来似乎是最佳的情景，因此，该事件对应不正确的选择。

假设此类估计值是大量的更为基础观测值的平均值（如仿真重复），以确保我们可根据中心极限定理将其视为正态分布。那么：

$$
\begin{aligned}
\Pr\{\hat{\theta}(x_B) \geq \hat{\theta}(x_i)\} &= \Pr\{\hat{\theta}(x_B) - \hat{\theta}(x_i) \geq 0\} \\
&= \Pr\left\{ \frac{\hat{\theta}(x_B) - \hat{\theta}(x_i) - (\theta(x_B) - \theta(x_i))}{\sqrt{\mathrm{Var}[\hat{\theta}(x_B) - \hat{\theta}(x_i)]}} \geq \right. \\
&\quad \left. \frac{-((\theta(x_B) - \theta(x_i))}{\sqrt{\mathrm{Var}[\hat{\theta}(x_B) - \hat{\theta}(x_i)]}} \right\} \\
&= \Pr\left\{ Z \geq \frac{(\theta(x_B) - \theta(x_i)}{\sqrt{\mathrm{Var}[\hat{\theta}(x_B) - \hat{\theta}(x_i)]}} \right\}
\end{aligned}
\tag{8.24}
$$

式中：Z 为 $N(0,1)$ 随机变量。由于 $\theta(x_i) - \theta(x_B) > 0$，因此式（8.24）是 $\mathrm{Var}[\hat{\theta}(x_B) - \hat{\theta}(x_i)]$ 的递增函数。换句话说，$\mathrm{Var}[\hat{\theta}(x_B) - \hat{\theta}(x_i)]$ 越小，错误选择的概率也越小（或正确选择的概率越大）。直观的理解是：方差测量的差值 $\hat{\theta}(x_B) - \hat{\theta}(x_i)$ 的估计值越大，实际上做出正确选择的可能性也就越大。[1]

$$
\begin{aligned}
\mathrm{Var}[\hat{\theta}(x_B) - \hat{\theta}(x_i)] &= \mathrm{Var}[\hat{\theta}(x_B)] + \mathrm{Var}[\hat{\theta}(x_i)] \\
&\quad - 2\mathrm{Cov}[\hat{\theta}(x_B), \hat{\theta}(x_i)]
\end{aligned}
\tag{8.25}
$$

若各情景 x_i 是赋值的独立随机数 U_i，那么估计值是独立的，且 $\mathrm{Cov}[\hat{\theta}(x_i, U_i), \hat{\theta}(x_B, U_h)] = 0$。常用随机数平均值设置 $U_i = U_B = U$。增加正确选择概率的期望效果是 $\mathrm{Cov}[\hat{\theta}(x_i, U_i), \hat{\theta}(x_B, U_h)] > 0$，该结果减少

---

[1]　取自数学统计的基础结果是，对于随机变量 A 和 B 而言，$\mathrm{Var}(A \pm B) = \mathrm{Var}(A) + \mathrm{Var}(B) \pm 2\mathrm{Cov}(A, B)$。

了差值方差并且增加了正确选择的概率，这是方差缩减和正确选择之间的联系。

为获得直观的结果，以来自 SAN 仿真的输出为例，在需要的随机数 $(U_1, U_2, U_3, U_4, U_5)$ 中重新写入，以生成指数分布活动时间：

$$Y(\boldsymbol{x}) = \max\{A_1(x_1) + A_4(x_4), A_1(x_1) + A_3(x_3) + A_5(x_5), A_2(x_2) + A_5(x_5)\}$$
$$= \max\{-\ln(1 - U_1)x_1 - \ln(1 - U_4)x_4,$$
$$-\ln(1 - U_1)x_1 - \ln(1 - U_3)x_3 - \ln(1 - U_5)x_5,$$
$$-(1 - U_2)x_2 - (1 - U_5)x_5\}$$

式中：x_j 为活动 j 的平均时间。

常用随机数的使用意味着仿真情景 x_i 和 x_h 仅区别于乘以 $-\ln(1 - U)$ 的 x 数值。这样，使得 $Y(x_i)$ 大于期望值的随机数集合 $(U_1, U_2, U_3, U_4, U_5)$ 倾向于 $Y(x_k)$ 大于其期望值。通过该结果，特别易于确定：对于 x_i 而言，设定 $x_{i1} = x_{i2} = \cdots = x_{i5} = x_i$；对于 x_h 而言，设定 $x_{h1} = x_{h2} = \cdots = x_{h5} = x_h$，那么：

$$Y(x_k) = \max\{-\ln(1 - U_1)x_k - \ln(1 - U_4)x_k,$$
$$-\ln(1 - U_1)x_k - \ln(1 - U_3)x_k - \ln(1 - U_5)x_k,$$
$$-\ln(1 - U_2)x\_k - \ln(1 - U_5)x\_k\}$$
$$= \frac{x_k}{x_i}\max\{-\ln(1 - U_1)x_k - \ln(1 - U_4)x_k,$$
$$-\ln(1 - U_1)x_k - \ln(1 - U_3)x_k - \ln(1 - U_5)x_k,$$
$$-\ln(1 - U\_2)x\_k - ln(1 - U\_5)x\_k\}$$
$$= \frac{x_k}{x_i}Y(x_i)$$

因此：

$$\mathrm{Cov}[Y(x_i), Y(x_k)] = \frac{x_k}{x_i}\mathrm{Var}[Y(x_i)] > 0$$

尽管从数学角度出发更加难以证明，但是即使当 x_i 和 x_h 不包含特殊结构时，协方差仍然为正（尽管或许其不够大）。

通常而言，该示例的两个方面证明是重要的：需要注意的是，当模拟情景 x_i 和 x_h 时，输出 $Y(x)$ 在各随机数 $(U_1, U_2, U_3, U_4, U_5)$ 中无变化，且相同的随机数适用于相同的用途。例如，利用 U_j 生成各情景中的活动时间 A_j，单调性是该仿真中两个特征的结果：①可逆累积分布函数法 $A_j = F^{-1}(U_j)$ 用于生成输入 A_j 且在各个输入过程中始终不减少；②仿真结构本身导致输出在各输入中无变化，这就是说，$Y = \max\{A_1 + A_4, A_1 + A_3 + A_5, A_2 + A_5\}$ 在各 A_i 中不减少。单调性是导致正协方差的重要因素，同步性（在各情景中出于相同目的使用相同随机数）趋向于将该结果最大化。在 Glasserman 和 Yao（1992）中对其进行了

180

正式的证明，同时也做出了直观的判断，原因在于正协方差意味着这两个数量趋向于共同增长和减少。

对于 SAN 仿真而言，同步性易于实现，原因在于各情景的仿真重复恰好使用了 5 个随机数。这样，若对各情景赋值相同的起始种子或数流，则各情景仿真以随机数（所谓）U_1 开始，同时第 j 次仿真重复使用随机数 $U_{(j-1)5+1}$，$U_{(j-1)5+2}$，$U_{(j-1)5+3}$，$U_{(j-1)5+4}$，$U_{(j-1)5+5}$ 以分别生成活动时间 A_1、A_2、A_3、A_4、A_5，无需考虑 x 值。

但是，在其他仿真中，同步性难以实现。在此我们以模拟两个包含如下特征的队列系统为例，对平均等待时间进行对比。

（1）两个系统包含完全相同的更新到达过程。

（2）情景 $x=1$ 包含一个快速服务器，与此同时，情景 $x=2$ 包含两个慢速服务器。其服务时间分布来自相同的族，但使用了不同的参数。

（3）不公平对待顾客。反之，年纪较大的顾客安排在队首。我们设有顾客年龄输入分布。

（4）将模拟各情景的 $n=100$ 仿真重复，各仿真重复在仿真时间的 $T=8\text{h}$ 之后结束。

需要注意的是，该仿真不包含结构单调性：到达时间间隔越长，等待时间越短（单调递减）；同时，服务时间越长，等待时间也越长（单调递增）。但是，此处对各情景赋值相同的起始种子或数流是不充分的。如表 8.2 所列，在我们这样做且只耗费仿真所需随机数（RNs）的情况下会发生什么。原因在于服务器数量不同，而不是快速 RNs 用于不同的用途。例如，U_7 用于生成情景 1 中的顾客年龄和情景 2 中的时间间隔。因此，无法充分探索队列系统中的结构单调性。进一步而言，由于情景 1 的第一次仿真重复消耗的随机数小于情景 2（由于在 $T=8\text{h}$ 时接受服务的顾客较少），因此在第二次仿真重复中的同步性便会更差。随着我们进行越来越多的仿真重复，可能存在越来越少的同步性和越来越小的正协方差。

表 8.2　在第一次和第二次情景 1 和情景 2 仿真重复中利用单独随机数流所使用的潜在事件队列和随机数队列

情景 1（一个服务器）			情景 2（两个服务器）		
事件	RN	目的	事件	RN	目的
到达	U_1	到达间隔	到达	U_1	到达间隔
	U_2	年龄		U_2	年龄
	U_3	服务时间		U_3	服务时间
到达	U_4	到达间隔	到达	U_4	到达间隔
	U_5	年龄		U_5	年龄

（续）

情景 1（一个服务器）			情景 2（两个服务器）		
				U_6	服务时间
到达	U_6	到达间隔	到达	U_7	到达间隔
	U_7	年龄		U_8	年龄
终端服务	U_8	服务时间	终端服务	U_9	服务时间
⋮	⋮	⋮	⋮	⋮	⋮
终端服务	U_{123}		终端服务	U_{139}	服务时间
仿真重复 1 结束			仿真重复 1 结束		
到达	U_{124}	到达间隔	到达	U_{140}	到达间隔
	U_{125}	年龄		U_{141}	年龄
	U_{126}	服务时间		U_{142}	服务时间
⋮	⋮	⋮	⋮	⋮	⋮

伪随机数生成器包含多个起始种子或数流的原因是其具有的协助同步性。为便于对各输入过程（到达、年龄和服务时间）赋值不同的数流，我们在此保证各伪随机数可用于各情景中的相同用途。为维持仿真重复过程的同步性，也需要针对各仿真重复使用不同的起始数流或种子。这样，在为队列示例运行常用随机数的过程中便需要 $100 \times 3 = 300$ 个起始种子或随机数流，以确保完全同步，该操作易于通过在 L'Ecuyer（1999）中类似 MRG32k2a 的伪随机数生成器完成。如需了解关于有效运行多个随机数流的信息，参见 L'Ecuyer 等（2002）的文章。

部分同步优于完全不同步，但是实际上应实现完全同步。Shechter 等（2006）对仿真进行了说明，在仿真中，使用独立仿真（对情景 1 和情景 2 赋值不同的随机数）和使用部分同步和完全同步的常用随机数对在两种不同情景下的 HIV 队列存活率进行了对比。相对独立仿真而言，使用完全同步的常用随机数可减少 93% 的差值估计方差，但是对于部分同步随机数而言仅可减少 37%。如需进一步讨论同步策略，见 Kelton（2006）。

显而易见，优于各输入变量是一个 U 函数，因此利用可逆累积分布函数生成变量有助于同步。但是，其并非始终至关重要。在队列示例中，到达过程输入模型同情景 1 和情景 2 相同。因此，只要到达过程包含单独的随机数流，无论使用何种方法生成到达间隔时间，各情景便可体验完全相同的到达队列。

由于分布改变，因此需要特别处理服务时间。当分布改变但仍在相同族内时，其偶尔仍可能将两个情景视为常见基础随机变量的转换。该示例包含平均值为 μ 和方差为 σ^2 的正态分布，原因在于，若 Z 是 $N(0, 1)$，那么 $\mu + \sigma Z$

182

是 $N(\mu, \sigma^2)$。因此，只要在情景 1 和情景 2 中使用相同的方法和相同的数流生成基础 Z，便可实现完全同步（和强正相关）。相同的理由适用于对数正态变量，原因在于它是对常量的转换。

即使当不存在对可逆累积分布函数的简单表示时，也可能存在近似值和数值反演（见 6.4 节）。这将可能慢于所谓的拒绝法，但是如果它能够实现极大地降低方差的目的，那么付出额外成本也是值得的。当无法进行反演时，Kachitvichyanukul 和 Schmeiser（1990）还证明当前存在多种方式创建拒绝型算法，以保持同步性和单调性。

虽然我们关注常见随机数对正确选择概率的影响，但是当该目标简单时，方差缩减可用于估计两个或多个情景性能差异。假设对于 SAN 仿真中的平均活动情景而言我们只拥有情景 x_1 和情景 x_2，同时需要模拟 n 个仿真重复：$Y_1(x_1), Y_2(x_1), \cdots, Y_n(x_1)$ and $Y_1(x_2), Y_2(x_2), \cdots, Y_n(x_2)$。设 $D_j = Y_j(x_1) - Y_j(x_2)$（$j = 1, 2, \cdots, n$）是每两个情景中对应仿真重复的差值。那么适用于 $\theta(x_1) - \theta(x_2)$ 偏差的配对 t 置信区间为

$$\overline{D} \pm t_{1-\frac{\alpha}{2}, n-1} \frac{S_D}{\sqrt{n}} \tag{8.26}$$

其中

$$\overline{D} = \frac{1}{n} \sum_{j=1}^{n} D_j$$

以及

$$S_D^2 = \frac{1}{n-1} \sum_{j=1}^{n} (D_j^2 - \overline{D})^2$$

若 D_j 呈对数分布或 n 值较大，那么无论在包含或不包含常见随机数的情况下，置信区间均有效。如 $\mathrm{Var}[D_j] = \mathrm{Var}[Y_j(x_1) - Y_j(x_2)]$ 中所示的常见随机数影响，其可通过 S_D^2 估算。因此，当使用一般随机数时，偏差易于探测，预计 S_D^2 数值较小，且置信区间 CI 较短。

根据常见随机数对在式（8.26）中的仿真重复配对。若正确同步，则 $Y_j(x_1)$ 和 $Y_j(x_2)$ 呈独立的正相关，与此同时，在不同的仿真重复 $j \neq h$ 时，$Y_j(x_1)$ 和 $Y_j(x_2)$ 是独立的。因此，将 $D_1, D_2, \cdots, D_n$ 视为独立且相同的分布。

例如，我们分别为 SAN 模拟了在包含和不包含一般随机数情况下的两个情景 $x_1 = (1, 1, 1, 1, 1)$ 和 $x_2 = (0.5, 0.5, 1, 1.2, 1.2)$。根据 100 次仿真重复结果，$Y_j(x_1)$ 和 $Y_j(x_2)$ 之间的估计相关值是 0.93，当估计差约为 $D = 0.30$ 时，可将差值置信区间的半宽从 ± 0.46 减少至 ± 0.12。

8.4.2 为正确选择进行的设计和分析

假设存在 k 个情景，$x_1, x_2, \cdots, x_K$，且保证可在其中选出最佳情景。由于

实际存在 K 个可行情景或可模拟所有情景，或由于其是在搜索过程中实际模拟的 C 中存在的 K 个情景，所以会出现此类情况。在 SAN 优化中，存在 K 个平均活动时间设置，平均活动时间通过可用预算取得。

本节所述程序中从形式上证明并确保了取自各情景 x_i 的输出数据 $Y_1(x_i)$，$Y_2(x_i)$，$\cdots$，$Y_3(x_i)$ 是平均值为 $\theta(x_i)$ 且包含有限变量的独立且同分布数据。在这种情况下，若其是取自不同仿真重复的结果，则可保证独立性。同时，若其是取自一个单独的稳态仿真重复的批次统计，则其近似正确（见 8.2 节）。进一步，在紧随基于样本均值估算的 $\theta(x_i)$ 之后的程序中：

$$\hat{\theta}(x_i) = \overline{Y}(x_i; n_i) = \frac{1}{n_i} \sum_{j=1}^{n_i} Y_j(x_i)$$

如 8.3.2 节所述，设 x_B 是未知的最佳情景，这就是说：

$$\theta(x_B) = \min_{i=1,2,\cdots,K} \theta(x_i)$$

有很多程序适用于很多此类问题的变量，同时也有很多渐近调整适用于此类案例，在此类案例中，不适用正规性和独立性。常用的参考文献包括 Bechhofer 等（1995）、Frazier（2010）、Goldsman 和 Nelson（1998）以及 Kim 和 Nelson（2006）等。在此仅提出了两种在实践中有用的程序，并对某些关键语言进行了说明。

8.4.2.1 子集选择

子集选择程序递送了一组可行情景 $I \subseteq \{x_1, x_2, \cdots, x_K\}$，并保证：

$$\Pr\{x_B \epsilon I\} \geqslant 1 - \alpha$$

最好的情况是 I 仅包含一个情景，当其为 x_B 时的概率为下限 $1 - \alpha$。更典型地说，子集选择可消除或筛选出不是最佳情景的情况（具有较高的统计可靠性），以便将注意力集中于更小群组。当 $x_1, x_2, \cdots, x_K$ 是 C 的搜索结果时，如下特殊程序将特别有用，原因在于其允许情景中存在不同数量的观测值。

（1）已知情景 x_i 中 $n_i \geqslant 2$ 个观测值，当 $i = 1,2,\cdots,k$ 时，设 $t_i = t_{(1-a)\frac{1}{K-1}, n_i-1}$ 是 t 分布的 $(1-a)^{\frac{1}{K-1}}$ 分数位，自由度为 $n_i - 1$。

（2）计算当 $i = 1,2,\cdots,k$ 时的样本均值 $\overline{Y}(x_i, n_i)$ 和样本方差：

$$S^2(x_i) = \frac{1}{n_i - 1} \sum_{j=1}^{n_i} (Y_j(x_i) - \overline{Y}(x_i; n_i))^2$$

同时，阈值为

$$W_{ih} = \left(t_i^2 \frac{S^2(x_i)}{n_i} + t_h^2 \frac{S^2(x_h)}{n_h} \right)^{1/2} (i \neq h)$$

若规则子集中包含相关情景，则该规则较为简单，若如下公式成立，则包括 x_i ：

$$\bar{Y}(x_i;n_i) \leqslant \bar{Y}(x_k;n_k) + W_{ik}, h \neq i$$

这就是说，若其样本均值小于利用正量 W_{ih} 调整的其他样本均值，该样本正量考虑了估计误差，则保留情景 x_i 。为什么这样做呢？如下论据便是很多子集选择程序的依据：

$$
\begin{aligned}
\Pr\{x_B \in I\} \\
&= \Pr\{\bar{Y}(x_B;n_B) \leqslant \bar{Y}(x_k;n_k) + W_{Bh}, h \neq B\} \\
&= \Pr\{\bar{Y}(x_B;n_B) - \bar{Y}(x_k;n_k) - [\theta(x_B) - \theta(x_k)] \\
&\quad \leqslant W_{Bh} - [\theta(x_B) - \theta(x_k)], h \neq B\} \\
&\geqslant \Pr\{\bar{Y}(x_B;n_B) - \bar{Y}(x_k;n_k) - [\theta(x_B) - \theta(x_k)] \\
&\quad \leqslant W_{Bh}, h \neq B\}
\end{aligned}
\tag{8.27}
$$

由于 $-[\theta(x_B) - \theta(x_h)] \geqslant 0$ ，式（8.27）证明，不等式（8.27）成立。因此从右侧将其删除将更难以满足该事件。统计量：

$$\bar{Y}(x_i;n_i) - \bar{Y}(x_k;n_k) - [\theta(x_i) - \theta(x_k)]$$

在 $i \neq h$ 的情况下均值为0，允许导出 W_{ih} ，并仅根据其方差得出期望概率。在此段之后增加如下内容：

$$W'_{ih} = \left(t^2 \frac{S_{ih}^2}{n_0} \right)^{1/2}$$

假定实验设计中在不使用一般随机数的条件下，Boesel 等（2003）给出了有效的正式证明。正是由于源于不同场景的观测值数量不同，所以不同系统的重复仿真结果可能不完全匹配，因而上述证明结果意义更大，假如观测值数量为固定值 n_0 ，并且使用一般随机数，那么该流程中 W_{it} 可由以公式替代。其中

$$T = t_{1 - \frac{\alpha}{(K-1)}, n_0 - 1}$$

和

$$S_{ik}^2 = \frac{1}{n_0 - 1} \sum_{j=1}^{n_0} (Y_j(x_i) - Y_j(x_k) - [\bar{Y}(x_i;n_0) - \bar{Y}(x_k;n_0)])^2$$

常用随机数的影响可减少选择子集的数量，原因在于它可减少差值方差，进而反过来减少 W_{ih} 。见 Nelson 等（2001）。

8.4.2.2 最佳选择

子集选择是一种可取任何类型输出数据的分析法，该输出数据可在情景 $x_1, x_2, \cdots, x_K$ 中使用，并推断哪些情景不是最佳情景。在本节中，我们对相关的设计和分析程序进行了说明，此类程序可控制实际经费的仿真成本，并在仿真结束时提交最终的单一选项。为做到这一点，我们要求用户详细说明在期望

性能中的最小差别，这点至关重要，（称为 δ）。如下是一些相关示例。

在等待时间约为几十分钟的队列仿真中，平均等待时间差时少于 $1/2\min$（30s），那么该差时在实际应用中的影响并不大，但是若差时多于 $1/2\min$ 便应多加注意。因此，设定 $\delta = 1/2\min$。在故障时间约为几周的可靠性仿真中，平均故障时间为 12h 或更多的情景之间的差异对系统设计者意义重大。因此，设 $\delta = 12h$。同时，若在对项目规划优化过程中设定项目完工需一年或更长时间，那么表示我们对情景 x_i 的满意，但若平均竣工时间 $\theta(x_i)$ 不多于 7 天，该时间长于且长于最佳平均时间 $\theta(x_B)$，则该情景并非最佳优化情景。δ 的选择完全取决于用户和具体的实际情况。

可通过如下各程序的迭代从尚未筛选的情景中取出一个单独的观测值，适用一类子集选择，并使其持续运行直至子集中仅有一个情景。在包含或不包含一般随机数的情况下，其都是有效的，同时，若使用一般随机数，则具有较高的效率（如快速终止）。在此假设保证如下步骤。

---

(1) 指定常用的第一级观测值 $n_0 \geq 2$，设定：
$$\eta = \frac{1}{2} \left[\left(\frac{2a}{K-1} \right)^{-2/(n_0-1)} - 1 \right]$$

(2) 设置 $I = \{x_1, x_2, \cdots, x_k\}$ 是论点中保留的情景集，并设定 $t^2 = 2\eta(n_0 - 1)$。从情景 $x_i \in I$ 中取得 n_0 观测值 $Y_j(x_i)$，$j = 1, 2, \cdots, n_0$，并计算 $\overline{Y}(x_i; n_0)$。当 $i \neq h$ 时，计算：
$$S_{th}^2 = \frac{1}{n_0 - 1} \sum_{j=1}^{n_0} \left(Y_j(x_i) - Y_j(x_h) - \left[\overline{Y}(x_i; n_0) - \overline{Y}(x_h; n_0) \right] \right)^2$$

即情景 i 和 h 之间的差值样本方差。设置 $r = n_0$。

(3) 设置 $I^{\mathrm{old}} = I$。设置：
$$I = \{x_i : x_i \in I^{\mathrm{old}} \text{ 和 } \overline{Y}(x_i; r) \leq \overline{Y}(x_k; r) + W_{ik}(r), \ \forall h \in I^{\mathrm{old}}, h \neq i\}$$

其中
$$W_{ik}(r) = \max \left\{ 0, \frac{\delta}{2r} \left(\frac{t^2 S_{ik}^2}{\delta^2} - r \right) \right\}$$

(4) 若 $|I| = I$，则应停止，并将 I 中的该情景作为最佳情景。否则，则应从情景 $x_i \in I$ 中取一个附加观测值，更新样本均值，设定 $r = r + 1$，同时进行第（3）步。

根据 Kim 和 Nelson（2001）所述，由于可取得新观测值，因此该程序适用迭代子集选择，阈值 $W_{ih}(r)$ 缩小至 0，以确保最终选择样本均值最小的情景。为什么这样做会起作用呢？

如前所述，正确的选择事件：

$$CS = \{ \text{select } x_B \}$$

$$= \{ \hat{\theta}(x_B) < \hat{\theta}(x_i), i = 1, 2, \cdots, K, i \neq B \}$$

$$= \cap_{i=1, i \neq B}^{K} \{ \hat{\theta}(x_B) < \hat{\theta}(x_i) \}$$

并且以如下公式为例：

$$Pr\{ \hat{\theta}(x_B) < \hat{\theta}(x_i) \}$$

由于我们基于假设 $\theta(x_i) - \theta(x_B) \geqslant \delta$ 进行操作，因此得到如下公式：

$$Pr\{ \hat{\theta}(x_B) < \hat{\theta}(x_i) \}$$

$$= Pr\{ \hat{\theta}(x_B) - \hat{\theta}(x_i) < 0 \}$$

$$= Pr\{ \hat{\theta}(x_B) - \hat{\theta}(x_i) - [\theta(x_B) - \theta(x_i)] < - \qquad (8.28)$$

$$[\theta(x_B) - \theta(x_i)] \} \geqslant$$

$$Pr\{ \hat{\theta}(x_B) - \hat{\theta}(x_i) - [\theta(x_B) - \theta(x_i)] \leqslant \delta \}$$

其中由于最小差值大于或等于 δ，因此不等式（8.28）成立。如子集选择一样，统计量为

$$\hat{\theta}(x_B) - \hat{\theta}(x_i) - [\theta(x_B) - \theta(x_i)]$$

其中包含均值 0，由于 δ 值已知，因此可对该程序进行设计，以确保其仅需在考虑 δ、方差和仿真重复次数的情况下提供期望保证。

8.4.2.3 示例

我们通过 SAN 优化对此类程序进行说明，同时假定项目预算允许减少仅适用于一个活动的平均活动。下表所示为可行情景。

	x_1	x_2	x_3	x_4	x_5
x_1	0.5	1	1	1	1
x_2	1	0.5	1	1	1
x_3	1	1	0.75	1	1
x_4	1	1	1	0.5	1
x_5	1	1	1	1	0.5

在子集选择过程中，独立地模拟了 $K = 5$ 个情景，进行 $n = 100$ 次仿真重复，得出如下表的概括统计。

	x_1	x_2	x_3	x_4	x_5
$\bar{Y}(x_i, n_i)$	3.045384364	3.556953882	3.313437416	3.361689108	2.772924336
$S^2(x_i)$	2.318117804	2.627223846	2.946949109	2.915804886	2.099817647

显而易见，情景 x_5 包含最小样本均值，但是其他均值过于接近，以至于无法将其从最佳均值中淘汰。在置信级 $1 - \alpha = 0.95$ 的情况下，应对子集选择

程序进行设计以便在无一般随机数的情况下使用，当 $I = \{x_1, x_5\}$ 时，子集选择程序给出选定子集需要在此说明淘汰 x_3 而不是 x_1 的原因。

需要注意的是，$(1 - \alpha)^{1/(K-1)} = 0.95^{1/4} = 0.987$，因此各情景关键值是 $t_i^2 = t_{0.987,99}^2 = 5.145$。淘汰情景 x_3 的依据如下：

$$\bar{Y}(x_3, n_3) \approx 3.313 \geqslant \bar{Y}(x_5, n_5) + \left(t_3^2 \frac{S^2(x_3)}{n_3} + t_5^2 \frac{S^2(x_5)}{n_5} \right)^{1/2}$$

$$\approx 2.773 + \left(5.145 \frac{2.947}{100} + 5.145 \frac{2.100}{100} \right)^{1/2} \approx 3.282$$

但是，不得淘汰 x_1 的依据如下：

$$\bar{Y}(x_1, n_1) \approx 3.045 \leqslant \bar{Y}(x_5, n_5) + \left(t_1^2 \frac{S^2(x_1)}{n_1} + t_5^2 \frac{S^2(x_5)}{n_5} \right)^{1/2} \approx 3.250$$

其确保最佳情景 x_B 是可信度为 95% 的 x_1 或 x_5。事实上，很容易确认 $\theta(x_1) = \theta(x_5)$，但确认其是最佳情景有一定难度，因此，这就是正确的选择。

接下来，我们会基于置信级 $1 - \alpha = 0.95$，在各情景中进行 $n_0 = 10$ 次最初仿真重复，同时在实际显著差值 $\delta = 0.1$ 的情况下，通过常数随机数使用最佳选择。相关常数如下：

$$\eta = \frac{1}{2} \left[\left(\frac{2\alpha}{K-1} \right)^{-2/n_0 - 1} - 1 \right] = \frac{1}{2} \left[\left(\frac{2(0.05)}{4} \right)^{-2/9} - 1 \right] \approx 0.635$$

且 $t^2 = 2\eta(n_0 - 1) \approx 11.429$。该程序会在每次迭代中对所有情景的样本均值进行对比。情景 x_1 和 x_5 之间的对比要求取得 差值 $S_{15}^2 \approx 0.294$ 的样本方差，并给出缩减阈值：

$$W_{15}(r) = \max \left\{ 0, \frac{\delta}{2r} \left(\frac{t^2 S_{15}^2}{\delta^2} - r \right) \right\}$$

$$= \max \left\{ 0, \frac{0.1}{2r} (336.2 - r) \right\}$$

可使用类似方法计算阈值 $W_{12}(r)$、$W_{13}(r)$ 和 $W_{14}(r)$。若在其他 $h \neq 1$ 的情况下如下公式成立，便可在迭代 r 中淘汰 x_1。

$$\bar{Y}(x_1; r) \leqslant \bar{Y}(x_h; r) + W_{1h}(r)，在其他情况下 \neq 1$$

该程序在分别从情景 x_1、x_2、x_3、x_4、x_5 中进行 171、10、33、109、171 次仿真重复之后将 x_5 选作最佳情景。这意味着可在第一次取样之后淘汰 x_2，然后依次淘汰 x_3，x_4 和 x_1。若 x_1 等于 x_5，那么为什么淘汰情景 x_1？因为在 171 次仿真重复之后，该程序（95% 的置信水平）便可确认 x_5 是最佳情景或 $\delta = 0.1$ 范围内的最佳情景，这便是要求做出正确选择的所有原因。

8.4.2.4 贝叶斯方法

当前存在两个适用于正确选择的基础范例：频率法（如上所述）和贝叶斯法。贝叶斯法中包含一系列的决策，这些决策包括下一个要仿真的情景 x 是哪一个、是否要停止处理程序以及选定一个情景等。做出适当决策的关键是将贝叶斯公式中关于 $\theta(x)$ 的不确定性表示为一个关于其值的先验概率分布，当取得仿真观测值时，可通过在后验分布中使用贝叶斯公式对其进行更新。以贝叶斯作为最佳选择最早见 Frazier（2010）的文章。

贝叶斯公式的优点是其具有一定灵活性，可在先验知识中引入关于该问题的多类信息或知识，进而大大提高效率。此外，该程序还可通过不同的目标驱动，在已知仿真预算的情况下，最大化正确选择的后验概率和最小化选择情景机会成本便是其中的两个示例。

任何程序、频率法或贝叶斯法均无法在所有情况下占据主导地位。贝叶斯法通常在根据全部观测值要求做出选择时较为高效。但是，其无法提供正确选择保证类型，但频率法可提供该类型。

8.4.2.5 仿真优化之后的清除

当 $\{x_1, x_2, \cdots, x_K\}$ 是唯一可行情景且可模拟其中所有情景时，本节所述程序可被用于仿真优化。当情况是这样时，便可管理如下 3 类 SO 误差——无法模拟的优化情景、无法选择的已模拟最佳情景和难以估算的所选情景性能。

换句话说，当 $\{x_1, x_2, \cdots, x_K\}$ 是可行情景的唯一子集时，根据 8.3.1 节收敛讨论所述，仅可在渐近层面解决无法模拟优化情景的情况。但是，仍需控制其他两种 SO 误差。由于第二种选择误差至关重要，因此将专注对于该误差的控制。

在 SO 搜索结束时，已经生成的输出数据为

$$Y_j(x_i), j = 1, 2, \cdots, n_i; i = 1, 2, \cdots, K \qquad (8.29)$$

由于 SO 算法经常重新访问情景并在每次访问时累积观测值，因此无理由相信 n_i 次是相等，其会限制一般随机数的时效性。

Boesel 等（2003）提出了在 SO 算法终止之后的"清除"概念，该概念从式（8.29）开始，通过尽可能少的仿真，获得正确的选择保证。该方法包含如下两个步骤：

（1）对式（8.29）适用子集选择过程以减少（通常较多）参与最佳情景选择的情景数量。8.4.2.1 节中所述的子集选择程序在清除过程中非常有用，原因在于其可从不同的样本量 ni 开始，且其仅要求保留所有 K 情景中的样本均值和样本方差，而不是所有原始数据。

（2）在子集中适用最佳情景程序选择。使用此处所述的程序，但是 Boesel 等（2003）中所述的其他程序更易于适用。

Boesel 等（2003）给出了经正式证明，特定的子集选择组合和最佳组合可获得完整的正确选择保证。随后 Xu 等（2010）提出在某些案例中可增加精确估计保证（第三个 SO 误差）。但是即使是非正式清除也会大大提高 SO

性能。

备注 8.3 除清理外，人们希望在每次 SO 搜索迭代过程中管理选择误差，因此，无论什么时候终止该算法，均有统计保证当前样本最佳情景是截止至当前迭代过程的所模拟的最佳情景。Hong 和 Nelson（2007a）表示这是可能的，但是从计算角度而言是昂贵的，除非 K 值较小。在较大可行空间 C 中，快速发现越来越好情景的过程中通常所要求付出的仿真工作量，往往小于在保证样本最佳情景是所有迭代最佳情景过程中付出的成本。这就是我们建议在 SO 搜索之后适用清除法的原因。

8.4.3 自适应随机搜索

以式（8.19）中所述的仿真优化问题为例，在该仿真优化中，C 是离散且有限的，但其中包含过多的情景以至无法模拟所有的情景。自适应随机搜索提供了相应的框架，用于解决经证明其中包含渐近收敛的问题。与此同时，允许通过相关算法积极主动地改进情景。首先对较高水平的自适应随机搜索进行说明，然后提供一种详细的算法。

自适应随机搜索算法是一种迭代算法，包括由 $i = 1, 2, \cdots$ 索引的迭代。在第 i 次迭代中，该算法包含在情景 $x \in C$ 中的概率分布 $P_i(\cdot)$。该分布用于从 C 中抽取一个或多个情景。分布 $P_i(\cdot)$ 可能（通常）取决于之前迭代中模拟的某些或所有情景"记忆"，也可能取决于从仿真过程本身得到的输出数据。

取样情景和模拟情景之间的区别很重要："取样"意味着从 C 中随机选择一个情景 x，与此同时"模拟"意味着生成输出性能数据。自适应随机搜索算法中包含仿真分配规则，该规则详细说明了需要付出仿真工作量的多少取决于抽样情景和适用于各仿真情景的数值 $V(x)$。通常而言，$V(x) = \hat{\theta}(x)$，其估计性能，但是可通过搜索访问诸如次数 x 之类的其他指标。

初始化：设迭代计数为 $i = 1$。

取样：选择估计值，其是一个集合情景 $E_i \subset C$，其中可根据 $P_i(\cdot)$ 通过取样方式选择部分或所有情景，其他情景则需在之前迭代中保留。

仿真：适用仿真分配规则模拟情景 $x \in E_i$。

评估：为所有 $x \in E_i$ 更新数值 $V(x)$，挑选 $\hat{x}_{i+1}^*$，即含有最佳数值 $V(x)$ 的情景。

迭代：更新算法记忆，设 $i = i + 1$，然后进行取样。

需要注意的是，该算法未包含停止规则，该规则在证明渐近收敛的过程中意义重大。当适用指定算法时，可能在仿真预算耗尽或进度相对缓慢的情况下停止。

取样分布 $P_i(\cdot)$ 和仿真分配规则共同发挥作用，以保证实现渐近收敛。当 $\theta(x)$ 的强结构属性未知时，全局收敛通常要求在极限情况下的无限 C 中包含的所有情景。对于局部收敛而言，必须针对局部优化情景无限地模拟某个情景及其相关领域。如需要了解导致自适应收敛搜索算法全局和局部收敛的详细条件，见 Andrad'ottir（1999，2006b）以及 Hong 和 Nelson（2007a）。

如下 3 类取样分布 $P_i(\cdot)$ 较为常见：

在领域 $\hat{x}_i^*$ 内的少数可行情景中增加正向概率的分布。通常，$P_i(\cdot)$ 和领域结构连接 C，这样在足够迭代次数之后可从任何其他情景中到达任何情景。

在"有解"的 C 子集（无论大小，但不得是 $\hat{x}_i^*$ 的邻域）中增加正向概率。通常，此类分布可通过灵活的方法使用该内存，进而进行集中搜索。

如下所述算法便属于此类算法。

通过一个分布对 C 中的所有元素设定一个正概率。通常，该分布值的变化体现为一个循环次数和内存的函数，并且该分布从概率上聚焦于 C 中的满意区域。

为阐述在自适应随机搜索中的关键概念，对 Xu 等（2012）中的自适应超盒算法（AHA）进行了说明。当 x 的分量是整数序决策变量，且 x 的邻域值区别于 x（在一个分量中的差值是 ±1）的所有可行情景时，适用该算法。例如，在二维情景中，情景 $x = (3，7)$ 包含邻域 $\{(2，7)，(4，7)，(3，6)，(3，8)\}$。在温和条件下，经证明 AHA 收敛于局部优化情景（如优于所有可行邻域的情景）。

如下为自适应随机搜索中的 AHA 运行过程。

数值：AHA 适用在为情景 x 生成的所有输出数据中累积的估计目标函数值 $\hat{x}(x)$。关键技术假设是 $\hat{x}(x)$ 依概率 1 收敛于 $\theta(x)$，如仿真工作量趋于无限（仿真重复或运行周期）。

内存：AHA 可记住所有在搜索过程中已模拟的情景和所有生成输出数据中累积的估计目标函数值。

分布 Pi（·）：AHA 在可行情景和以 $\hat{x}_i^*$（是在迭代 i 中包含最佳估计目标函数值的仿真情景）为中心的超盒情景中增加正向概率。超盒是指已经模拟的情景和在一个或多个坐标中最接近于 $\hat{x}_i^*$ 的情景，所有其他可行情景中均包含概率 0。在每次迭代中对固定数量的情景取样，同时，允许再次访问此类情景。

估计组 E_i：对于估计组而言，AHA 包含当前最佳样本 $\hat{x}_i^*$ 和取自 Pi（·）的任何情景。

仿真分配规则：AHA 要求，当某情景出现在估计组中时，其必须接受额外仿真（仿真重复或运行周期）。

图 8.4 所示为 AHA 在类似于 SAN 优化问题可行域中的工作原理，只存在

二维空间的情况除外。在第一次迭代中，用"●"标记的 3 个情景是取自可行情景 C 中的随机取样情景，所有情景均可根据仿真分配规则进行模拟，用 $\hat{x}_1^*$ 表示的情景是最佳样本。因此，其他两个情景用于构建超盒。从含有 C 的交叉超盒中对适用于下一次迭代的情景进行取样。在这 4 个情景中，以 $\hat{x}_2^*$ 表示的情景是最佳样本，因此在坐标方向上最靠近的 3 个情景用于定义第二个超盒。

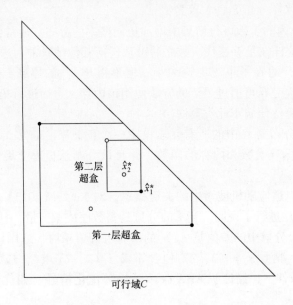

图 8.4　自适应超盒算法的第一次迭代（●情景）和第二次迭代（。情景）

易于确认的是，若不存在仿真误差（$\hat{x}(\boldsymbol{x}) = \theta(\boldsymbol{x})$），则超盒可能继续缩减，直至其围绕 $\theta(x^*)$ 数值小于或等于其邻域数值的单独情景运行，这就是局部优化情景。即使存在仿真误差，但是由于当迭代次数（以及由此产生的仿真工作量）趋于无限时，显著局部优化情景及其邻域的估计值 $\hat{x}(\boldsymbol{x})$ 收敛于其真实期望值，因此在极限情况下仍存在误差。

8.4.4　改进方向中的搜索

当前以式（8.19）中所示的仿真优化问题为例，对于该示例而言，目标函数 $\theta(\boldsymbol{x})$ 在情景 $\boldsymbol{x}$ 中是连续且易于区分的，同时 C（通常）是 R^d 的凸子集。根据 $\theta(\boldsymbol{x})$ 梯度，适用于确定性非线性优化问题的很多算法可通过在改进方向上移动为最优化情景寻找 C：

$$\nabla\theta(\boldsymbol{x}) = \left(\frac{\partial \theta(\boldsymbol{x})}{\partial x_1}, \frac{\partial \theta(\boldsymbol{x})}{\partial x_2}, \cdots, \frac{\partial \theta(\boldsymbol{x})}{\partial x_d}\right)$$

对于仿真优化而言，可尝试估计 $\nabla\theta(\boldsymbol{x})$，正如估计 $\theta(\boldsymbol{x})$ 本身一样，然后

将其纳入某类最陡下降算法中，如随机近似法（如 Fu，2006），梯度估计值也可根据其自身因素用于灵敏度分析。在本节中使用的方法有助于充分理解梯度估计值，这样，读者便可驾驭大多数关于该主题的文献。因此，同本书其他主题相比，该主题难以解释和验证用以证明梯度估计值正确性的数学条件，一般适当参考文献是 Fu（2006）和 L'Ecuyer（1990）。

可通过如下两种方式表示 SAN 优化式（8.20）的基本输出。

$$Y(\boldsymbol{x}) = \max\{A_1(x_1) + A_4(x_4),$$
$$A_1(x_1) + A_3(x_3) + A_5(x_5), \qquad (8.30)$$
$$A_2(x_2) + A_5(x_5)\}$$

$$Y(\boldsymbol{x}) = \max\{-\ln(1-U_1)x_1 - \ln(1-U_4)x_4,)$$
$$-\ln(1-U_1)x_1 - \ln(1-U_3)x_3 - \ln(1-U_5)x_5, \quad (8.31)$$
$$-\ln(1-U_2)x_2 - \ln(1-U_5)x_5\}$$

式中：$(U_1, U_2, U_3, U_4, U_5)$ 为用以生成指数分布活动时间 $(A_1, A_2, \cdots, A_5)$ 的伪随机数，且 $\theta(\boldsymbol{x}) = E(Y(\boldsymbol{x}))$。

我们将通过估计第一个梯度分量 $\partial\,\theta(\boldsymbol{x})/\partial\,x_1$ 来说明梯度估计的关键概念，该梯度分量是项目平均竣工时间对第一个活动平均时间 x_1 的偏导数。准确地说，相同的概念也适用于 x_2, x_3, x_4, x_5 等其他分量。

8.4.4.1 有限差值

式（8.31）及其衍生表达式推荐自然近似值。设置：

$$Y(x_1 + \Delta x_1) = \max\{-\ln(1-U_1)(x)_1 + \Delta x_1) - \ln(1-U_4)x_4$$
$$-\ln(1-U_1)(x)_1 + \Delta x_1) - \ln(1-U_3)x_3 - \ln(1-U_5)x_5$$
$$-\ln(1-U_2)x_2 - \ln(1-U_5)x_5\}$$

其是当活动 1 的平均时间是 $x_1 + \Delta x_1$ 的项目竣工时间（时间 Δx_1 表示矢量 $(\Delta x_1, 0, 0, \cdots, 0)^T$）。然后形成有限差值（FD）的估计值：

$$\mathrm{FD}(x_1) = \frac{Y(x + \Delta x_1) - Y(x)}{\Delta x_1} \qquad (8.32)$$

需要注意的是，我们有意使用一般随机数（为各情景使用相同的随机数 $(U_1, U_2, U_3, U_4, U_5)$）由于 FD (x_1) 用于估计适用于情景 $x + \Delta x_1$ 和 x 的平均项目竣工时间差值，因此前述随机数具有重要意义。通常，通过 $n > 1$ 次仿真重复对 FD (x_1) 估计值求平均值以便于估计 $\partial\,\theta(\boldsymbol{x})/\partial\,x_1$。

FD 梯度估计值易于理解和执行。但是，存在大量不足，从计算角度出发，至少要求进行 $n(d+1)$ 仿真，以估计在所有 d 坐标方向的梯度。若在搜索过程中优化算法需反复估计梯度，则其可能是潜在负担。同样地，FD 中存在偏差，原因在于：

$$E(\mathrm{FD}(x_1)) = \frac{\theta(x + \Delta x_1) - \theta(x)}{\Delta x_1}$$

与此同时，当 $\Delta x_1 \to 0$ 时，导数是极限值。但是，我们无法取得 Δx_1 的极小值，原因在于 Δx_1 的极小值会导致数值误差以及较大方差，详见如下公式：

$$\mathrm{Var}[\,(Y(x+\Delta x_1)-Y(x)/\Delta x_1\,] = \mathrm{Var}[\,Y(x+\Delta x_1)-Y(x)\,]/Y(x)/\Delta x_1^2$$

常见随机数可为方差问题提供实质性帮助，而且几乎总是可用的（见 Glasserman 和 Yao，1992）

8.4.4.2 无穷小的扰动分析

假设我们将伪随机数设定为 (u_1,u_2,u_3,u_4,u_5)。若 $-ln(1-u_1)x_1-ln(1-u_4)x_4$ 或 $-ln(1-u_1)x_1-ln(1-u_3)x_3-ln(1-u_5)x_5$ 是最长路径，则当 Δx_1 足够小的时候，其也在 $x+\Delta x_1$ 的最长路径上。由于不存在随机数值，因此易于计算 FD 估计值的极限值 $\Delta x_1 \to 0$：

$$\lim_{\Delta x_1 \to 0} \frac{Y(x+\Delta x_1)-Y(x)}{\Delta x_1} = \lim_{\Delta x_1 \to 0} \frac{-ln(1-u_1)(x_1+\Delta x_1)-(-ln(1-u_1)x_1)}{\Delta x_1}$$

$$= -ln(1-u_1)$$

$$= \frac{-ln(1-u_1)x_1}{x_1} = \frac{A_1(x_1)}{x_1} \qquad (8.33)$$

若上述均不是最长路径，则差值不取决于 Δx_1，且

$$\lim_{\Delta x_1} \frac{Y(x+\Delta x_1)-Y(x)}{\Delta x_1} = 0 \qquad (8.34)$$

这两个案例一起组成无穷小的扰动分析（IPA）梯度估计值：

$$\mathrm{IPA}(x_1) = \frac{A_1(x_1)}{x_1} I\{A_1(x_1) \text{ 在最长路径上}\} \qquad (8.35)$$

需要注意的是，IPA（x_1）不要求进行附加仿真，只需附加计算。

这是在相同位置终止的另一个启发式论据：在估计 $\partial \theta(x)/\partial x_1$ 的过程中使用 $\partial Y(x)/\partial x_1$ 非常重要。若 A_1 位于最长路径中，则可通过链式规则得出如下公式：

$$\frac{\partial Y(x)}{\partial x_1} = \frac{\partial Y(x)}{\partial A_1} \times \frac{\partial A_1(x_1)}{\partial x_1} = 1 \times -ln(1-U_1) = \frac{A_1(x_1)}{x_1}$$

若 A_1 不在最长路径上，则倒数再次为 0。

我们未确定 IPA（x_1）是一个适当的梯度估计值，但是其"工作"原理是依概率 1，相对于固定值 x 而言，$Y(x)$ 是在 x 邻域中是连续的、可区分的且有界限的。类似 IPA 梯度估计值存在于 x_2,x_3,x_4,x_5，可从单次仿真重复中同时计算。当然，为便于估计梯度，我们对 $n>1$ 次仿真重复中的 IPA（x_1）求平均值。

更普遍地说，IPA 梯度估计值的有效性取决于微分和期望值的交换有效性。

$$\frac{\partial Y(x)}{\partial x_1} = \frac{\partial E[Y(x)]}{\partial x_i} \overset{?}{=} E\left[\frac{\partial Y(x)}{\partial x_i}\right]$$

允许进行此类交换的技术条件易于说明，但是通常不易于针对仿真模型进行验证。

8.4.4.3 概率比

FD 问题是需要通过 $d+1$ 次仿真以估计完整梯度。如下简单的观测值可使梯度值下降至 1。

设 $f_j(\alpha_j \mid x_j) = \exp\{-\alpha_j / x_j\} / x_j$ 是固定情景 x 中的活动时间 A_j 的指数分布，$(j=1, 2, \cdots, 5)$。因此，可通过 $\prod\limits_{j=1}^{5} \exp\{-\alpha_j / x_j\} / x_j$ 的得出活动时间的联合分布。同样地，设 $g(a) = \max\{\alpha_1 + \alpha_4, \alpha_1 + \alpha_3 + \alpha_5, \alpha_2 + \alpha_5\}$，其中 $\alpha = (\alpha_1, \alpha_2, \alpha_3, \alpha_4, \alpha_5)$，以加权形式的项目竣工时间 $Y(x)$ 的期望值为例：

$$
\begin{aligned}
E\left[Y(\boldsymbol{x}) \frac{f_1(A_1 \mid x_1 + \Delta x_1)}{f_1(A_1 \mid x_1)}\right] &= E\left[Y(\boldsymbol{x}) \frac{\exp\{-A_1 / (x_1 + \Delta x_1)\} / (x_1 + \Delta x_1)}{\exp\{-A_1 / x_1\} / x_1}\right] \\
&= \int_0^\infty \cdots \int_0^\infty g(a) \frac{f_1(\alpha_1 \mid x_1 + \Delta x_1)}{f_1(\alpha_1 \mid x_1)} \prod_{j=1}^5 f_j(\alpha_j \mid x_j) \mathrm{d}a \\
&= \int_0^\infty \cdots \int_0^\infty g(a) f_1(\alpha_1 \mid x_1 + \Delta x_1) \prod_{j=2}^5 f_j(\alpha_j \mid x_j) \mathrm{d}a \\
&= E[Y(x + \Delta x_1)] = \theta(x + \Delta x_1)
\end{aligned}
$$

需要注意的是，A_1 是平均值为 x_1 的指数分布，但是可通过对输出值 $Y(x)$ 进行适当重新加权的方式根据由设置 $\boldsymbol{x}$ 生成的观测值估计 $\theta(x + \Delta x_1)$。若相对于 x_1 而言，平均值是 $x_1 + \Delta x_1$，那么由于其称为观测值 A_1 的相对概率比，那么加权 $f_1(A_1 / x_1 + \Delta x_1 \mid f_1(A_1 / x_1))$ 也称为概率比。因此，可从单次仿真重复中获得有限差值估计值：

$$
\frac{Y(\boldsymbol{x}) \dfrac{f_1(A_1 \mid x_1 + \Delta x_1)}{f_1(A_1 \mid x_1)}}{\Delta x_1} = \frac{Y(\boldsymbol{x})}{f_1(A_1 \mid x_1)} \times \frac{f_1(A_1 \mid x_1) - f_1(A_1 \mid x_1)}{\Delta x_1}
$$

由于需要利用 FD 促进 IPA，因此得出 $lim_{\Delta x_1 \to 0}$。需要注意的是，依据定义：

$$
\lim_{\Delta x_1 \to 0} \frac{f_1(A_1 \mid x_1) - f_1(A_1 \mid x_1)}{\Delta x_1} = \frac{\partial f_1(A_1 \mid x_1)}{\partial x_1}
$$

因此，概率比（LR）梯度估计值为

$$
\mathrm{LR}(x_1) = \frac{Y(x)}{f_1(A_1 \mid x_1)} \frac{\partial f_1(A_1 \mid x_1)}{\partial x_1} = Y(x) \frac{\partial \ln f_1(A_1 \mid x_1)}{\partial x_1} \quad (8.36)
$$

对于活动 1 的指数分布而言：

$$
\frac{\partial \ln f_1(A_1 \mid x_1)}{\partial x_1} = \frac{\partial}{\partial x_1}\left(-\frac{A_1}{x_1} - \ln x_1\right) = \frac{A_1}{x_1^2} - \frac{1}{x_1} = \frac{A_1 - x_1}{x_1^2}
$$

为估计梯度值，可对 $n > 1$ 仿真重复中的 LR（x_1）求平均值。显而易见，也可对 x_2, x_3, x_4, x_5 进行同样的运算。此外，还应满足相关的技术条件，以确保其是一个有效的梯度估计值，在本示例中其满足该条件。对于 LR 的适用性，x 必须是输入分布的参数。

8.4.4.4 弱导数梯度估计值

我们可通过主观期望考虑刺激最终的梯度估计值。如前所述，$FD(x_1)$ 通过基于分布 f_1 进行的 A_1 仿真得出，分布 f_1 的平均值是 $x_1 + \Delta x_1$，也可能是 x_1，然后计算 $Y(x + \Delta x_1) - Y(x) / \Delta x_1$。$FD(x_1)$ 包含期望值 $\theta(x + \Delta x_1) - \theta(x) / \Delta x_1$，但该数值并不是我们想要的数值。在期望考虑中存在两种适用于 A_1 的其他分布，即 $f_1^{(1)}$ 和 $f_1^{(2)}$ 和一个合适的成比例常数 Δx_1，这意味着：

$$E\left[\frac{g(A_1^{(1)}, A_2, A_3, A_4, A_5) - g(A_1^{(2)}, A_2, A_3, A_4, A_5)}{\Delta(X_1)}\right] = \frac{\partial \theta(X)}{\partial X_1}$$

这就是说，我们进行两次像 FD 之类的仿真，基于平均值为 x_2, x_3, x_4, x_5 的指数分布分别生成 A_2, A_3, A_4, A_5，但是我们可基于第一次仿真中的 $f_1^{(1)}$ 和第二次仿真的 $f_1^{(2)}$ 生成 A_1，然后得出成比例有限差值。

幸运的是，结果证明 3 倍数（$\Delta(x), f_1^{(1)}, f_1^{(2)}$）适用于很多常用分布（见 Fu，2006，表 1，需要注意 $c = 1/\Delta(x)$）。其被称为弱导数（WD）。例如，对于平均值为 x 的指数分布而言，弱导数为

$$(\Delta(x), f^{(1)}(\alpha), f^{(2)}(\alpha)) = \left(x, \frac{\alpha}{x^2}e^{-\alpha/x}, \frac{\alpha}{x}e^{-\alpha/x}\right)$$

需要注意的是，$\alpha e^{-\alpha/x} / x^2$ 值为 $2x$ 的厄兰 -2 分布。

将 WD 视为无偏差的 FD 梯度估计值。正如 FD 一样，应将常用随机数用于两个（或通常二维）仿真中。

8.4.4.5 梯度估计量的选择

适当的梯度估计量在很大程度上取决于仿真细节。下面的讨论提供了一些针对性的指导，但是如需了解更详细的信息，请见 Fu（2006）和 L'Ecuyer（1990）的文章。

若 $\theta(x)$ 是可微函数，同时，$\hat{\theta}(x)$ 在 x 邻域中包含有限方差，则 FD 应始终适用。当然，FD 要求最少进行 $d + 1$ 次仿真和一次 Δx 选择。应使用一般随机数。以 $2d$ 次仿真为代价，使用中心差分方法可以得到一个更好的估计量。

$$CD(x_1) = \frac{Y(x + \Delta x_1) - Y(x - \Delta x_1)}{2\Delta x_1}$$

若 d 值是较小的估计值或梯度估计值，且仅可用于几个情景 x，则 FD 和 CD 更加适用。

由于可在任何 x 维度下从单次仿真中计算 IPA 和 LR，因此，IPA 和 LR 具有节省计算工作量的优点。IPA 的方差往往较小，但是使得 IPA 适用的条件有时是很难查证的，同时 IPA 要求更多的编程工作量（需要注意的是，在 SAN 优化中，IPA 必须确定哪些活动在最长路径上）。通常来说，当将仿真输出本身表示为 x_1 的可微函数时，无论直接还是通过链式规则，IPA 梯度估计值均可用。

通常来说，当将 x_1 表示为输入分布的参数时，LR 梯度估计值可用。当 LR 梯度估计值存在时，那么在计算该估计值的过程中需要对感关注的加权输出进行重新加权。LR 梯度估计值中所包含的方差往往大于 IPA，特别是当 x 在每次仿真重复中大于一个随机变量参数时，原因在于该加权是每个范例中输入分布的结果（例如，x 是队列平均服务时间，该队列在每次仿真重复中模拟 1000 名顾客，因此，加权将包含 1000 次服务时间分布的成果）。

正如 LR 一样，当 x 是输入分布的参数时，可考虑使用 WD 梯度估计值。相对于 FD 而言，当输入分布中包含参数 x 的输入仅在每次仿真重复中出现一次时，WD 梯度估计值无法保存仿真，正如其在 SAN 仿真中运行的一样。当使用常用随机数时，WD 梯度估计值中包含的方差往往较低。

正如仿真相应估计值 $\hat{\theta}(x;T,n,U)$ 本身一样，梯度估计值方差取决于仿真重复次数，同时，对于稳态仿真而言，其取决于运行周期。用于获得 $\theta(x)$ 精确估计值的仿真重复次数或运行周期足以或不足以获得精确的梯度估计值。

8.4.4.6　最速下降法

适用于 SO 的基于梯度的搜索并非本书讨论范围，但是称为随机近似法的最简单方法除外，基于梯度的搜索是一种最速下降法：该方要求从初始情景 x_0 开始，执行如下递归。

$$x_{i+1} = x_i - \alpha_i \widehat{\nabla}\theta(x_i) \tag{8.37}$$

式中：α_i 为序列，以致 $\alpha_i \to 0$，但是 $\sum_{i=1}^{\infty} \alpha_i = \infty$；为正向常数 α 设定 $\alpha_i = \alpha/i$ 是一种普遍选择。直观的判断是，当 $\nabla\theta(x_i) = 0$ 时，到达平稳点，该平稳点至少是一个局部最小值，与此同时，$\alpha_i \to 0$（但不太快）会减弱梯度估计值 $\widehat{\nabla}\theta(x_i)$ 中可变性的影响。

随机近似法对序列 α_i 的选择较为敏感，因此其通常会进行自适应调整。第二个问题是在某些迭代中，x_{i+1} 可在可行域 C 以外结束，然后必须采取某些方式使该情景返回至 C。

例如，适用于 SAN 优化的约束条件为

$$\sum_{j=1}^{5} c_j (\tau_j - x_j) \le b, x_j \ge l_j, j = 1, 2, 3, 4, 5$$

若 $\sum_{j=1}^{5} c_j (\tau_j - x_{i+1,j}) > b$，则放弃使用 x'_{i+1}，其中 x'_{i+1} 是 x_{i+1} 在平面 $\sum_{j=1}^{5}$
$(\tau_j - x_j) = b$ 中的垂直投影，但前提是假设其同样满足下限约束条件。练习
(19) 要求解答该问题。

8.4.5 最优化样本均值问题

在 SO 中，我们的目标是利用基于仿真的目标函数估计值 $\hat{\theta}(\pmb{x}; T, n, \pmb{U})$ 最
小化 $\theta(x)$。假设仿真重复停止时间 T 并非影响因子，并将其从表达式中去掉。
已知仿真重复次数为固定值 n，最重要的是随机数 $\pmb{U} = \pmb{u}$，考虑在此条件下解
决该优化问题：

$$\min \hat{\theta}(\pmb{x}; n, \pmb{U} = \pmb{u})$$
$$\text{s. t.} \quad \pmb{x} \in C \tag{8.38}$$

表面上，式（8.38）中优化问题的目标是最小化作为 $\pmb{x}$ 函数的估计值
$\hat{\theta}(\pmb{x}; T, n, \pmb{U})$。在随机数固定的情况下，这是一个确定性的优化问题，且若 n
值足够大，那么式（8.38）的优化方案应接近于 SO 问题的优化方案，这点似
乎是可信的。该方法称为样本均值近似法（SAA）。

例如，可将取自 SAN 仿真重复 j 的输出表示为

$$Y(\pmb{x}) = \max \{ \alpha_{1j}(x_1) + \alpha_{4j}(x_4),$$
$$\alpha_{1j}(x_1) + \alpha_{3j}(x_3) + \alpha_{5j}(x_5),$$
$$\alpha_{2j}(x_2) + \alpha_{5j}(x_5) \}$$
$$= \max \{ -\ln(1 - U_{1j}) x_1 - \ln(1 - U_{4j}) x_4,$$
$$-\ln(1 - U_{1j}) x_1 - \ln(1 - U_{3j}) x_3 - \ln(1 - U_{5j}) x_5,$$
$$-\ln(1 - U_{2j}) x_2 - \ln(1 - U_{5j}) x_5 \}$$

其中使用小写字母表示 Y、A 和 U，以说明在固定随机数之后未留下随机
变量。相应的 SAA 问题的目标为

$$\min \hat{\theta}(\pmb{x}; n, \pmb{U} = \pmb{u}) = \min \frac{1}{n} \sum_{j=1}^{n} y_j(\pmb{x})$$

在很多案例中，SAA 问题是一个难度较大的非线性优化问题，而且不具有
明显的结构，因此不易解决。但是在某些 SO 问题中，如 SAN 优化（式
(8.20)），SAA 问题易于解答。事实上，若通过 3 个不等式约束条件替换极大
算子，则可将 SAA 问题表述为线性程序：

$$\min \frac{1}{n} \sum_{j=1}^{n} y_j \tag{8.39}$$

$$\text{s. t.} \begin{cases} y_j \geqslant -\ln(1-u_{1j}) \, x_1 - \ln(1-u_{4j}) \, x_4 \\ y_j \geqslant -\ln(1-u_{1j}) \, x_1 - \ln(1-u_{3j}) \, x_3 - \ln(1-u_{5j}) \, x_5 \\ y_j \geqslant -\ln(1-u_{2j}) \, x_2 - \ln(1-u_{5j}) \, x_5 \, , j = 1, 2, \cdots, n \\ b \geqslant \sum_{k=1}^{5} c_k (\tau_k - x_k) \end{cases}$$

$$x_k \geqslant l_k, k = 1, 2, \cdots, 5$$

线性程序中包含 $n+5$ 个决策变量 $y_1, y_2, \cdots, y_n, x_1, x_2, \cdots, x_5$ 和 $3n+6$ 个约束条件（需要谨记的是，所有 $-\ln(1-u_{ij})$ 都是固定常数，因此，也是线性程序中的系数）。因此，即使存在大量的仿真重复 n，也可解答 SAA 问题。

将 $\hat{x}_n^*$ 设置为基于 n 次仿真重复的 SAA 问题优化解决方案。那么关键问题是 $\theta(\hat{x}_n^*)$ 是否接近于 $\theta(x^*)$，特别是，当 $n \to \infty$ 时，是否 $\theta(\hat{x}_n^*) \to \theta(x^*)$？保证收敛的各类条件专业性较强，因而在此仅说明一组条件。综合参考文献是 Shapiro 等（2009）。

假设对于 $x \in C$ 而言，在仿真重复次数 $n \to \infty$ 的情况下，依概率 1 设定 $\hat{\theta}(x;n, U) \to \theta(x)$。这就是说，按照通常在仿真重复过程中的平均值案例（见 5.2.2 节），$\hat{\theta}(x;n, U)$ 满足强大数定理。从此往后，我们将假设 $\hat{\theta}(x;n, U)$ 是在独立且同分布的仿真重复中的平均值，且 $E[\hat{\theta}(x;n, U)] = \theta(x)$。

尽管点收敛似乎已经足够，但是其似乎不能满足通常意义的最佳值收敛，原因在于 $\hat{x}_n^*$ 不是 x 的固定值，而是在所有 $x \in C$ 中的 SAA 问题解决方案。因此需要更具综合性的收敛，特别是 $\hat{\theta}(x;n, U) \to \theta(x)$ 一致适用于所有 $x \in C$ 的情况下。

均匀收敛意味着对于 $\varepsilon > 0$ 而言，在概率为 1 的情况下，存在 n'，在这种情况下，如下不等式成立：

$$\sup | \hat{\theta}(x;n;U) - \theta(x) | \leqslant \varepsilon$$
$$\text{s. t.} \quad x \in C$$

且该不等式适用于所有 $n \geqslant n'$ 的情况。对于点收敛而言，n' 取决于 x；对于均匀收敛而言，其必须独立于 x，尽管其可能取决于特殊的随机数列 U。这意味着，当仿真重复次数足够大时，估计值 $\hat{\theta}(x;n, U)$ 均匀地接近适用于所有 x 的 $\theta(x)$。作为一个实际问题，若估计值 $\hat{\theta}(x;n, U)$ 在概率为 1 的 x 中是连续的，且 $\theta(x)$ 是有界的，那么可以得到均匀收敛。但是，必须对问题进行逐一验证。

当使用时，SAA 将是一种非常有效的 SO 方法，原因在于它能够将随机问题转换为确定性问题，并且在问题求解中能够适用复杂的线性和非线性优化技术。缺点是该计算要求解答 SAA 问题，这便从实质上增大了 n 值，同时，希望 n 值变大，以取得适当的近似值。

8.4.6　随机约束条件

再次回顾本节中所讨论的仿真优化问题公式：

$$\min\theta(\boldsymbol{x})$$
$$\text{s. t.} \qquad \boldsymbol{x} \in \boldsymbol{C}$$

在此需要利用随机仿真估计 $\theta(x)$ 值，这使得其成为了一个 SO 问题。假设在任意情景 x 中，可毫无疑问地确定 x 是可行的（$\boldsymbol{x} \in \boldsymbol{C}$）或不可行的。对于很多实际问题而言，其不可行。例如，在 4.6 节中的服务中心仿真而言，其目标是最小化受制于如下两个约束条件的人工成本。

在小于或等于 10min 内输入简单订单的百分比至少为 96%。

在小于或等于 10min 内输入特殊订单的百分比至少为 80%。

已知人员配备情景 x 的情况下，必须估计是否满足约束条件。

对于服务中心而言，目标函数（最小化人工成本）是确定的，但是一般而言，也必须对其进行估计。因此，我们会扩充 SO 公式，以纳入随机约束条件，特别是：

$$\min\theta(\boldsymbol{x}) \tag{8.40}$$
$$\text{s. t.} \begin{cases} \boldsymbol{x} \in C \\ c_e(\boldsymbol{x}) \geqslant q_e, l = 1,2,\cdots,v \end{cases} \tag{8.41}$$

其中，必须完整估计 $\theta(\boldsymbol{x}), c_1(\boldsymbol{x}), c_2(\boldsymbol{x}), \cdots, c_v(\boldsymbol{x})$。

根据本节目的，假设可针对任何情景观测仿真输出 $Y(\boldsymbol{x}), C^{(1)}(\boldsymbol{x}),$ $C^{(2)}(\boldsymbol{x}), \cdots, C^{(v)}(\boldsymbol{x})$ 以及下述性质：

$$E(Y(\boldsymbol{x})) = \theta(\boldsymbol{x})$$
$$E(C^{(e)}(\boldsymbol{x})) = c_e(\boldsymbol{x}), e = 1,2,\cdots,v$$

因此，基于样本均值估计 $\theta(\boldsymbol{x})$ 和 $c_e(\boldsymbol{x})$ 是至关重要的。

例如，在服务中心仿真中，设定 $C^{(1)}_{(\boldsymbol{x})}$ 是在上午 8 点和下午 4 点之间到达且在 $\leqslant 10$min 内输入的简单订单的观测比例数。设 $C^{(2)}(\boldsymbol{x})$ 是在人员配置情景 x 中的特殊订单对应比例数。那么随机约束条件为：

$$C_1(\boldsymbol{x}) = E(C^{(1)}(\boldsymbol{x})) \geqslant 0.96$$
$$C_2(\boldsymbol{x}) = E(C^{(2)}(\boldsymbol{x})) \geqslant 0.80$$

为简化该表达，将主要关注 $v = 1$ 的随机约束条 $C(\boldsymbol{x}) \geqslant q$，该约束条件可通过仿真输出 $C(\boldsymbol{x})$ 估计。

约束条件几乎总是会限制最小化目标函数 $\theta(\boldsymbol{x})$ 的能力。换句话说，如果降低或删除约束条件，可选择情景使得 $\theta(\boldsymbol{x})$ 的值更小。在服务中心的例子中，若仅有50%的订单会在10min或更短的时间内进入系统，那么当然可安排更少的工作人员。因此，在优化情景x^*中，我们希望严格遵守约束条件（$c(x^*) = q$）或者基本如此。本节的关键信息是使用基于仿真的估计来确定，在严格或者基本执行约束条件的情况下$c(x) \geqslant q$是否成立，这是一个比估计$\theta(x)$的值难度更大的问题。

在处理随机约束条件的过程中，不建议使用特殊算法。反之，我们说明再将其纳入其中的时候产生的难点。本节内容在某些方面具有一定的难度，但是跳过本节不会影响内容的连续性。

8.4.6.1 可行性

当考虑的情景数量相对较少时，合理的策略是首先决定哪些情景是可行的，然后进行仿真实验，在可行情景中查找最佳情景。决定情景x是否可行的难度有多大？

假定我们为情景x运行n次独立且同分布的仿真重复，以获得约束输出观测值$C_1(x), C_2(x), \cdots, C_n(x)$。在服务中心仿真中，这可能是在$n$次仿真重复（天）中，在服务人员配置为$x$的条件下，在小于或等于10min内进入系统的简单订单所占的比例。然后通过检查如下不等式决定约束的满足程度：

$$\overline{C}(x) \geqslant q$$

设定$\sigma^2(x) = \mathrm{Var}(C(x))$，假设通常的情况是$0 < \sigma^2(x) < \infty$，然后根据中心极限定理（5.2.2节）：

$$\mathrm{Pr}\{\overline{C}(x) \geqslant q\} = \mathrm{Pr}\left\{\frac{\sqrt{n}(\overline{C}(x) - c(x))}{\sigma(x)} \geqslant \frac{\sqrt{n}(q - c(x))}{\sigma(x)}\right\}$$

$$\xrightarrow{n \to \infty} \mathrm{Pr}\{(N(0,1)) \geqslant \lambda\} \qquad (8.42)$$

式中：$N(0, 1)$为标准正态随机变量。

现在存在3种关于λ的情况：

（1）若x可行，则$q - c(x) > 0$，因此λ是∞，且式（8.42）是0。这就是我们想要的结果。

（2）若x可行，但不严格，则$q - c(x) < 0$，因此λ是$-\infty$，且式（8.42）是1。这也是我们想要的结果。

（3）若x严格，则$q - c(x) = 0$，因此λ是0，且式（8.42）是1/2。这意味着无论我们进行多少次仿真，均无法确定约束条件是否严格，这意味着当约束条件近乎严格时，同样会导致难度较大。

当检查随机约束条件可行性时，存在两类误差：当其不可行时，对可行情景进行说明；当其可行时应对不可行情景进行说明。但是，通常误差的严重性取决于差值$q - c(x)$。在服务中心，若我们说明当事实上$c_1(x) = 0.77$时，

人员配备策略 x 是可行的，那么当 $c_1(x') = 0.94$ 时，可以肯定的是声明 x 可行比声明 x' 可行存在更严重的误差。

解决该难点的实际方法是扩展可行性概念。选择两个其他截止点，q^- 和 q^+，以致 $q^- < q < q^+$。若 $c(x) \geqslant q^+$，则情景 x 满足需求；若 $c(x) \geqslant q^-$，则情景 x 无法接受；若 $q^- < c(x) < q^+$，则情景 x 是可接受的。然后运行实验，通过该实验确信我们声明可行的情景中包括所有的理想情景和部分或所有可接受情景，但不包括不可接受情景。我们可通过允许松弛的方式声明可行的可接受情景——无论其通常可行与否——进而避免严格约束条件中包含的难点。

Andrad'ottir 和 Kim（2010）以及 Batur 和 Kim（2010）提供了完成上述内容的形式过程。通俗地说，我们便可完全精确地估计 $c(x)$，正如通过置信区间 $\overline{C}(x) \pm H$ 度量一样，这样，我们便可确信 x 位于预计的可接受范围内（无需将其分离），或者在不可接受的范围内；我们通常会保留前者，放弃后者。

回到服务中心的示例，例如，若在小于或等于 10min 内输入所有简单订单的至少 96% 的要求不是一个硬性要求，则可以设定 $q^- = 0.92$ 和 $q^+ = 0.98$。这意味着我们想要非常确定地声明达到 98% 订单输入的人员配备情景是可行的，并排除那些订单输入低于 92% 的人员配备情景，同时会考虑大于 92% 但必然达到 96% 服务水平的情景。

8.4.6.2 基于约束条件导向的搜索

在此考虑需要一个搜索过程的 SO 问题，而不是穷举所有可能情景的 SO 问题。一种方法是将违反随机约束表达为一种惩罚。在这种设置中的两种情况特别重要。

假设实际上可能违反约束条件，但是违反的越多，得到的期望情景就越少。这在服务中心示例中是确定存在的。然后将 SO 问题表示为如下公式：

$$\min \theta(x) + \sum_{\ell=1}^{v} p_\ell(q_\ell - c_\ell(x)), x \in C \qquad (8.43)$$

式中：$p_\ell(\cdot)$ 为补偿函数，则

$$P_\ell(Q_\ell - C_\ell(x)) = \beta_\ell \max\{0, q_\ell - C_\ell(x)\}$$

这便将包含随机约束条件的 SO 问题（式（8.43））转换成包含确定性约束条件的 SO 问题，本节其他内容中所述的方法适用于该确定性约束条件。显而易见，补偿函数的选择很重要，在服务中心问题中，其将未充分发挥的服务水平转换成美元成本（因为主要目标是人工成本）。除此之外，还存在需注意的细微统计问题。

回到以 $v=1$ 为约束条件的案例中，假设我们在情景 x 中进行 n 次仿真重复。如何估计目标（式（8.43））？自然（且有效）的估计值为

$$\overline{Y}(x) + p(q - \overline{C}(x)) \qquad (8.44)$$

若补偿函数 $p(\cdot)$ 是以 $q - c(x)$ 为中心的连续函数，则当 $n \to \infty$ 时，根据强大数定理和连续映射定理该估计值收敛于期望目标 $\theta(x) + p(q - c(x))$ （见 5.2.4 节）。

但是，人们可尝试计算各仿真重复中的限制和使用：

$$\frac{1}{n} \sum_{j=1}^{n} [Y_j(x) + p(q - C_j(x))] \tag{8.45}$$

该估计值将收敛于：

$$E[Y(x) + p(q - C(x))] \neq \theta(x) + p(q - c(x))$$

除非 $p(\cdot)$ 是线性的。同时，由于补偿函数非负，因此，即使是严谨可行的情景也可能包含在极限情况下的正向惩罚。

目前假设我们确实希望至少以渐近的方式执行可行性。然后替代补偿式（8.43）中所述的目标函数，补偿该情景估计值。为说明该方法，通过前文所述，搜索迭代运行算法，试图随着迭代次数增加搜索更佳情景。设 $i = 0, 1, 2, \cdots$ 是迭代索引，同时设 $n_i(x)$ 是通过迭代 i 从情景 x 中获得仿真样本总数（搜索算法可能且通常会重新访问情景）。然后，在单个约束条件中，通过迭代 i 将情景 x 的估计值定义为

$$\hat{\theta}(x) = \overline{Y}(x) + \beta_i \max\{0, q - \overline{C}(x)\}$$

其中平均值包括所有的观测值 $j = 1, 2, \cdots, n_i(x)$。需要注意的是系数 β_i 取决于迭代 i（也可能取决于 $n_i(x)$），原因在于我们希望惩罚随着搜索的继续而扩大，在这种情况下，不可行情景至少不会以渐近方式参与竞争。此处证明的一点是人们需小心使用该简单指示，即当 $i \to \infty$ 时，$\beta_i \to \infty$。如下所述为具体原因：

假设情景 x 中的仿真重复次数 $n_i(x)$ 随着迭代次数趋于无穷大而趋于无穷大。那么惩罚参数 $\beta_i \max\{0, q - \overline{C}(x)\}$ 会发生什么？它会给人们一种直观的感觉，并利用强大数定理正式证明（见 5.2.2 节），若 x 是不可行的，那么 $\beta_i \max\{0, q - \overline{C}(x)\} \xrightarrow{\text{a.s.}} \infty$。与此同时，若 x 可行但不严谨，则 $\beta_i \max\{0, q - \overline{C}(x)\} \xrightarrow{\text{a.s.}} 0$，即使 $\beta_i \to \infty$。

但是，这会造成误导。考虑惩罚参数大于 $\delta > 0$ 的概率：

$$\Pr \beta_i \max\{0, q - \overline{C}(x)\} > \delta$$
$$\geqslant \Pr\{\beta_i(q - \overline{C}(x)) > \delta\}$$
$$= \Pr\left\{\overline{C}(x) - q < -\frac{\delta}{\beta_i}\right\}$$
$$= \Pr\left\{\frac{\sqrt{n_i(x)}(\overline{C}(x) - c(x))}{\sigma} < \frac{\sqrt{n_i(x)}}{\sigma}\left(q - c(x) - \frac{\delta}{\beta_i}\right)\right\}$$

应用类似于 8.4.6.1 节的中心极限定理内容，左侧随机变量是渐近式的

$N(0, 1)$。以 3 种情况为例:

(1) 若 x 不可行,则我们希望该概率快速增大。$eq - c(x) > 0$ 和 $\delta > 0$,这意味着我们希望 β_i 快速增大,因此,$\beta_i \to \infty$ 符合要求。

(2) 若 x 可行但很严格,则我们希望该概率快速减小(无惩罚)。由于 $q - c(x) < 0$ 且 $\delta > 0$,因此我们希望 β_i 仍然较小,理想的情况是趋于 0。

(3) 若 x 较为严格,则我们希望该概率快速变小(无惩罚)。由于 $q - c(x) = 0$,因此我们希望 $\beta_i \to 0$,以避免惩罚。

这样,同简单指示相反,我们实际希望 $\beta_i \to \infty$ 仅在不可行情景中成立,建议惩罚应同观测的可行性(不可行性)匹配。

8.5　利用控制变量法进行方差缩减

在本节中,考虑将估计值 $\hat{\theta}(x; T, n, U)$ 作为实验设计的一部分。当样本均值合适时,我们可能做得更好。

我们强调通过仿真重复次数或运行周期度量和控制估计值误差,对于很多仿真而言,该方法能够使用。但是,估计误差通常会随 $1/\sqrt{\text{工作量}}$ 下降,其中"工作量"可在仿真重复或运行周期或二者中测量。因此,下降比较缓慢且存在一些问题,那就是仿真实验计算成本太过高昂,以至于不能以我们能够承受得起的仿真工作量或者时间达到我们期望的误差水平。具体示例如下。

估计数以千计的备选方案性能,在这种情况下,便无法在每种方案中进行大量仿真。

估计性能指标以及稀少事件,以便于通过较长仿真观测一次偶发事件。

估计性能参数,当输出本身具有高度可变性的时候,便无法接受性能参数中存在任何误差。

方差缩减技术(VRT)是用于在不增加仿真工作量的情况下减少估计误差的方法。相对于利用独立仿真而言,其可减少两个系统性能指标之间的估计差值方差,因此 8.3 节中所述的常用随机数是 VRT。若未使用 VRT,则"方差缩减"始终同方差中包含的内容相关。

通常必须对 VRT 进行仔细的剪裁,以确保其适用于所关注的具体仿真。Bratley 等(1987)、Glasserman(2004)、Asmussen 和 Glynn(2007)以及 Law(2007)的文章都是很好的参考文献。在此,介绍一种称为控制变量法的 VRT,正如一般随机数一样,该方法是广泛适用的。

当目标是估计备选情景 x_1 和 x_2 的期望性能差值 $\mu(x_1) - \mu(x_2) = E[Y(x_1) - Y(x_2)]$ 时,常数随机变量适用,并基于以下内容:

$$\text{Var}[Y(x_1) - Y(x_2)] = \text{Var}(Y(x_1)) + \text{Var}(Y(x_2)) - 2\text{Cov}(Y(x_1), Y(x_2))$$

这样利用常用随机数运行 $\text{Cov}(Y(x_1), Y(x_2)) > 0$ 可有效减少方差。

当目标是针对某些仿真输出 Y 估计 $\mu_Y = E(Y)$ 时，控制变量适用，其可通过实际方差的不同推动，将 C 设置为其他可在仿真中观测的随机变量。那么：

$$\mu_Y = E(Y) = E[E(Y \mid C)] \tag{8.46}$$

$$\sigma_Y^2 = \text{Var}(Y) = \text{Var}[E(Y \mid C)] + E[\text{Var}(Y \mid C)] \tag{8.47}$$

在已知 C 的情况下，输出 Y 的条件期望值 $E(Y \mid C)$ 本身是随机变量。在双倍预期结果（式（8.46））和方差分解结果（式（8.47））中，内部期望值是在已知 C 情况下，Y 的条件分布，与此同时，外部期望值是 C 的分布。前述结果共同说明随机变量 $E(Y \mid C)$ 是 μ_Y 的无偏估计值，其所包含的方差数值不大于 Y，由于我们期望 $E[\text{Var}(Y \mid C)] > 0$，因此其可能拥有更小的方差。直观地说，$Y$ 和 C 之间的关联越强，方差缩减越大。利用 $E(Y \mid C)$ 替代 Y 进而估计 μ_Y 便是 VRT。但是，在大多现实问题中，我们并不知道所探索的条件期望值 $E(Y \mid C)$，因此，我们会以不同的方式利用此类结果。

式（8.46）和式（8.47）意味着我们可将仿真输出 Y 表示为如下形式（其中已列出了各项之间的方差贡献）：

$$\underset{\sigma_Y^2}{\underbrace{Y}} = \underset{\text{Var}[E(Y\mid C)]}{\underbrace{E(Y \mid C)}} + \underset{E[\text{Var}(Y\mid C)]}{\underbrace{\varepsilon}}$$

式中：$\varepsilon = Y - E(Y \mid C)$，这样其包含期望值 0、方差 $E[\text{Var}(Y \mid C)]$ 且 ε 是独立于 $E(Y \mid C)$ 的（可显示独立性，但是并不明显）。因为我们可观测 Y 和 C，所以在一定程度上希望估计关系 $E(Y \mid C)$，进而（通常）将其作为方差贡献值删除。控制变量可通过线性近似值实现。

$$E(Y \mid C) = \beta_0 + \beta_1(C - \mu_C) \tag{8.48}$$

式中：$\mu C = E(C)$；β_0 和 β_1 是常数。然后立即得出 $\beta_0 = \mu_Y$，具体原因如下：

$$\mu_Y = E(Y) = E[E(Y \mid C)] = E[\beta_0 + \beta_1(C - \mu_C)] = \beta_0$$

得出控制变量模型：

$$Y = \mu_Y + \beta_1(C - \mu_C) + \varepsilon \tag{8.49}$$

式（8.49）合理吗？这是一个调整。若 (Y, C) 的联合分布是二元正态分布，则

$$\begin{pmatrix} Y \\ C \end{pmatrix} \sim BVN\left(\begin{bmatrix} \mu_Y \\ \mu_C \end{bmatrix}, \begin{bmatrix} \sigma_Y^2 & \rho\sigma_Y\sigma_C \\ \rho\sigma_Y\sigma_C & \sigma_C^2 \end{bmatrix} \right) \tag{8.50}$$

式中：ρ 为 Y 和 C 之间的关系。则众所周知（见 Kotz 等，2000）：

$$E(Y \mid C) = \mu_Y + \beta_1^*(C - \mu_C)$$

其中，

$$\beta_1^* = \frac{\mathrm{Cov}(Y,C)}{\mathrm{Var}(C)} = \frac{\rho\sigma_Y\sigma_C}{\sigma_C^2}$$

若基于 $E(Y\mid C)$ 删除所有方差，则残留方差是 $E[\mathrm{Var}(Y\mid C)] = (1-\rho^2)$ $\sigma_Y^2 \leqslant \sigma_Y^2 = \mathrm{Var}(Y)$，随着方差的减少，$Y$ 和 C 之间的平方相关数值越大。

当然，我们并不期望输出是联合正态输出。但是在仿真实验中，我们根据针对 $(\overline{Y},\overline{C})$ 的分析对 n 次仿真重复中的 (Y_i, C_i) $(i = 1,2,\cdots,n)$，进行了观测。若 n 值足够大，那么多元中心极限定理意味着，在温和条件下，样本均值 $(\overline{Y},\overline{C})$ 近似二元正态值。这是对近似值（式（8.49））的一次调整。

当我们进行仿真重复时，式（8.49）中的形式建议通过最小二乘回归法估计 $\beta_0 = \mu_Y$。该回归方程如下：

$$Y = \begin{pmatrix} Y_1 \\ Y_2 \\ \vdots \\ Y_n \end{pmatrix} = \begin{pmatrix} 1 & \overline{C}_1 - \mu_C \\ 1 & \overline{C}_2 - \mu_C \\ \vdots & \vdots \\ 1 & \overline{C}_n - \mu_C \end{pmatrix} \begin{pmatrix} \beta_0 \\ \beta_1 \end{pmatrix} + \begin{pmatrix} \varepsilon_1 \\ \varepsilon_2 \\ \vdots \\ \varepsilon_n \end{pmatrix} = C\beta + \varepsilon$$

得出最小二乘估计值：

$$\begin{pmatrix} \hat{\beta}_0 \\ \hat{\beta}_1 \end{pmatrix} = \hat{\beta} = (\boldsymbol{C}^{\mathrm{T}}\boldsymbol{C})^{-1}\boldsymbol{C}^{\mathrm{T}}Y$$

式中：$\hat{\beta}_0$ 为第一个元。更详细地说：

$$\hat{\beta}_0 = \overline{Y} - \hat{\beta}_1(\overline{C} - \mu_C) \tag{8.51}$$

其中

$$\hat{\beta}_1 = \frac{\sum_{i=1}^{n}(Y_i - \overline{Y})(C_i - \overline{C})}{\sum_{i=1}^{n}(C_i - \overline{C})^2} \tag{8.52}$$

将 $\hat{\beta}_0$ 作为控制变量估计值 μ_Y，并将 $\overline{C}$ 作为控制量。式（8.51）为该方法提供了额外的直观判断：$\hat{\beta}_1(\overline{C} - \mu_C)$ 可根据 $\overline{C}$ 与其期望值 μ_C 之间的差值调整常用估计值 $\overline{Y}$。

$\hat{\beta}_0$ 的方差是否小于 $\overline{Y}$？在非常温和的条件下，当 $n\to\infty$（Nelson，1990），$\hat{\beta}_0$ 满足中心极限定理。

$$\sqrt{n}(\hat{\beta}_0) \xrightarrow{D} N(0,(1-\rho^2)\sigma_Y^2) \tag{8.53}$$

因此，对于数值较大的 n 而言：

$$\mathrm{Var}(\hat{\beta}_0) \approx (1-\rho^2)\frac{\sigma_Y^2}{n} \leqslant \frac{\sigma_Y^2}{n} = \mathrm{Var}(\overline{Y})$$

这意味着若我们使用回归法，则即使在 (Y,C) 并非二元正态分布且必须

估计 β_1 的情况下，也应在极限条件下保留二元正态结果。

可利用 $\hat{\beta}$ 的方差 – 协方差矩阵回归估计值提供关于 $\hat{\beta}_0$ 的估计误差度量。

$$\widehat{\sum} = \widehat{\mathrm{Var}}(\hat{\beta}) = (\boldsymbol{Y}^{\mathrm{T}}\boldsymbol{Y} - \hat{\boldsymbol{\beta}}^{\mathrm{T}}\boldsymbol{C}^{\mathrm{T}}\boldsymbol{Y})(\boldsymbol{C}^{\mathrm{T}}\boldsymbol{C})^{-1}/(n-2)$$

（1，1）单元是估计的 $\mathrm{Var}(\hat{\beta}_0)$，同时近似置信区间是

$$\hat{\beta}_0 \pm t_{1-\frac{\alpha}{2},n-2}\sqrt{\widehat{\sum}{}_{11}}$$

由于 $\widehat{\sum}{}_{11}$ 是回归插入值 β_0 的方差估计值，因此可通过标准的回归软件生成。详细地说，就是：

$$\widehat{\sum}{}_{11} = \frac{\sum_{j=1}^{n}(Y_j - \hat{\beta}\hat{\beta}_0 - \hat{\beta}_1(C_j - \mu_c))^2}{n-2}\left(\frac{1}{n} + \frac{(\overline{C} - \mu_c)^2}{\sum_{j=1}^{n}(C_j - \overline{C})^2}\right)$$

该求解过程表明，当我们寻找控制 C 的时候，如下两个事宜至关重要：必须知道 C 的期望值，以及 C 应同 Y 高度相关。标准案例中一些可能变量见 8.5.1 节。

8.5.1 $M/G/1$ 队列控制变量

在 4.3 节的 $M/G/1$ 排队系统仿真中，输出是最后 $m-d$ 名顾客等待时间的平均值：

$$\overline{Y} = \frac{1}{m-d}\sum_{i=d+1}^{m}(Y_i)$$

其中

$$Y_0 = 0, X_0 = 0$$
$$Y_i = \max\{0, Y_{i-1} + X_{i-1} - A_i\}, i = 1,2,\cdots,m$$

同时，我们对稳态期望等待时间 $\mu = E(Y)$ 感兴趣。可能控制的项是第 $i-1$ 名顾客服务时间之间的平均差值和第 $i-1$ 名和第 i 名顾客之间的到达间隔：

$$\overline{C} = \frac{1}{m-d}\sum_{i=d+1}^{m}(X_{i-1} - A_i)$$

对于 4.3 节中的参数设置而言，$\mu_c = 1 - 0.8 = -0.2$。

当进行 n 次仿真重复时，可观测每次仿真重复的一组平均值（$\overline{Y}_j, \overline{C}_j$）。因此，回归设置为

$$\begin{pmatrix}\overline{Y}_1 \\ \overline{Y}_2 \\ \vdots \\ \overline{Y}_n\end{pmatrix} = \begin{pmatrix}1 & \overline{C}_1 - \mu_c \\ 1 & \overline{C}_2 - \mu_c \\ \vdots & \vdots \\ 1 & \overline{C}_n - \mu_c\end{pmatrix}\begin{pmatrix}\beta_0 \\ \beta_1\end{pmatrix} + \begin{pmatrix}\varepsilon_1 \\ \varepsilon_2 \\ \vdots \\ \varepsilon_n\end{pmatrix}$$

在没有上述设置的情况下，控制变量估计值可通过重新运行该示例以提供 95% 的置信区间 [2.109, 2.187]。平均等待时间 $\overline{Y}$ 和 $\overline{C}$ 之间的估计相关值是 0.648，呈弱相关，这说明了在置信区间的宽度内几乎不会存在难点的原因。

8.5.2 随机活动网络控制变量

在 4.4 节随机活动网络中，输出是项目竣工时间：

$$Y = \max\{X_1 + X_4, X_1 + X_3 + X_5, X_2 + X_5\}$$

同时，我们对 $\theta = \Pr\{Y > t_p\}$ 感兴趣。可能控制的是 $C = X_1 + X_3 + X_5$，含有最长期望值的路径：由于 X_1、X_3 和 X_5 是独立且呈指数分布的随机变量，平均值为 1，C 包含平均值为 3 的厄兰部分，其中包含 3 个阶段。根据该事实，证明：

$$\theta_C = \Pr\{C > t_p\} = (1 + t_p + t_p^2/2)\, e^{-t_p}$$

上述公式易于计算。该案例中的回归设置为

$$\begin{pmatrix} I(Y_1 > t_p) \\ I(Y_2 > t_p) \\ \vdots \\ I(Y_n > t_p) \end{pmatrix} = \begin{pmatrix} 1 & I(C_1 > t_p) - \theta_C \\ 1 & I(C_2 > t_p) - \theta_C \\ \vdots & \vdots \\ 1 & I(C_n > t_p) - \theta_C \end{pmatrix} \begin{pmatrix} \beta_0 \\ \beta_1 \end{pmatrix} + \begin{pmatrix} \varepsilon_1 \\ \varepsilon_2 \\ \vdots \\ \varepsilon_n \end{pmatrix}$$

由于输出和控制是指示（0 或 1）随机变量，因此显而易见其并未包含二元正态分布。然而，中心极限定理结果表明，当我们进行大量仿真重复 n 时，便可获得方差缩减。

当 $t_p = 5$ 时，重新运行该示例，相对于 [0.140, 0.186] 而言，在其不存在的情况下，控制变量估计值可提供 95% 的置信区间 [0.165, 0.194]。$I(Y > t_p)$ 和 $I(C > t_p)$ 之间的估计相关是 0.78，在置信区间的宽度内存在较小但明显缩减。

8.5.3 亚洲式期权控制变量

该示例源自 Glasserman（2004，第 3、4 章）

4.5 节中所述的亚洲式期权示例，其目标是利用输出 $Y = e^{-rT}\max\{0, \overline{\hat{X}(T)} - K\}$ 估计：

$$v = E[e^{-rT}(\tilde{X}(T) - K)^+]$$

其中

$$\overline{\hat{X}(T)} = \frac{1}{m}\sum_{i=1}^{m} X(i\Delta t)$$

密切相关的问题是估计：

$$v_C = E\big[\,e^{-rT}\,(\tilde{X}(T) - K)^+\,\big]$$

其中

$$\tilde{X}(T) = \Big(\prod_{i=1}^{m} X(i\Delta t)\Big)^{1/m}$$

是资产数值的几何平均值。基于几何平均值的亚洲式期权数值可通过分析法解答，因此 $C = e^{-rT}\max\{0, \tilde{X}(T) - K\}$ 是潜在控制。在该练习中给出了适用于 v_C 的公式。

相对于 [\$2.10, \$2.29]，在未进行上述运行的情况下，控制变量估计值可在重新运行该示例的过程中提供 95% 的置信区间 [\$2.17, \$2.18]。Y 和 C 之间的估计相关是 0.999，这说明了置信区间宽度的戏剧性缩减。

附录　控制变量估计值的性质

本附录介绍了控制变量估计值的小样本（有限 n）性质。所有这些结果都假设输出和控制呈线性相关，我们应根据需要增加假设以获得相关性质。这些假设相对于中心极限定理结果（式（8.53））要求的假设而言更加强大，但是可能导致该结果适用于无限 n。在 Nelson（1990）中查找更多完整细节。

（1）根据式（8.48），$E(\hat{\beta}_1) = \beta_1$。

证明：为方便起见，设 $\boldsymbol{C}^{\mathrm{T}} = (C_1, C_2, \cdots, C_n)$。那么：

$$
\begin{aligned}
E(\hat{\beta}_1 \mid \boldsymbol{C} = c) &= \frac{\sum E((Y_i - \bar{Y}) \mid \boldsymbol{C} = c)(c_i - \bar{c})}{\sum (c_i - \bar{c})^2} \\
&= \frac{\sum (\mu_Y) - \beta_1(c_i - \mu_C) - \mu_{Y-\beta_1}(\bar{c} - \mu_C))(C_i - \bar{C})}{\sum (C_i - \bar{C})^2} \\
&= \beta_1
\end{aligned}
$$

所以，根据双期望值定理，$E(\hat{\beta}_1) = \beta_1$。

（2）根据式（8.48），$E(\hat{\beta}_0) = \mu_Y$。

证明，利用上述结果得出 $E(\hat{\beta}_0 \mid \boldsymbol{C} = c) = E(\bar{Y} \mid \boldsymbol{C} = c) - E(\hat{\beta}_1 \mid \boldsymbol{C} = c)$ $(\bar{c} - \mu_C) = \mu_Y + \beta_1(\bar{c} - \mu_C) - \beta_1(\bar{c} - \mu_C) = \mu_Y$。由于其独立于 c，因此该结论通常成立。

这样，根据假设线性模型，控制变量估计值中无偏差。什么时候其拥有比 Y 更小的方差呢？需要注意的是：

$$\mathrm{Var}(\hat{\beta}_0) = \mathrm{Var}[E \mid (\hat{\beta}_0 \mid C)] + E[\mathrm{Var}(\hat{\beta}_0 \mid C)] = E[\mathrm{Var}(\hat{\beta}_0 \mid C)]$$

由于根据上述结果证据得出 $\mathrm{Var}[E(\hat{\beta}_0 \mid C)] = \mathrm{Var}[\mu_Y] = 0$，因此该表达式通常不易于评估。根据常数条件方差（$\mathrm{Var}(Y \mid C) = \sigma^2$）的附加假设，导出如下结果。

（3）根据式（8.48）和常数条件方差的假设：

$$\mathrm{Var}(\hat{\beta}_0 \mid C) = \sigma^2 \left(\frac{1}{n} + \frac{(\overline{C} - \mu_C)^2}{\sum (C_i - \overline{C})^2} \right)$$

为完成计算，需要取该结果的期望值，期望值结果取决于 C 的分布。若 (Y, C) 是相关值为 ρ 的联合正态分布，则得出 $\sigma^2 = (1 - \rho^2) \sigma_Y^2$，同时证明：

$$E \left(\frac{(\overline{C} - \mu_C)^2}{\sum (C_i - \overline{C})^2} \right) = \frac{1}{n(n-3)}$$

进而导出如下公式。

（4）若 (Y, C) 呈二元正态分布，则：

$$\mathrm{Var}(\hat{\beta}_0) = \left(\frac{n-2}{n-3} \right) (1 - \rho^2) \frac{\sigma_Y^2}{n}$$

因此，若 $\rho^2 > 1/(n-2)$，则控制变量估计值方差小于样本均值。这样，假设仿真重复次数并未太小，则在相关较弱的情况下，控制变量估计值方差较小。

练　　习

（1）验证式（8.6）和式（8.7）。

（2）证明适用于 AR（1）过程的渐近 MSE 为

$$\mathrm{MSE}(\overline{Y}(n, m, d)) \approx \frac{(y_0 - \mu)^2 \varphi^{2d+2}}{(m-d)^2 (1-\varphi)^2} + \frac{\sigma^2}{n(m-d)(1-\varphi)^2}$$

然后证明当 $\varphi > 0$ 时，在 m 值足够大的情况下，渐近平方根偏差 $(y_0 - \mu)^2 \varphi^{2d+2} / (m-d)^2 (1-\varphi)^2$ 在 d 中减少。提示：取关于 d 的倒数。

（3）利用练习（2）中的结果研究依赖性（基于 φ 度量的）和初始条件（基于 $(y_0 - \mu)^2$ 度量的）对优化删点 d 的影响。类似研究由 Snell 和 Schruben（1985）承担。

（4）利用练习（2）中的结果，证明对于 AR（1）而言，当 m 值较大时：

$$E(\mathrm{MSER}(d)) \approx \frac{(1-\varphi)^2}{(1-\varphi^2)} \left(\frac{(y_0 - \mu)^2 \varphi^{2d+2}}{(m-d)^2 (1-\varphi)^2} + \frac{\sigma^2}{n(m-d)(1-\varphi)^2} \right)$$

这就是说，MSER 的期望值同渐近 MSE 成比例。

（5）当协助计算 MSER 统计数值时，应证明：

$$\sum_{i=d+1}^{m} (Y_i - \overline{Y}(m,d))^2 = \sum_{i=d+1}^{m} Y_i^2 - \frac{1}{m-d} \left(\sum_{i=d+1}^{m} Y_i \right)^2$$

（6）对于过程 $Y_1, Y_2, \cdots, Y_m$ 的方差平稳过程而言，我们知道样本均值方差为

$$\mathrm{Var}(\overline{Y}) = \frac{\sigma^2}{m} \left(1 + 2 \sum_{k=1}^{m-1} \left(1 - \frac{k}{m} \right) \rho_k \right)$$

式中：σ^2 为边际方差；ρ_k 为 $lag-k$ 的自相关。若我们取得数据，便可以直接估计该表达式中的各项。人们可通过该方法直接确认什么问题呢？

（7）接收远程命令（ROT）建议使用顾客服务中心的类似订单替代快餐店的驾车购物订单。ROT 承诺更低成本和更快的响应。在就此达成一致之前，餐饮连锁企业所有者已经要求基于印第安纳州哥伦比亚 7 家商店的数据进行概念验证研究。

典型的驾车购物窗口都带有单独的行车道，以菜单/订单录入窗口为特征，通常会有专人在一个窗口接收订单，并负责收款，顾客在第二个窗口取食。ROT 提出了一种服务，该种服务将减少对第一个窗口的需求，并通过提供高速声音和数据连接减少对应的雇员人数，其允许南达卡塔州拉皮特市经营者接收订单并将订单传达至饭店。然后，第二个窗口负责收款和向顾客提供食物。

餐饮连锁店对顾客服务具有较高的标准。当 ROT 要求时，其可根据从驾车顾客的车辆触发订单窗口传感器开始到订餐员在 3s 或更短时间内服务顾客为止的平均响应时间和顾客响应时间大于 7s 但不多于 20% 的几率进行量化分析。

无论 ROT 建议是否取决于完成上述两个目标所需的操作员人数，所要求的操作员人数明显少于每店一名。餐馆均已提供在哥伦布地区 7 家店铺中 3h 高峰期的数据，以允许 ROT 进行概念验证研究。ROT 已聘用相关人员模拟服务 7 家哥伦布店铺，以确定用于满足服务水平要求的最低经营者人数。

将各个店铺的到达过程模拟为泊松过程似乎是合理的。当前已基于之前研究对接收订单时间和一辆车完成服务且下一辆车停下排队的时间进行了汇总。在 ROTData. xls 中所列的本书网站中可查找此类数据。显而易见，到达率因每天时间不同而各异。由于我们仅收集了高峰期的数据，因此我们将其视为一个稳态仿真，其中长期到达率同高峰期相同。通常，维持高峰期运转的人员配置确定是足够的。因此，人们需要处理初始条件偏差。

店铺号	平均顾客数（11：00~14：00）/人
1	36
2	15
3	45
4	26
5	36
6	36
7	45

需要注意的是，整个食物准备和食物交付活动都未包含在本项目范围内。人们仅对接收订单感兴趣，其目标是调查在这 7 家店铺的服务过程中需要多少操作员。

（8）假设 $Y_1, Y_2, \cdots, Y_m$ 为平均值为 μ 的协方差平稳过程。设定：

$$\hat{\sigma}^2 = \frac{1}{m} \sum_{i=1}^{m} (Y_i - \mu)^2$$

为当平均值 μ 未知时的样本方差。导出 $E(\hat{\sigma}^2/m)$ 的表达式，并将其同练习（6）中的表达式，样本均值的真实方差进行对比。$\hat{\sigma}^2/m$ 是 $\mathrm{Var}(\bar{Y}(m))$ 的无偏差估计值吗？然后，对如下常用样本方差进行相同的分析：

$$S^2 = \frac{1}{m-1} \sum_{i=1}^{m} (Y_i - \bar{Y}(m))^2$$

并将 $E(S^2/m)$ 同练习（6）中的表达式进行对比。

（9）当我们仅拥有单次稳态仿真重复 $Y_1, Y_2, Y_3, \cdots, Y_m$ 时，确定删点的备选 MSER 统计值，用于绘制当 $j = 1, 2, 3, \cdots$ 时的累积平均值：

$$\bar{Y}(j) = \frac{1}{j} \sum_{i=1}^{j} Y_i$$

并在绘图变为平坦的位置将其截断。为检查该理念，假设潜在输出是 AR（1）过程：

$$Y_{i+1} = \mu + \varphi(Y_i - \mu) + X_i + 1$$

式中：$y_0 \neq \mu; \varphi > 0; X_1, X_2, \cdots$ 为均值为 0 和方差为 σ^2 的独立且同分布。通过分析证明该方法保守的原因，这意味着其将给出比实际需要的更大的删点。

（10）根据 MA（1），第 5 章练习（11）中所述的代理过程：

$$Y_i = \mu + \theta X_{i-1} + X_i$$

式中：固定常数 $X_0 = x_0; X_1, X_2, \cdots$ 为均值为 0 和方差为 σ^2 的独立且同分布；$|\theta| < 1$。该练习要求人们在无需删除数据的情况下，导出样本均值 $\bar{Y}(m) =$

212

$\sum\limits_{i=1}^{m} Y_i / m$ 的渐近 MSE。扩展结果以便于获得当 $d \geq 1$ 时的渐近 MSE。若 m 是固定值，那么是否曾经对其进行优化（最小化渐近 MSE）以获得 $d > 0$，同时，若是这样，优化值 d 是什么？

（11）根据第 5 章练习（11）中所述的 MA（1）代理过程：

$$Y_i = \mu + \theta X_{i-1} + X_i$$

式中：固定常数 $X_0 = x_0$；$X_1, X_2, \cdots$ 为均值为 0 和方差为 σ^2 的独立且同分布常数；$|\theta| < 1$。为 MA（1）过程的输出数据计算 MSER（d）期望值，并将其作为 $d = 0, 1, 2, \cdots, m-1$ 的函数。此后，希望删除多少观测值？

（12）在练习（2）和练习（10）中，导出了适用于 AR（1）和 MA（1）代理过程的渐近 MSE。人们可利用表达式粗略估计初始条件、运行周期 m、删点 d 和过程参数（φ, θ 等）的函数 MSE。进行实证分析以确定最小 MSER 统计量在最小化 MSE 过程中的作用。换句话说，模拟 AR（1）和 MA（1）过程的各种情况，利用最小化 MSER 规则估计删点，并评估选定删点如何更好地利用渐近 MSE。

（13）回顾 4.3 节 $M/G/1$ 仿真，特别是稳态等待时间 Y。利用单次仿真重复和计量，估计并提供边际方差和 Y 的 0.8 分数位 90% 的置信区间。

（14）若可以在"稳态条件"下初始化稳态仿真，那么便不会存在初始条件偏差。由于很少这么做，因此建议进行两次仿真重复，在超载条件下对第一次仿真重复进行初始化，与此同时，在欠载条件下对第二次仿真重复进行初始化，这样便可对两次仿真重复求平均值，从而减少偏差。例如，可利用该系统中的很多顾客对第一次仿真重复中的排队系统仿真进行初始化，与此同时，对第二次仿真重复进行初始化，使其为空和闲置。假设潜在输出是 AR（1）过程，即

$$Y_{i+1} = \mu + \varphi (Y_i - \mu) + X_{i+1}$$

式中：y_0 为代表初始化条件和 X_i i. i. d. $(0, \sigma^2)$ 的常数，从数学层面证明相对于选取一个固定初始条件而言，该理念是否总是减少偏差。

（15）回顾适用于差值 $\theta(x_1) - \theta(x_2)$ 的 t 对置信区间（式（8.26））。结果证明：

$$S_D^2 = S^2(x_1) + S^2(x_2) - 2S(x_1, x_2)$$

式中：e $S^2(x_1)$、$S^2(x_2)$ 为边际样本方差，且

$$S(x_1, x_2) = \frac{1}{n-1} \sum_{j=1}^{n} (Y_j(x_1) - \bar{Y}(x_1))(Y_j(x_2) - \bar{Y}(x_2))$$

是样本协方差。这证明 t 对区间如何捕捉一般随机数的影响。

（16）以如下在 SAN 示例中适用于平均活动时间的 5 个情景为例。每个情景进行 100 次仿真重复，适用可靠度为 95% 的子集选择，以确定是否可以从

最短项目竣工时间最佳值中将其淘汰。现在，对每个数组重复进行 200 次仿真重复。

情景	x_1	x_2	x_3	x_4	x_5
x_{i1}	0.5	1	1	0.3	1
x_{i2}	1	0.5	1	1	1
x_{i3}	1	1	0.5	1	1
x_{i4}	1	1	1	0.4	1
x_{i5}	1	1	1	1	0.5

（17）为练习（16）中相同的情景适用最佳选择程序，以查找可靠度为 95% 且包含最短期望竣工时间的情景。适用 $n_0 = 0$ 和 $\delta = 0.1$。在使用常用随机数和不使用常数随机数的情况下运行实验，并对每次实验中用以做出决策的仿真重复次数进行评注。

（18）为 SAN 示例运行本章中所述的所有梯度估计值。为 $j = 1, 2, 3, 4, 5$ 和 $b = 1$ 运行 $\tau_j = c_j = 1$ 和 $\ell_j = 0.5$，为 x 选定若干可行设置，利用该方法估计梯度。根据梯度估计值的变动性对此类方法进行对比。在 FD 中使用 $\Delta x = 0.1$。

（19）当对 SAN 优化适用随机估计法时，假设在迭代 i 中，我们发现 $\sum\limits_{j=1}^{5} c_j(\tau_j - x_{i+1,j}) > b$。首先导出 x'_{i+1}，该数值是 x_{i+1} 在平面 $\sum\limits_{j=1}^{5} c_j(\tau_j - x_{i+1,j}) = b$ 中的垂直投影。然后进行改进，以确保 x'_{i+1} 满足下限约束条件 $x'_{i+1,j} \geq l_j$ （$j = 1, 2, 3, 4, 5$）。该点无需是平面中的一点，但其应该是可行的。

（20）利用本章所述的梯度估计值运行随机近似搜索，以便于利用练习（18）中的参数确定 SAN 示例中的平均优化活动时间。该问题的建议设定是 $\alpha_i = 1/i$，以情景 $x^T = (1,1,1,1,1)$ 开始，每个梯度估计值至少运行 50 次仿真重复，此外，人们还应利用此类数值进行实验。

（21）利用本章所述的梯度估计值，并利用练习（18）中的参数为 SAN 示例中的优化平均活动时间执行随机估计值。本问题的建议设置是 $\alpha_i = 1/i$，起始情景 $x^T = (1,1,1,1,1)$，且至少在每次梯度估计中运行 50 次仿真重复，此外，人们还应利用这些数据进行实验。

（22）解答当 Y 和 C 独立并且 $Y = C$ 时的方差分解结果中所暗含的内容。

（23）证明：

$$\beta_1^* = \frac{\mathrm{Cov}(Y, C)}{\mathrm{Var}(C)} = \frac{\rho\, \sigma_Y\, \sigma_C}{\sigma_C^2}$$

最小化随机变量 $\mu_Y + \beta_1^* (C - \mu_c)$ 的方差。这便为控制变量估计值进行了

214

另外一次调整。

（24）在 SAN 示例中，利用控制变量估计值估计 $\mu_Y = E(Y)$ ，期望项目竣工时间。将其同仅使用 $\overline{Y}$ 的情况进行对比。

（25）控制变量估计值可使用多种控制，类似于使用在线性回归中的多种说明变量。在 $M/G/1$ 仿真中使用此类理念，以形成一种基于时间间隔的控制变量和另一种基于服务时间的控制变量。

（26）控制变量估计值可使用多种控制，类似于使用在线性回归中的多种说明变量。在 SAN 仿真中对连通网络的 3 种路径使用此类理念。

（27）专业化亚洲式期权示例中 Glasserman（2004，第 3 章）结果（其中，在长度为 Δt 的 m 等距时间间隔中记录资产数值），结果证明：

$$v_C = e^{-\delta T'} X(0) \phi(d) - e^{-rT'} K \phi \left(d - \overline{\sigma} \sqrt{T'} \right)$$

式中：$T' = (m+1)\Delta t/2 ; \overline{\sigma}^2 = (2m+1)\sigma^2/(3m) ; \delta = (\sigma^2 - \overline{\sigma}^2)/2 ; d = \dfrac{\ln(X(0)/K) + (r - \delta + \overline{\sigma}^2/2)T'}{\overline{\sigma}\sqrt{T'}}$

利用该结果为亚洲式看涨期权运行控制变量估计值。测试不同数量的离散化步骤 $m = 8, 16, 32, 64, 128$ 的影响。

第9章 研究中的仿真

本书是关于以系统分析为目的的仿真建模、编程和实验。但是，随机仿真也是一个可以用于支持仿真、优化、排队论、金融工程、生产规划和后勤等领域基础研究的工具。本章引用一些文献说明仿真在研究中的有效应用，并用它们来强调仿真的基本原理和实践。

第一个区别是有关实业家实验和研究人员实验之间的。本书主要是从实业家的视角来写的。实业家一般具有现实问题要解决，且在他们能花多长时间或多少工作量解决问题上有一些限制。实业家会试着建立一个适当的仿真模型或者多个模型，会使用他们所知或者可以用到的最好的方法来执行仿真实验，并用实验结果来解决他们的问题。如果他们从本书（或者其他很多书）中学会了仿真，那么他们也会尝试评估他们的答案的质量（如通过一个置信区间）或者会使用一个设计用来交付具有一定质量答案的程序（如一个具有一定的正确选择保证概率的排序与选择程序）。然而，从他们将仿真结果应用于现实世界会发生什么的角度出发，对于是否得到了问题的"正确答案"只有模糊的认识。

另外，研究人员实验是由抽象的研究问题来驱动的，这些问题的答案可能对实践有用，但那不是对一个具体现实问题的答案。因为它不是直接与现实世界相联系的，这是很肮脏的，所以一个研究问题可以被精确地构思和解答。研究人员实验可能也经常会针对被仿真的实例重复性地解决同样的问题，这些仿真实例因一些可控实验因素和仿真中使用的随机数而有所不同。例如，9.1 节描述一个特定类型的产生式随机优化问题以及在一个问题空间中用同样的算法求解每个实例来评估算法的性能。

不同于实业家实验，研究人员实验频繁地使用答案事先已知的仿真想定，知道答案便于获得一个更好的评估。例如，9.3 节描述对一个新的排序与选择程序的实验性研究。排序与选择程序假设用于以一个正确选择保证概率来探索出最佳想定。一个新程序取得正确选择的实现概率可以通过将它反复地（用不同的随机数）用于不同的仿真想定来进行估计，而对于这些仿真想定来说，最佳想定是已知的。这与实业家形成鲜明对比，他们将排序与选择程序一次性用于一组想定，对于这些想定来说，最佳想定是未知的，然后实际地执行他们的选择。

第二个区别存在于支持研究的仿真实验和与其相反的演示性或示例性的仿真实验之间。有什么不同呢？一个成功的实验可以使研究人员以他们实验过的案例、想定或问题为基础，对那些他们没有实验过的案例、想定或问题发表声明。为了完成这一目标，必须设计一个实验，以便能够对一个明确定义的案例、想定或问题的空间提供推断依据。而另一方面，演示是针对一个具体的案例、想定或问题，它帮助读者理解一个方法是如何执行的，其结果应如何解释。

本书中充斥着演示，从第 3 章开始贯穿全书，这些演示用于验证仿真方法。这些演示对于学习和理解那些方法是非常有用的（我们希望如此），但从它们自身来说，它们不能证明这些方法具有普遍意义。

在后续的章节中，我们为在研究性仿真实验中生成随机测试问题、执行鲁棒性研究、关联实验因素和测量与控制误差等工作提供一些指南。除引用的研究论文之外，本章还引用了 Goldsman 等（2002）的著作中的第 3 节，该内容讨论了仿真输出分析程序的评估问题。

9.1 随机试验问题

仿真经常用来生成随机试验问题来支持对某个求解方法的总体性能进行评价，考虑以下示例：

二维背包问题是一个以下形式的确定性（且为难的）组合优化问题：

$$\max \sum_{j=1}^{n} c_j x_j \tag{9.1}$$

$$\text{s. t.} \begin{cases} \sum_{j=1}^{n} a_{ij} x_j \leqslant b_i, & i = 1,2 \\ x_j \in \{0,1\}, & j = 1,2,\cdots,n \end{cases}$$

式中：$c_i > 0$，$a_{ij} \geqslant 0$。将 c_j 考虑为选择第 j 个方案（$x_j = 1$）的取值，而 a_{1j} 和 a_{2j} 是选择该方案的两种"费用"（如重量和价格），而"费用"的总和分别受 b_1 和 b_2 的限制。

Hill 和 Reilly（2000）将一种启发式算法和一种聚合算法应用于大量随机生成的试验问题来对比它们的性能（求解速度和质量）。每项具体试验问题通过提供 c_i、a_{ij}、b_j 和 n 的值来指定。Hill 和 Reilly（2000）将方案数设定为 $n = 100$ 并设 b_i 为 $\sum_{j=1}^{n} a_{ij}$ 中的一个特定部分。

一种看似合理的方法是为 c_j、a_{1j} 和 a_{2j} 选择均匀分布，然后随机并独立地生成所需的值。这类问题称为"完全随机试验问题"。假设我们可以很方便地为这些均匀分布设定范围，那么由这些范围所指定的空间将被随机覆盖。但这就足够了吗？

Hill 和 Reilly（2000）通过验证这些系数（c_j、a_{1j}、a_{2j}）之间的相关性可以对优化性能产生戏剧性影响以及这些相关性是具有现实意义的，这令人信服地为我们展示了上面问题的答案是"否定"的。例如，a_{ij} 和 c_j 之间存在一个强的正相关关系，那么这意味着如果第 j 个方案是有价值的，则它也倾向于是成本高昂的。这使得问题的解决变得更困难了，因为心仪的方案有可能突破预算。类似地，a_{1j} 与 a_{2j} 之间的强负相关关系则意味着一个相对于预算 b_1 并不昂贵的方案，相对于预算 b_2 却趋于昂贵。这也使得问题的解决变得困难了。此外，相关性结构对启发式算法和收敛算法的影响是不同的。对于完全随机试验问题，当一些显示这些特性的问题偶然产生时，它们将是非常少见的，它们的影响将在所有（大部分）低相关性试验问题上进行平均。因此，这一重要的、近乎合理的特性将不受支持。

Hill 和 Reilly（2000）为我们阐明了仿真研究的第一定理。

研究定理 1：完全随机的案例、情景或问题并不一定是切题的。相反，应生成具有利益空间代表特性的测试案例、情景或问题。

Hill 和 Reilly（2000）在他们的随机实验问题中，通过一个设计好的试验来仔细地控制相关性强度。这让他们能够更充分地说明解决方案的方法在实践中如何工作。随机变量生成方法可以用于产生这种相关性，如 NORTA 方法（见 6.3.2 节）。

这个例子也说明了一个显然但很重要的第二定理。

研究定理 2：如果你正在对比事物，请使用一般随机数。

Hill 和 Reilly（2000）本应该相对于评估聚合算法的试验问题而独立地生成实验问题评估启发式算法。也就是说，他们本应该在他们想做的实验中选择相关性设置，但实际上使用不同的随机数为启发式算法求解的问题和聚合算法求解的问题分别生成系数。比较也本应该针对相同的问题空间，但不能恰好针对相同的背包问题。如果他们使用了独立的测试集，那么一些观察到的在性能方面的差异本应归因于解决的是不同的试验问题。这种差异的来源被一般随机数的使用而抹杀了，因为问题集将是完全相同的。

9.2　鲁棒性研究

仿真实验也被用于评估研究结果的鲁棒性。使用"鲁棒性"一词，指的是程序、方法或者方案在大范围条件下按预期执行的能力。

受控实验法是统计实验设计要解决一个专题，可以参见 Montgomery（2009）的例子。实验设计从确定可能影响一个产出、过程或者处理的影响因子出发，然后以一个系统化方式调整这些影响因子。仔细地确定合适的影响因子，包括有利和不利的因子，是鲁棒性研究的关键，就像下面的例子说明的那样。

Iravani 等（2005）提出了一些度量一个制造或服务运营系统结构灵活性的指数。他们所说的灵活性是指运营系统在面对变化的需求和资源容量的情况下，利用可用资源满足多种类型需求的能力。结构灵活性中的"结构"是指每种资源可以满足多少以及何种类型需求的多种选择。在一个有 N 个影响因子和 K 种产品（如汽车模型）的生产系统，其结构灵活性取决于每个工厂可以生产这些产品中的哪些。在一个类似于呼叫中心的服务系统中，有 N 个接线员和 K 种呼叫，其结构灵活性取决于每个接线员需要对针对哪些类型的呼叫进行交叉培训以便能处理。Iravani 等（2005）提出了一种易于计算的结构灵活性指数，用于计算系统设计的战略级比较，该指数可以预测哪种系统设计方案在一个变化和不可预测的现实世界环境中是最有成效的。

简而言之，Iravani 等（2005）将一个系统设计表达为从资源 $\{S_1, S_2, \cdots, S_K\}$ 到需求类型 $\{D_1, D_2, \cdots, D_N\}$ 的映射图，当资源 k 可以满足需求类型 j 时，则存在一个弧 $S_k \rightarrow D_j$。他们的两个结构灵活性（SF）指数是通过该网络的不相重叠路径数（通过这些路径，超出满足 i 类需求的资源量可以被重新导向至满足 j 类需求）以及可满足 j 类需求的不同资源数量的函数，这里 i、$j = 1, 2, \cdots, k$。要研究的问题是，这个简单的方法用于评价它可能适用的各种现实世界系统相关系统设计方案的性能，其可靠性到底有多大？

为了回答这个问题，Iravani 等（2005）采用了一个专门设计的仿真实验。设计一个有说服力的证实鲁棒性的实验的关键，是它不是调整那些 SF 度量的输入影响因子，而是调整表达现实世界中发生什么的那些影响因子。包括以下几个方面。

（1）系统中的物质流。选定的开放的并行排队环境（如呼叫中心）和封闭的串行排队环境（例如以流程或 WIP 中的某个固定工作形式运行的生产线）。

（2）系统接近容量的程度。在开发排队系统中通过设置需求到达率来控制阻塞程度，以实现一定水平的利用率。在封闭系统中通过设置 WIP 来控制阻塞程度，以实现不同水平的任务量或工人数。

（3）环境中的不确定性。考虑短期波动和长期变化。

①短期变化。到达间隔时间和处理时间按伽马分布建模，通过设置变化系数实现不同程度的变化性（标准偏差除以均值）。

②长期变化。激变随机地注入需求的持续变化中。包括增加一种类型需求而减少另一种需求的激变和简单增加一种类型需求的激变。

该仿真实验在两个系统设计方案上进行，以观察是否 SF 指数（该指数不用仿真也是可以计算的）较高的那个方案也是生产率较高的那个方案（正如通过仿真估计的那样）。

该论文阐明了另一个研究定理。

研究定理3：运行设计好的实验，它确定和控制可能影响输出的影响因子，无论是有利的还是不利的，以及那些在实际中确实会遇到的影响因子。

9.3 关联实验影响因子

在物理实验中，每个实验影响因子的可行域，例如温度、压力或剂量等，通常可以根据系统的性质来设置。但是，当评价一个新的、提出来应用于一类大而杂的问题的仿真输出分析的方法时，情况就不是这样了。因此，相比为每个影响因子独立地指定范围，以有意义的方式连接影响因子的范围是可能是更好的方法。这里提供一个说明。

评级和筛选程序是仿真优化方法，它的目标是用一些正确选择的发生概率，探索从最大或最小的实际预期性能方面来说最好的被仿真系统。评级和筛选程序的背景信息参见8.4.2节。Nelson 等（2001）提出了并结合自身主观经验评价了为仿真优化问题而建立的评级和筛选程序，在该仿真优化问题中，备选情景的数量 K 不是很大（不超过500个）。他们的兴趣主要在于用体现发生概率所需要的仿真重复的次数来度量时，该程序的计算效率。

除了 K 之外，还有很多影响因子可以影响评级与筛选程序的效率。Nelson 等（2001）关注于4点：实际均值 $\mu_1, \mu_2, \cdots, \mu_K$ 的值，每个情景输出的方差 $\sigma_1^2, \sigma_2^2, \cdots, \sigma_K^2$，从每个情景 n_0 获得的初始（"第一阶段"）重复次数，以及不敏感区域参数 δ。回想评级与筛选程序通常是顺序的，因此具有多个阶段，δ 为最小值的实际意义重大的、用户有兴趣去发现平均性能上的差异。在他们的实验中，Nelson 等（2001）关联了这些影响因子，以保证得出一般性结论。

要注意的是，如果均值是广域分散的，如果输出方差很小而 δ 极大地相关于均值中的差异，评级与筛选问题将是容易计算的。另外，如果均值很接近，方差很大，而且我们所关注的偏差很小，那么将需要大量的仿真工作来保证发现最好的方案。这些认识有助于关联这些影响因子。

Nelson 等（2001）让 $\mu_1 = \delta$ 作为最大均值（在他们的论文中，越大越好）并以该值为标准开展实验设计。他们考虑了大量的均值设置方案，包括如下。

（1）滑移均值。$\mu_1 = \delta$，或者 δ 的倍数，且 $\mu_2 = \mu_3 = \cdots = \mu_K = 0$。这是一个很难的设置方案，因为所有的劣方案都被归纳为次优方案。

（2）单调递减均值。$\mu_1 = \delta$，且 $\mu_i = \mu_1 - (i-1)\delta/\tau, (i = 2, 3, \cdots, K)$，其中 $\tau = 1, 2, 3$。因为很多方案本质上劣于最优方案，所以存在更简便的设置。

于是设 $\delta = d\sigma_1/\sqrt{n_0}$，一个最优系统的第一阶段抽样均值的标准偏差的倍数，其中 d 在 $1/2$、1、2 之间变化。这样做将最优方案和其他方案之间的分离度约束到可以估计最优方案均值的精度。

最后，对于系统方差，考虑了最优系统的方差高于或低于劣系统的情况，如下所述。

公共方差设置：$\sigma_2^2 = \sigma_3^2 = \cdots = \sigma_K^2 = \sigma^2$ 以及 $\sigma_1^2 = \rho\sigma^2$，其中 $\rho = 1/2, 2$。

不等方差设置：方差随着均值的降低而增长，$\sigma_i^2 = |\mu_i - \delta| + 1$，以及方差随着均值的降低而降低，$\sigma_i^2 = 1/(|\mu_i - \delta| + 1), i = 1, 2, \cdots, K$。

需要注意的是，影响因子的数量现在已经被有效地减少到 3 个：情景数量 K 和第一阶段抽样规模上限，这两个影响因子合理的可行范围是可以确定的，以及相对于最优系统方案，输出的方差 σ_1^2，因为所有的其他因子都与之相关，所以它可以被设置为任何固定值（可称为 I）。于是，根据实验研究得出的结论与仿真优化问题的均值、方差和无差别区域之间的相对关系有关，而与它们的实际取值无关。

研究定理 4：当影响因子没有合适的可行域时，将它们关联起来从而使它们或多或少建立关联关系。

Nelson 等（2001）采用正态分布和对数正态分布直接生成了仿真输出数据。这使得控制上文描述的实验性影响因子变得很容易，也让确定到底哪个方案是最优的变得很容易。采用替代模型控制实验影响因子通常比采用现实主义的离散事件仿真更容易，替代模型具有现实仿真的特性，但比之简单、易处理、可控。在本书中，我们经常使用 AR（1）作为一个稳态仿真输出的替代模型。

尽管仔细筛选的替代模型与实际仿真具有一些相同的特性，但我们不能肯定它们包含了例如一个复杂供应链仿真中所表现出来的所有特性，这可能是问题所在。因为这个原因，用具有较低可控性、但更接近于现实的模型来运行实验，通常是合适的。易处理的排队模型（如 $M/M/\infty$、$M/G/1$ 等）、简单库存模型（例如：需求为泊松分布的（s, S）库存模型）以及简单金融期权模型（如欧洲式买入期权和卖出期权等）都是一般的可选项。

研究定理 5：因为不可能预测所有重要的影响因子，所以应引入一些实际的样本以及可控替代模型。

9.4 控制研究仿真中的误差

回顾 Pollaczek-Khinchine 方程（式（3.4）），它给出了 $M/G/1$ 排队模型中的稳态期望等待时间。一个相关方程提供了该排队模型中的稳态期望顾客数量：

$$q = \frac{\lambda^2(\sigma^2 + \tau^2)}{2(1 - \lambda\tau)} = \frac{\rho^2(c^2 + 1)}{2(1 - \rho)}$$

式中：λ 为泊松到达过程的到达率；(τ, σ^2) 为服务时间分布的均值和方差，或者等效地说 $\rho = \lambda\tau$ 是拥堵强度（一种系统负荷的度量）；$c = \sigma/\tau$ 为服务时间的变化参数。通常我们使用该方程在给定 λ、τ 和 σ^2 估计值的情况下预测队列中的期望顾客数。然而很清楚的是，如果我们没有服务时间参数 (τ, σ^2) 的估计值以及队列 q 中的平均顾客数，那么就可以使用该方程来求解到达率 λ 必须取何值。在具有到达率估计值的情况下，就可以预测如果改变服务过程（如降低平均服务时间 τ）队列中的期望顾客数是多少。

Whitt（1981）考虑了更一般化的这种情况：假设一个现实世界排队系统中的拥堵以及队列的服务过程是可观察的，但到达过程（它可能是一个非常一般的稳定的到达过程）不能被观察或者简单描述。我们想知道如果同样的到达过程遇到一个变化的服务过程，例如新的设备或者人员时，系统中的期望顾客数是多少。

Whitt 的目标是用可用的信息来构造一个健壮、简单且易处理，近似于未知到达过程的更新过程，以便能够将其作为排队模型的输入。这里的"健壮"一词是指该排队模型能够提供一个对新服务过程下稳态拥堵的精确近似；"简单"的意思是只需要两个参数（到达率和到达间隔时间变化系数）来拟合近似的更新过程；而"易处理"是指使用该近似更新过程，我们可以使用类似于 Pollaczek-Khinchine 方程的方法计算系统中顾客数的稳态期望值。

例如，设可观测的排队系统是一个 $G/M/1$ 模型：一般稳定的到达过程 G（可能包含依赖）、指数分布服务时间和 1 个服务员。该系统的服务速率和一些拥堵的度量参数是可以观测的。变化后的系统将是一个 $G/M'/1$ 模型，这里 M' 是一个具有不同服务速率的指数分布服务过程。该新系统将用 $GI/M'/1$ 排队模型来近似。GI 意指"一般，独立"，它代表更新的到达过程。目标是用 GI 近似 G，以这种方式来令 $GI/M'/1$ 给出对 $G/M'/1$ 模型的准确拥堵预测。该论文的一个关键点在于到达过程近似的质量是通过排队模型预测稳态拥堵的精确程度来判定的。

为了提供一个客观的评价，Whitt（1981）考虑了具有与他的近似更新过程属于不同类型的到达过程的队列。例如，泊松到达过程是他的一个近似方案。因此，$M/M/1$ 排队系统不是一个吸引人的测试案例，因为真正的到达过程以及近似的到达过程属于相同类型（泊松到达过程）。然而，他的测试案例所采用的到达过程，其系统中顾客数的稳态期望值未知。

如果不知道所要近似的真值，那么怎么评价一个近似值的准确度呢？Whitt（1981）使用仿真来为他的测试案例估计队列中顾客数期望值的真值，仿真是近似的另一种形式。为了有效性，仿真估计中的误差必须足够小，以便可以忽略不计。仿真的一个特性就是可以在我们的估计中量化误差，我们可以通过增加运行时长或者重复次数来将误差缩小至零。8.1 节描述了以这种方式控制误差的方法。

研究定理 6：如果能够充分地降低标准误差或者置信区间宽度，那么仿真估计可以有效地接近于真实值。

更具体地说，假设如果 Whitt 的近似值相对于真实值的误差不超过 10%，就认为是足够好的：

$$\frac{|q_{approx} - q_{true}|}{q_{true}} \overset{?}{\leq} 0.1$$

不同于真值，它的仿真估计值为 $\hat{q}_{true}$，$\hat{q}_{true}$ 具有估计误差 $\pm H$，这个误差取决于仿真运行时长或者仿真重复的次数。该误差必须足够小，以使能得出结论，假若不行，也应控制在 10% 的误差以内，甚至考虑估计误差。换一种说法，对于每种可能的 $\hat{q}_{true}$ 值，上述的比例应当被满足或者不满足，以便使得 $\hat{q}_{true} - H \leq \hat{q}_{true} \leq \hat{q}_{true} + H$。在 Whitt（1981）的论文中，这意味着根据仿真队列中的阻塞强度的不同会要求不同的运行时长。

下一步考虑误差控制的另一个不同角度，一篇不同的论文。9.1 ~ 9.3 节描述了研究仿真中重要影响因子的选择与控制问题。然而这是不够的，当以实验为依据的性能评价是通过反复的实验来估计的，就像在新统计程序研究中常见的那样。这个示例用来评估控制—变量结果，见 8.5 节。

简而言之，一个控制变量估计值 $\hat{\beta}_0$ 对于用来估计期望值 $\mu_Y = E(Y)$ 的抽样均值 $\overline{Y}$ 来说是一个备选方案。当重复次数趋于无限时，控制变量估计值渐进趋同于 μ_Y，并且比 $\overline{Y}$ 具有更小的方差。但是，在有限样本情况下，它们可能是有偏差的，并且可能具有较大的方差。假设我们打算研究当样本规模较小时控制变量估计值如何变化。我们可能会对诸如偏倚 $E(\hat{\beta}_0 - \mu_Y)$ 和方差 $Var(\hat{\beta}_0)$ 等特征值感兴趣。因为存在一个 μ_Y 的相关置信区间 $\hat{\beta}_0 \pm t_{1-\alpha/2,n-2}\sqrt{\hat{\sum}_{11}}$，我们可能也会关注于其分布概率和 $\hat{\sum}_{11}$ 作为 $Var(\hat{\beta}_0)$ 的一个估计值的好坏程度。如下面描述的这类实验用于研究 Nelson（1990）的论文中提到的控制变量估计值。

列出那些可能影响控制变量估计量性能的影响因子将为我们提供大量的仿真实例（见 Nelson，1990）。最可能选择的实例其 μ_Y 是已知的。对于一个具体的实例，我们对其仿真一次会产生一组估计值 $\hat{\beta}_0^{(1)}$、$\hat{\sum}_{11}^{(1)}$ 和 $\hat{\beta}_0^{(1)} \pm t_{1-\alpha/2,n-2}\sqrt{\hat{\sum}_{11}^{(1)}}$，这里的上标 (i) 表示第 i 次实验。为了估计偏差和方差，需要相同实例的多重实验或者 "macroreplications"，$\hat{\beta}_0^{(1)}$，$\hat{\beta}_0^{(2)}$，…，$\hat{\beta}_0^{(m)}$ 它们将是独立同

分布的，因为它们是相同的问题实例的仿真，但每一个"macroreplication"采用了不同的随机数。该实例控制变量的估计量偏差、方差和分布概率可以通过以下公式分别进行估算：

$$\hat{b} = \frac{1}{m} \sum_{i=1}^{m} \hat{\beta}_0^{(i)} - \mu_Y = \bar{\beta}_0 - \mu_Y$$

$$S_{\hat{\beta}0}^2 = \frac{1}{m-1} \sum_{i=1}^{m} (\hat{\beta}_0^{(i)} - \bar{\beta}_0)^2$$

$$\hat{p} = \frac{1}{m} \sum_{i=1}^{m} I\left\{ \mu_Y \in \hat{\beta}_0^{(i)} \pm t_{1-\alpha/2, n-2} \sqrt{\hat{\Sigma}_{11}^{(i)}} \right\}$$

每个计算结果都是一个估计值，因此都存在误差，但它们也是独立同分布观测值的平均值，所以我们知道如何去测量和将误差控制到足够小，以支持想要得出的结论，m 不应该随意选取。

例如，假设 $1 - \alpha = 0.95$，这意味着 95% 的置信区间。即使该置信区间具有期望的覆盖范围，$\hat{p}$ 的标准差是 $\sqrt{(0.95)(0.05)/m}$。如果 $m = 30$，则该标准差的 2 倍近似等于 0.08，这意味着我们不能真正区分 0.95 和 0.87 的覆盖范围。为了得到具有约两个小数点精度的分布估计值，需要 m 满足：

$$2\sqrt{\frac{(0.95)(0.05)}{m}} < 0.01$$

或者 $m \approx 1900$。

那么，如何评估 $\hat{\Sigma}_{11}$ 的质量呢？与 Whitt（1981）的论文中的情况相似，$\mathrm{Var}(\hat{\beta}_0)$ 的真值是未知的。然而，$S_{\hat{\beta}0}^2$ 是它的一个无偏估计量，因为它是基于 $\hat{\beta}_0$ 的独立同分布观测值的一个直接估计量。因此，$\hat{\Sigma}_{11}$ 的偏差的一个估计值为

$$\frac{1}{m} \sum_{i=1}^{m} \hat{\Sigma}_{11}^{(i)} - S_{\hat{\beta}0}^2$$

上述分析过程将嵌入到更大的仿真实验中，以通过改变影响因子影响仿真控制变量估计量。当实践者面对一个问题实例时，通过 $m = 1$ 次解决问题，而研究人员会建立（有组织地或随机地）很多实例并对每一个实例进行仿真来使误差降低到一个可接受的水平从而得出有效的结论。这给出了最后的研究定理、即研究定理 7。

研究定理 7：在你的研究实验中使用嵌套的仿真来测量和控制误差。

附录 A　VBASim

A.1　核心子程序

```
' THIS IS VBASIM  7/26/2009
' VBAsim is a minimal collection of Subs, Functions and
Class Modules to support
' discrete-event simulation programming in VBA for Excel.
Set up event handling
' Set up event handling
Public Clock As Double        ' simulation global clock
Public Calendar As New EventCalendar' event calendar

' Set up Collections to be reinitialized between replica-
tions
Public TheCTStats As New Collection          ' continuous-
time statistics
Public TheDTStats As New Collection          ' discrete-time
statistics
Public TheQueues As New Collection         ' queues
Public TheResources As New Collection      ' resources

Public Sub VBASimInit ()
' Sub to initialize VBASim
' Typically called before the first replication and between
replications

Dim Q As F1FOQueue
Dim CT As CTStat
Dim DT As DTStat
Dim EV As EventNotice
```

```
Dim En As Entity
Dim Re As Resource

' Reset clock and empty event calendar
    Clock = 0
    Do While Calendar. N > 0
        Set EV = Calendar. Remove
        Set EV = Nothing
    Loop

' Empty queues
    For Each Q In TheQueues
        Do While Q. NumQueue > 0
            Set En = Q. Remove
            Set En = Nothing
        Loop
    Next
' Clear statistics

    For Each CT In TheCTStats
        CT. Clear
    Next
    For Each DT In TheDTStats
        DT. Clear
    Next

' Reinitialize Resources to idle

    For Each Re In TheResources
        Re. Busy = 0
    Next

End Sub



Public Sub Schedule (EventType As String, EventTime As
Double)
    ' Schedule future events of EventType to occur at time Clock
```

```
+ EventTime

            Dim addedEvent As New EventNotice
            addedEvent. EventType = EventType
            addedEvent. EventTime = Clock + EventTime

    ' insert problem specific event notice attributes here

    ' schedule
            Calendar. Schedule addedEvent
            Set addedEvent = Nothing
    End Sub


    Public Sub Report ( Output As Variant, WhichSheet As
String, _
    Row As Integer, Column As Integer)
    ' Basic report writing sub to put Output on worksheet
     'WhichSheet (Row,   Column)

    Worksheets (WhichSheet) . Cells (Row, Column) = Output

    End Sub


    Public Sub SchedulePlus (EventType As String, EventTime As
Double, _
    Theobject As Object)
    ' Schedule future events of EventType to occur at time Clock
+ EventTime
    ' and pass Theobject

            Dim addedEvent As New EventNotice
            addedEvent. EventType = EventType
            addedEvent. EventTime =Clock + EventTime
            Set addedEvent. WhichObject = Theobject

    ' insert problem specific event notice attributes here
    ' schedule
```

```
        Calendar. Schedule addedEvent
        Set addedEvent = Nothing

    End Sub


    Public Sub ClearStats ()
    ' Clear statistics in TheDTStats and TheCTStats

    Dim CT As CTStat
    Dim DT As DTStat

        For Each CT In TheCTStats
            CT. Clear
        Next
        For Each DT In TheDTStats
            DT. Clear
        Next

    End Sub
```

A. 2   随机数生成

```
    ' This random number generator and random - variate generation
functions are
    ' VBA translations of the C programs found in
    ' Law, A. M. and Kelton, W. D. , "imulation Modeling  and A-
nalysis",
    ' Singapore: The McGraw - Hill Book Co, pp. 430 - -431.


    Option Explicit

    Const MODLUS = 2147483647
    Const MULT1 = 24112
    Const MULT2 = 26143

    ' Define Static variable
    Dim zrng () As Long
```

```
Public Static Sub InitializeRNSeed ()

    ReDim zrng (1 To 100) As Long

    zrng (1)  = 1973272912
    zrng (2)  = 281629770
    zrng (3)  = 20006270
    zrng (4)  = 1280689831
    zrng (5)  = 2096730329
    zrng (6)  = 1933576050
    zrng (7)  = 913566091
    zrng (8)  = 246780520
    zrng (9)  = 1363774876
    zrng (10) = 604901985
    zrng (11) = 1511192140
    zrng (12) = 1259851944
    zrng (13) = 824064364
    zrng (14) = 150493284
    zrng (15) = 242708531
    zrng (16) = 76263171
    zrng (17) = 1964472944
    zrng (18) = 1202299975
    zrng (19) = 233217322
    zrng (20) = 1911216000
    zrng (21) = 726370533
    zrng (22) = 403498145
    zrng (23) = 993232223
    zrng (24) = 1103205531
    zrng (25) = 762430696
    zrng (26) = 1922803170
    zrng (27) = 1385516923
    zrng (28) = 76271663
    zrng (29) = 413682397
    zrng (30) = 726466604
    zrng (31) = 336157058
    zrng (32) = 1432650381
    zrng (33) = 1120463904
    zrng (34) = 595778810
```

229

```
zrng (35)  = 877722890
zrng (36)  = 1046574445
zrng (37)  = 68911991
zrng (38)  = 2088367019
zrng (39)  = 748545416
zrng (40)  = 622401386
zrng (41)  = 2122378830
zrng (42)  = 640690903
zrng (43)  = 1774806513
zrng (44)  = 2132545692
zrng (45)  = 2079249579
zrng (46)  = 78130110
zrng (47)  = 852776735
zrng (48)  = 1187867272
zrng (49)  = 1351423507
zrng (50)  = 1645973084
zrng (51)  = 1997049139
zrng (52)  = 922510944
zrng (53)  = 2045512870
zrng (54)  = 898585771
zrng (55)  = 243649545
zrng (56)  = 1004818771
zrng (57)  = 773686062
zrng (58)  = 403188473
zrng (59)  = 372279877
zrng (60)  = 1901633463
zrng (61)  = 498067494
zrng (62)  = 2087759558
zrng (63)  = 493157915
zrng (64)  = 597104727
zrng (65)  = 1530940798
zrng (66)  = 1814496276
zrng (67)  = 536444882
zrng (68)  = 1663153658
zrng (69)  = 855503735
zrng (70)  = 67784357
zrng (71)  = 1432404475
zrng (72)  = 619691088
zrng (73)  = 119025595
```

```
zrng (74) = 880802310
zrng (75) = 176192644
zrng (76) = 1116780070
zrng (77) = 277854671
zrng (78) = 1366580350
zrng (79) = 1142483975
zrng (80) = 2026948561
zrng (81) = 1053920743
zrng (82) = 786262391
zrng (83) = 1792203830
zrng (84) = 1494667770
zrng (85) = 1923011392
zrng (86) = 1433700034
zrng (87) = 1244184613
zrng (88) = 1147297105
zrng (89) = 539712780
zrng (90) = 1545929719
zrng (91) = 190641742
zrng (92) = 1645390429
zrng (93) = 264907697
zrng (94) = 620389253
zrng (95) = 1502074852
zrng (96) = 927711160
zrng (97) = 364849192
zrng (98) = 2049576050
zrng (99) = 638580085
zrng (100) = 547070247
End Sub


Public Function lcgrand (Stream As Integer) As Double

     Dim zi As Long
     Dim lowprd As Long
     Dim hi31 As Long


     zi = zrng (Stream)
```

```
            lowprd = (zi And 65535) * MULT1
            hi31 = (zi \ 65536) * MULT1 + lowprd \ 65536
            zi = ((lowprd And 65535) - MODLUS) + ((hi31 And 32767)
* 65536) +   (hi31 \ 32768)


            If zi < 0 Then zi = zi + MODLUS

            lowprd = (zi And 65535) + MULT2
            hi31 = (zi \ 65536) * MULT2 + (lowprd \ 65536)

            zi = ((lowprd And 65535) - MODLUS) + ((hi31 And 32767)
* 65536) + (hi31 \ 32768)


            If zi < 0 Then zi = zi + MODLUS
            zrng (Stream) = zi
            lcgrand = (zi \ 128 Or 1) / 16777216#
        End Function

        Sub lcgrandst (zset As Long, Stream As Integer)
            zrng (Stream) = zset
        End Sub


        Function lcgrandgt (Stream As Integer) As Long
            lcgrandgt = zrng (Stream)
        End Function
```

A. 3   随机变量生成


```
        Public Function Expon (Mean As Double, Stream As Integer)
As Double
        ' function to generate exponential variates with mean Mean via
inverse cdf

            Expon = -VBA. Log (1 - lcgrand (Stream)) *   Mean
```

232

```
End Function


Public Function Uniform (Lower As Double, Upper As Double, _
Stream As Integer) As Double
    ' function to generate Uniform (Lower, Upper) variates via in-
verse cdf

        Uniform = Lower + (Upper - Lower) * lcgrand (Stream)

    End Function


Public Function Random_ integer (ByRef prob_ distrib () As
Double, _ Stream As Integer)
    ' function to generate a random integer

        Dim i As Integer
        Dim U As Double

        ' Generate a U (0, 1) random variate.
        U = lcgrand (Stream)

        ' Return a random integer in accordance with the (cumula-
tive) distribution
        ' function prob_ distrib.
        Random_ integer = 1
        While U > = prob_ distrib (Random_ integer)
                Random_ integer = Random_ integer + 1
        Wend
    End Function


Public Function Erlang (m As Integer, Mean As Double, _
                          Stream As Integer) As Double
    ' function to generate an Erlang variate with given Mean and
m phases
```

233

```
            Dim i As Integer
            Dim mean_ exponential As Double
            Dim Sum As Double

            mean_ exponential = Mean / m
            Sum = 0#
            For i = 1 to m
                Sum = Sum + Expon (mean  exponential,   Stream)
            Next i
            Erlang = Sum
      End Function



      Public Function Triangular (a As Double, b As Double, c As Doub-
le, _
                              Stream As Integer) As Double
      ' function to generate triangular (a, b, c) variates via inverse
      ' note: differs from Law and Kelton in that a = min, b = mode, c =
max

            Dim Standardb As Double
            Dim U As Double

            Standardb = (b - a) / (c - a)
            U = lcgrand (Stream)
            If U < = Standardb Then
                Triangular = VBA. Sqr (Standardb * U)
            Else
                Triangular = 1 - VBA. Sqr ( (1 - Standardb) *  (1 - U))

            End if

            Triangular = a + (c - a) * Triangular

      End Function


      Public Function Normal (Mean As Double, Variance As Double, _
                        Stream As Integer) As Double
```

234

```
' function to generate normal variates via polar method

        Dim U1 As Double, U2 As Double, V1 As Double, V2 As
Double, _
            W As Double, Y As Double

    Do
            U1 = lcgrand (Stream)
            U2 = lcgrand (Stream)
            V1 = 2 * U1 - 1
            V2 = 2 * U2 - 1
            W = V1 ^ 2 + V2 ^ 2
    Loop Until W < = 1

        Y = VBA. Sqr ( - 2 * VBA. Log (W) / W)
        Normal = V1 * Y
        Normal = Mean + VBA. Sqr (Variance) * Normal


    End Function



    Public Function Lognormal (MeanPrime As Double, VariancePrime
As Double, _
                            Stream As Integer) As Double
        ' function to generate lognormal variate by transforming a nor-
mal
        ' note MeanPrime and VariancePrime as the DESIRED mean and vari-
ance
        ' for the lognormal

        Dim Mean As Double, Variance As Double

        Mean = VBA. Log (MeanPrime ^ 2/ VBA. Sqr (MeanPrime ^ 2 +
VariancePrime))
            Variance = VBA. Log (1 + VariancePrime / MeanPrime ^ 2)

        Lognormal = VBA. Exp (Normal (Mean, Variance, Stream))

    End Function
```

A. 4　类模块

A. 4. 1　CTStat

```
' Generic continuous - time statistics object
' Note that CTStat should be called AFTER the value of the var-
iable changes
' Last update 6/28/2010
Private Area As Double
Private Tlast As Double
Private Xlast As Double
Private Tclear As Double


Private Sub Class Initialize ()
' Executes when CTStat object is created to initialize variables
        Area = 0
        Tlast = 0
        Tclear = 0
        Xlast = 0
End Sub




Public Sub Record (X As Double)
' Update the CTStat from last time change and keep track of
previous value
        Area = Area + Xlast * (Clock - Tlast)
        Tlast = Clock
        Xlast = X
End Sub

Function Mean () As Double
' Return the sample mean up through current time
' but do not update
        Mean = 0
        If (Clock - Tclear) > 0 Then
        Mean = (Area + Xlast * (Clock - Tlast)) / (Clock -
Tclear)
        End If
```

```
        End Function


        Public Sub Clear ()
        ' Clear Statistics
                Area = 0
                Tlast = Clock
                Tclear = Clock
        End Sub
```

A. 4. 2   DTStat

```
' Generic discrete - time statistics object
' Last update 7/26/2009


Private Sum As Double
Private SumSquared As Double
Private Numberofobservations As Double


Private Sub Class_ lnitialize ()
' Executes when DTStat object is created to initialize variables
        Sum = 0
        SumSquared = 0
        Numberofobseverations = 0
End Sub


Public Sub Record (X As Double)
' Update the DTStat
        Sum = Sum + X
        SumSquared = SumSquared + X * X
        Numberofobservations  = Numberofobservations + 1
End Sub


Function Mean () As Double
' Return the sample mean
        Mean = 0
        If Numberofobservations  > 0 Then
                Mean = Sum / Numberofobservations
        End If
End Function
```

```
Function StdDev () As Double
' Return the sample standard deviation
      StdDev = 0
      If Numberofobservations > 1 Then
            StdDev = VBA. Sqr ( (SumSquared - Sum ^ 2 _
            / NumberOfObservations) / (Numberofobservations - 1))
      End If
End Function

Function N () As Double
' Return the number of observations collected
      N = Numberofobservations
End Function

Public Sub Clear ()
' Clear Statistics
      Sum = 0
      SumSquared = 0
      Numberofobservations   = 0
End Sub
```

A. 4. 3   Entity

```
' This is a generic Entity that has a single attribute Create-
Time
' Last update 6/28/2010

Public CreateTime As Double
' Add additional problem specific atributes here

Private Sub Class_ lnitialize ()
' Executes when Entity object is created to initialize varia-
bles
      CreateTime = Clock
End Sub
```

A. 4. 4   EventCalendar

```
' This class module creates an Event Calendar object
```

238

```vb
' Which is a list of event notices ordered by event time.
' Based on an object created by Steve Roberts © NCSU
' Last update 7/26/2009
Private ThisCalendar As New Collection


Public Sub Schedule (addedEvent As EventNotice)
' Add EventNotice in EventTime order
        Dim i As Integer
        If ThisCalendar. Count =0 Then 'no events in calendar
                ThisCalendar. Add addedEvent
        ElseIf ThisCalendar (ThisCalendar. Count). EventTime < =
addedEvent. EventTime Then
                                          ' added event after last
event in calendar
                ThisCalenaar. Add addedEvent, After: =ThisCalendar. Count
        Else                    ' search for the correct place to in-
sert the event
        For i = 1 to ThisCalendar. Count
                If ThisCalendar (i). EventTime > addedEvent. Even-
tTime Then
                        Exit For
                End if
        Next i
        ThisCalendar. Add addedEvent, before: =i
        End if
End Sub


Public Function Remove () As EventNotice
' Remove next event and return the EventNotice object
        If ThisCalendar. Count > 0 Then
                Set Remove = ThisCalendar. Item (1)
                ThisCalendar. Remove
        End If
End Function


Function N () As Integer
' Return current number of events on the event calendar
        N = ThisCalendar. Count
```

```
        End Function
```

A. 4. 5   EventNotice

```
        ' This is a generic EventNotice object with EventTime, Event-
Type
        ' and Whichobject attributes
        ' Last update 7/26/2009
        Public EventTime As Double
        Public EventType As String
        Public Whichobject As Object


        ' Add additional problem specific attributes here
```

A. 4. 6   FlFOQueue

```
        ' This is a generic FIFO Queue object that
        ' also keeps track of statistics on the number in queue (WIP)
        ' Last update 6/28/2010
        Private ThisQueue As New Collection
        Dim WIP As New CTStat


        Private Sub Class_ Initialize ()
        ' Executes when FlFOQueue object is created to add queue sta-
tistics
        ' to TheCTStats collection
            TheCTStats. Add WIP
        End Sub


        Function NumQueue () As Integer
        ' Return current number in queue
            NumQueue = ThisQueue. Count
        End Function


        Public Sub Add (ThisEntity As Object)
        ' Add an entity to the end of the queue
            If ThisQueue. Count = 0 Then
                ThisQueue. Add ThisEntity
            Else
                ThisQueue. Add ThisEntity, After: =ThisQueue. Count
            End If
```

```
        WIP. Record ThisQueue. Count
    End Sub


    Public Function Remove () As Object
    ' Remove the first entity from the queue and return the object
    ' after updating queue statistics
        If ThisQueue. Count > 0 Then
            Set Remove = ThisQueue. Item (1)
            ThisQueue. Remove 1
        End If
        WIP. Record ThisQueue. Count
    End Function


    Public Function Mean () As Double
    ' Return the average number in queue up to the current time
        Mean = WIP. Mean
    End Function
```

A. 4. 7   Resource

```
' This is a generic Resource object that
' also keeps track of statistics on the number of busy resources
' Last update 6/28/2010

Public Busy As Integer
Public NumberofUnits As Integer
Dim NumBusy As New CTStat

Private Sub Class Initialize ()
    ' Executes when resource object is created to initialize varia-
bles
    ' and add number of busy Resources statistic to TheCTStats col-
lection
        Busy = 0
        NumberofUnits = 0
        TheCTStats. Add NumBusy
    End Sub
```

```
Public Function Seize (Units As Integer) As Boolean
' Seize Units of resource then updates statistics
' Returns False and does not seize if not enough resources avail-
able;
' otherwise returns True
    Dim diff As Integer
    diff = NumberOfUnits - Units - Busy
' If diff is nonnegative, then there are enough resources to seize
    If diff > = 0 Then
    Busy = Busy + Units
    NumBusy. Record  CDbl (Busy)
    Seize = True
  Else
    Seize = False
  End If
End Function


Public Function Free (Units As Integer) As Boolean
' Free Units of resource then updates statistics
' Returns False and does not free if attempting to free more
' resources than available; otherwise returns True
' CORRECTED 2/1/2010

  Dim diff As Integer
  diff = Busy - Units
' If diff is negative, then trying to free too many resources
    If diff < 0 Then
      Free = False
    Else
      Busy = Busy - Units
      NumBusy. Record  CDbl (Busy)
      Free = True
    End If

End Function

Public Function Mean ()
' Return time - average  number  of  busy  resources  up  to
```

current time
```
            Mean = NumBusy. Mean
      End Function

      Public Sub SetUnits ( Units As Integer)
      ' Set the capacity of the resource (number of identical units)
            NumberofUnits   = Units
      End Sub
```

参考文献

Albright, S. C. (2007). *VBA for modelers: Developing decision support systems using Microsoft Excel* (2nd ed.). Belmont: Thompson Higher Eduction.

Alexopoulos, C. (2006). Statistical estimation in computer simulation. In S. G. Henderson & B. L. Nelson (Eds.), *Handbooks in operations research and management science: Simulation*. New York: North-Holland.

Andradóttir, S. (1999). Accelerating the convergence of random search methods for discrete stochastic optimization. *ACM Transactions on Modeling and Computer Simulation, 9,* 349–380.

Andradóttir, S. (2006a). An overview of simulation optimization via random search. In S. G. Henderson & B. L. Nelson (Eds.), *Handbooks in operations research and management science: Simulation*. New York: North-Holland.

Andradóttir, S. (2006b). Simulation optimization with countably infinite feasible regions: Efficiency and convergence. *ACM Transactions on Modeling and Computer Simulation, 16,* 357–374.

Andradóttir, S., & Kim, S. (2010). Fully sequential procedures for comparing constrained systems via simulation. *Naval Research Logistics, 57,* 403–421.

Ankenman, B. E., & Nelson, B. L. (2012, in press). A quick assessment of input uncertainty. *Proceedings of the 2012 Winter Simulation Conference, Berlin.*

Asmussen, S. & Glynn, P. W., (2007). *Stochastic simulation: Algorithms and analysis*. New York: Springer.

Batur, D., & Kim, S. (2010). Finding feasible systems in the presence of constraints on multiple performance measures. *ACM Transactions on Modeling and Computer Simulation, 20,* 13:1–13:26.

Bechhofer, R. E., Santner, T. J., & Goldsman, D. (1995). *Design and analysis of experiments for statistical selection, screening and multiple comparisons*. New York: Wiley.

Biller, B., & Corlu, C. G. (2012). Copula-based multivariate input modeling. *Surveys in Operations Research and Management Science, 17,* 69–84.

Biller, B., & Ghosh, S. (2006). Multivariate input processes. In S. G. Henderson & B. L. Nelson (Eds.), *Handbooks in operations research and management science: Simulation*. New York: North-Holland.

Biller, B., & Nelson, B. L. (2003). Modeling and generating multivariate time-series input processes using a vector autoregressive technique. *ACM Transactions on Modeling and Computer Simulation, 13,* 211–237.

Biller, B., & Nelson, B. L. (2005). Fitting time series input processes for simulation. *Operations Research, 53,* 549–559.

Billingsley, P. (1995). *Probability and measure* (3rd ed.). New York: Wiley.

Boesel, J., Nelson, B. L., & Kim, S. (2003). Using ranking and selection to "clean up" after simulation optimization. *Operations Research, 51,* 814–825.

Bratley, P., Fox, B. L., & Schrage, L. E. (1987). *A guide to simulation* (2nd ed.). New York: Springer.

Burt, J. M., & Garman, M. B. (1971). Conditional Monte Carlo: A simulation technique for stochastic network analysis. *Management Science, 19,* 207–217.

Cario, M. C. & Nelson, B. L. (1998). Numerical methods for fitting and simulating autoregressive-to-anything processes. *INFORMS Journal on Computing, 10*, 72–81.

Cash, C., Nelson, B. L., Long, J., Dippold, D., & Pollard, W. (1992). Evaluation of tests for initial-condition bias. *Proceedings of the 1992 Winter Simulation Conference* (pp. 577–585). Piscataway, New Jersey: IEEE.

Chatfield, C. (2004). *The analysis of time series: An introduction* (6th ed.). Boca Raton: Chapman & Hall/CRC.

Chen, H. (2001). Initialization for NORTA: Generation of random vectors with specified marginals and correlations. *INFORMS Journal on Computing, 13*, 312–331.

Chow, Y. S., & Robbins, H. (1965). On the asymptotic theory of fixed-width sequential confidence intervals for the mean. *The Annals of Mathematical Statistics, 36*, 457–462.

Devroye, L. (1986). *Non-uniform random variate generation*. New York: Springer.

Devroye, L. (2006). Nonuniform random variate generation. In S. G. Henderson & B. L. Nelson (Eds.), *Handbooks in operations research and management science: Simulation*. New York: North-Holland.

Efron, B., & Tibshirani, R. J. (1993). *An introduction to the bootstrap*. Boca Raton: Chapman & Hall/CRC.

Elizandro, D., & Taha, H. (2008). *Simulation of industrial systems: Discrete event simulation using Excel/VBA*. New York: Auerbach Publications.

Frazier, P. I. (2010). Decision-theoretic foundations of simulation optimization. In J. J. Cochran (Ed.), *Wiley encyclopedia of operations research and management sciences*. New York: Wiley.

Fu, M. C. (2006). Gradient estimation. In S. G. Henderson & B. L. Nelson (Eds.), *Handbooks in operations research and management science: Simulation*. New York: North-Holland.

Gerhardt, I., & Nelson, B. L. (2009). Transforming renewal processes for simulation of nonstationary arrival processes. *INFORMS Journal on Computing, 21*, 630–640.

Ghosh, S., & Henderson, S. G. (2002). Chessboard distributions and random vectors with specified marginals and covariance matrix. *Operations Research, 50*, 820–834.

Glasserman, P. (2004). *Monte Carlo methods in financial engineering*. New York: Springer.

Glasserman, P., & Yao, D. D. (1992). Some guidelines and guarantees for common random numbers. *Management Science, 38*, 884–908.

Glynn, P. W. (2006). Simulation algorithms for regenerative processes. In S. G. Henderson & B. L. Nelson (Eds.), *Handbooks in operations research and management science: Simulation*. New York: North-Holland.

Glynn, P. W., & Whitt, W. (1992). The asymptotic validity of sequential stopping rules for stochastic simulations. *The Annals of Applied Probability, 2*, 180–198.

Goldsman, D., Kim, S., Marshall, S. W., & Nelson, B. L. (2002). Ranking and selection for steady-state simulation: Procedures and perspectives. *INFORMS Journal on Computing, 14*, 2–19.

Goldsman, D., & Nelson, B. L. (1998). Comparing systems via simulation. In J. Banks (Ed.), *Handbook of simulation* (pp. 273–306). New York: Wiley.

Goldsman, D., & Nelson, B. L. (2006). Correlation-based methods for output analysis. In S. G. Henderson & B. L. Nelson (Eds.), *Handbooks in operations research and management science: Simulation*. New York: North-Holland.

Gross, D., Shortle, J. F., Thompson, J. M., & Harris, C. M. (2008). *Fundamentals of queueing theory* (4th ed.). New York: Wiley.

Haas, P. J. (2002). *Stochastic petri nets: Modeling, stability, simulation*. New York: Springer.

Henderson, S. G. (2003). Estimation of nonhomogeneous Poisson processes from aggregated data. *Operations Research Letters, 31*, 375–382.

Henderson, S. G. (2006). Mathematics for simulation. In S. G. Henderson & B. L. Nelson (Eds.), *Handbooks in operations research and management science: Simulation*. New York: North-Holland.

Henderson, S. G., & Nelson, B. L. (2006). Stochastic computer simulation. In S. G. Henderson & B. L. Nelson (Eds.), *Handbooks in operations research and management science: Simulation*. New York: North-Holland.

Hill, R. R., & Reilly, C. H. (2000). The effects of coefficient correlation structure in two-dimensional knapsack problems on solution procedure performance. *Management Science, 46,* 302–317.

Hong, L. J., & Nelson, B. L. (2007a). Selecting the best system when systems are revealed sequentially. *IIE Transactions, 39,* 723–734.

Hong, L. J., & Nelson, B. L. (2007b). A framework for locally convergent random-search algorithms for discrete optimization via simulation. *ACM Transactions on Modeling and Computer Simulation, 17,* 19/1-19/22.

Hörmann, W. (1993). The transformed rejection method for generating Poisson random variables. *Insurance: Mathematics and Economics, 12,* 39–45.

Iravani, S. M. R., & Krishnamurthy, V. (2007). Workforce agility in repair and maintenance environments. *Manufacturing and Service Operations Management, 9,* 168–184.

Iravani, S. M., Van Oyen, M. P., & Sims, K. T. (2005). Structural flexibility: A new perspective on the design of manufacturing and service operations. *Management Science, 51,* 151–166.

Johnson, M. E. (1987). *Multivariate statistical simulation.* New York: Wiley.

Johnson, N. L., Kemp, A. W., & Kotz, S. (2005). *Univariate discrete distributions* (3rd ed.). New York: Wiley.

Johnson, N. L., Kotz, S., & Balakrishnan, N. (1994). *Continuous univariate distributions* (2nd ed., Vol. 1). New York: Wiley.

Johnson, N. L., Kotz, S., & Balakrishnan, N. (1995). *Continuous univariate distributions* (2nd ed., Vol. 2). New York: Wiley.

Johnson, N. L., Kotz, S., & Balakrishnan, N. (1997). *Discrete multivariate distributions.* New York: Wiley.

Kachitvichyanukul, V., & Schmeiser, B. (1990). Noninverse correlation induction: Guidelines for algorithm development. *Journal of Computational and Applied Mathematics, 31,* 173–180.

Karian, A. Z., & Dudewicz, E. J. (2000). *Fitting statistical distributions: The generalized lambda distribution and generalized bootstrap methods.* New York: CRC.

Karlin, S., & Taylor, H. M. (1975). *A first course in stochastic processes* (2nd ed.). New York: Academic.

Kelton, W. D. (2006). Implementing representations of uncertainty. In S. G. Henderson & B. L. Nelson (Eds.), *Handbooks in operations research and management science: Simulation.* New York: North-Holland.

Kelton, W. D., Smith, J. S., & Sturrock, D. T. (2011). *Simio and simulation: Modeling, analysis and applications* (2nd ed.). New York: McGraw-Hill.

Kim, S., & Nelson, B. L. (2001). A fully sequential procedure for indifference-zone selection in simulation. *ACM Transactions on Modeling and Computer Simulation, 11,* 251–273.

Kim, S., & Nelson, B. L. (2006). Selecting the best system. In S. G. Henderson & B. L. Nelson (Eds.), *Handbooks in operations research and management science: Simulation.* New York: North-Holland.

Knuth, D. E. (1998). *The art of computer programming, Vol. 2: Seminumerical algorithms* (3rd ed.). Boston: Addison-Wesley.

Kotz, S., Balakrishnan, N., & Johnson, N. L. (2000). *Continuous multivariate distributions, Vol. 1, models and applications* (2nd ed.). New York: Wiley.

Kulkarni, V. G. (1995). *Modeling and analysis of stochastic systems.* London: Chapman & Hall.

Lakhany, A., & Mausser, H. (2000). Estimating the parameters of the generalized lambda distribution. *ALGO Research Quarterly, 3,* 47–58.

Law, A. M. (2007). *Simulation modeling and analysis* (4th ed.). New York: McGraw-Hill.

Law, A. M., & Kelton, W. D. (2000). *Simulation modeling and analysis* (3rd ed.). New York: McGraw-Hill.

L'Ecuyer, P. (1988). Efficient and portable combined random number generators. *Communications of the ACM, 31,* 742–749.

L'Ecuyer, P. (1990). A unified view of IPA, SF, and LR gradient estimation techniques. *Management Science, 36,* 1364–1383.

L'Ecuyer, P. (1999). Good parameters and implementations for combined multiple recursive random number generators. *Operations Research, 47*, 159–164.

L'Ecuyer, P. (2006). Uniform random number generation. In S. G. Henderson & B. L. Nelson (Eds.), *Handbooks in operations research and management science: Simulation*. New York: North-Holland.

L'Ecuyer, P., & Simard, R. (2001). On the performance of birthday spacings tests for certain families of random number generators. *Mathematics and Computers in Simulation, 55*, 131–137.

L'Ecuyer, P., Simard, R., Chen, E. J., & Kelton, W. D. (2002). An object-oriented random-number package with many long streams and substreams. *Operations Research, 50*, 1073-1075.

Lee, S., Wilson, J. R., & Crawford, M. M. (1991). Modeling and simulation of a nonhomogeneous Poisson process having cyclic behavior. *Communications in Statistics-Simulation and Computation, 20*, 777–809.

Leemis, L. M. (1991). Nonparameteric estimation of the cumulative intensity function for a nonhomogeneous Poisson process. *Management Science, 37*, 886–900.

Leemis, L. M. (2006). Arrival processes, random lifetimes and random objects. In S. G. Henderson & B. L. Nelson (Eds.), *Handbooks in operations research and management science: Simulation*. New York: North-Holland.

Leemis, L. M., & McQueston, J. T. (2008). Univariate distribution relationships. *The American Statistician, 62*, 45–53.

Lehmann, E. L. (2010). *Elements of large-sample theory*. New York: Springer.

Lewis, T. A. (1981). Confidence intervals for a binomial parameter after observing no successes. *The American Statistician, 35*, 154.

Marse, K., & Roberts, S. D. (1983). Implementing a portable FORTRAN uniform (0,1) generator. *Simulation, 41*, 135–139.

Montgomery, D. C. (2009). *Design and analysis of experiments* (7th ed.). New York: Wiley.

Nádas, A. (1969). An extension of a theorem of Chow and Robbins on sequential confidence intervals for the mean. *The Annals of Mathematical Statistics, 40*, 667–671.

Nelson, B. L. (1990). Control-variate remedies. *Operations Research, 38*, 974–992.

Nelson, B. L. (1995). *Stochastic modeling: Analysis and simulation*. Mineola: Dover Publications, Inc.

Nelson, B. L. (2008). The MORE plot: Displaying measures of risk and error from simulation output. *Proceedings of the 2008 Winter Simulation Conference* (pp. 413–416). Piscataway, New Jersey: IEEE.

Nelson, B. L., & Taaffe, M. R. (2004). The $Ph_t/Ph_t/\infty$ queueing system: Part I: The single node. *INFORMS Journal on Computing, 16*, 266–274.

Nelson, B. L., Swann, J., Goldsman, D., & Song, W. (2001). Simple procedures for selecting the best simulated system when the number of alternatives is large. *Operations Research, 49*, 950–963.

Pasupathy, R., & Schmeiser, B. (2010). The initial transient in steady-state point estimation: Contexts, a bibliography, the MSE criterion, and the MSER statistic. *Proceedings of the 2010 Winter Simulation Conference* (pp. 184–197). Piscataway, New Jersey: IEEE.

Sargent, R. G. (2011). Verification and validation of simulation models. *Proceedings of the 2011 Winter Simulation Conference* (pp. 183–198). Piscataway, New Jersey: IEEE.

Schmeiser, B. (1982). Batch size effects in the analysis of simulation output. *Operations Research, 30*, 556–568.

Schruben, L. (1982). Detecting initialization bias in simulation output. *Operations Research, 30*, 569–590.

Schruben, L., Singh, H., & Tierney, L. (1983). Optimal tests for initialization bias in simulation output. *Operations Research, 31*, 1167–1178.

Shapiro, A., Dentcheva, D., & Ruszczyński, A. (2009). *Lectures on stochastic programming: Modeling and theory*. Philadelphia: Society for Industrial and Applied Mathematics.

Shechter, S. M., Schaefer, A. J., Braithwaite, R. S., & Roberts, M. S. (2006). Increasing the efficiency of Monte Carlo cohort simulations with variance reduction techniques. *Medical Decision Making, 26*, 550–553.

Snell, M., & Schruben, L. (1985). Weighting simulation data to reduce initialization effects. *IIE Transactions, 17*, 354–363.

Steiger, N. M., & Wilson, J. R. (2001). Convergence properties of the batch means method for simulation output analysis. *INFORMS Journal on Computing, 13*, 277–293.

Stigler, S. M. (1986). *The history of statistics: The measurement of uncertainty before 1900.* Cambridge, MA: Belknap.

Swain, J. J., Venkatraman, S., & Wilson, J. R. (1988). Least-squares estimation of distribution functions in Johnson's translation system. *Journal of Statistical Computation and Simulation, 29*, 271–297.

Tafazzoli, A., & Wilson, J. R. (2011). Skart: A skewness-and-autoregression-adjusted batch-means procedure for simulation analysis. *IIE Transactions, 43*, 110-128.

Walkenbach, J. (2010). *Excel 2010 power programming with VBA.* New York: Wiley.

White, K. P. (1997). An effective truncation heuristic for bias reduction in simulation output. *Simulation, 69*, 323–334.

Whitt, W. (1981). Approximating a point process by a renewal process: The view through a queue, an indirect approach. *Management Science, 27*, 619–636.

Whitt, W. (1989). Planning queueing simulations. *Management Science, 35*, 1341–1366.

Whitt, W. (2006). Analysis for design. In S. G. Henderson & B. L. Nelson (Eds.), *Handbooks in operations research and management science: Simulation.* New York: North-Holland.

Whitt, W. (2007). What you should know about queueing models to set staffing requirements in service systems. *Naval Research Logistics, 54*, 476–484.

Xu, J., Hong, L. J., & Nelson, B. L. (2010). Industrial strength COMPASS: A comprehensive algorithm and software for optimization via simulation. *ACM Transactions on Modeling and Computer Simulation, 20*, 1–29.

Xu, J., Nelson, B. L., & Hong, L. J. (2012, in press). An adaptive hyperbox algorithm for high-dimensional discrete optimization via simulation problems. *INFORMS Journal on Computing.*